CAMBRIDGE UNIVERSITY LIBRARY
NEWTON MANUSCRIPTS SERIES
2

THE PRELIMINARY MANUSCRIPTS FOR ISAAC NEWTON'S 1687 *PRINCIPIA* 1684–1685

FACSIMILES OF THE ORIGINAL AUTOGRAPHS,
NOW IN CAMBRIDGE UNIVERSITY LIBRARY,
WITH AN INTRODUCTION BY

D. T. WHITESIDE

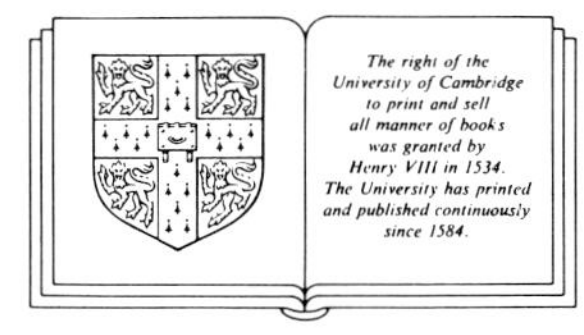

CAMBRIDGE UNIVERSITY PRESS

CAMBRIDGE
NEW YORK PORT CHESTER
MELBOURNE SYDNEY

Published by the Press Syndicate of the University of Cambridge
The Pitt Building, Trumpington Street, Cambridge CB2 1RP
40 West 20th Street, New York, NY 10011, USA
10 Stamford Road, Oakleigh, Melbourne 3166, Australia

First published 1989

Printed in Great Britain by BAS Printers Limited, Over Wallop, Hampshire

British Library cataloguing in publication data

Newton, *Sir* Isaac
[principia mathematica] The preliminary manuscripts for Isaac Newton's 1687 Principia, 1684–1685. – (Newton manuscripts series/Cambridge University Library; 2).
1. Mechanics – Early works to 1800 – Facsimiles
I. Title II. Cambridge University Library III. Series
531 QC123

Library of Congress cataloguing in publication data

Newton, Isaac, Sir, 1642–1727.
The preliminary manuscripts for Isaac Newton's 1687 Principia, 1684–1685.
(Newton manuscripts series; 2).
'Facsimiles of the original autographs, now in Cambridge University Library, with an introduction by D. T. Whiteside.'
1. Mechanics – Early works to 1800. 2. Mechanics, Celestial – Early works to 1800. 3. Mechanics – Manuscripts – Facsimiles. 4. Mechanics, Celestial – Manuscripts – Facsimiles. I. Title. II. Series.
QA803.N413 1987 531 87-24290

ISBN 0 521 33499 3

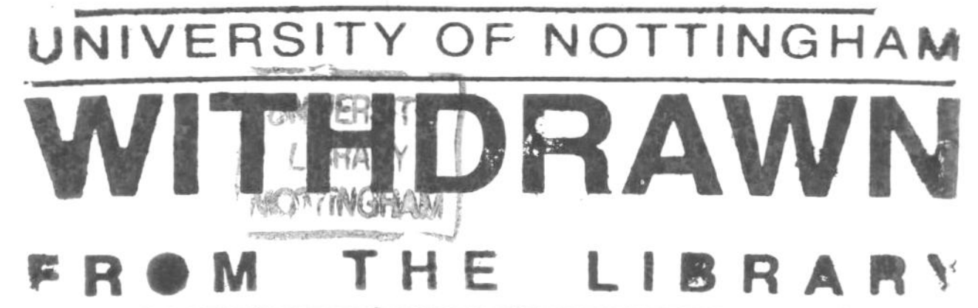

CONTENTS

PREFACE

It would be dull indeed were I here to announce that a series of photo-facsimiles of Isaac Newton's manuscripts in Cambridge University Library which begot only a single volume[1] before it died is here reborn by courtesy of Cambridge University Press. To reanimate such a corpse there must, I believe, be some compelling reason beyond the usual vague one that the act will be to the future benefit of scholarship. All too much which is ephemeral finds its way into print on that dubious ground.

The tercentenary of the first publication of Newton's *Philosophiæ Naturalis Principia Mathematica* – his *Principia*, to give this his greatest work the short title by which it will always be known – would seem to be just such an appropriate occasion on which to draw again upon the unmatchable collections of his writings in Cambridge University Library: here to make widely available for the first time, in photo-copy as it has to be, the chief autographs from the little more than a year from late summer 1684 onwards which were the scaffolding for the finished work which he at length gave to the world in the summer of 1687.

Much of what is here reproduced will, particularly for those less than adequately prepared in geometry of conics, not be easy reading. Dare I say that in the sixth volume of my edition of *The Mathematical Papers of Isaac Newton*[2] there will be found conveniently gathered the printed texts of all but the last of the papers set out in photo-facsimile below (the central manuscript, indeed, has never been published anywhere else); and hope that the wealth of footnotes which I there append to their texts will be a helpful guide through their technical difficulties? In the following introduction I outline the historical background to these 'pre-*Principia*' papers of Newton's, with the merest hint at their technical subtleties. There is here, I regret, no space to do more.

Those who know such things will appreciate how much effort has gone behind-scenes into converting photo-images of three-century-old papers to be legible equals to their pristine states. Let me ungenerously embrace all who have had to do with it in a single word of thanks for what they have done to make this volume a worthy tercentenary tribute to Newton's greatest work.

D.T.W.

[1] *The Unpublished First Version of Isaac Newton's Cambridge Lectures on Optics, 1670–1672: a facsimile of the autograph, now Cambridge University Library MS Add. 4002* (Cambridge: University Library, 1973).

[2] Cambridge University Press, 1974.

INTRODUCTION

Isaac Newton gave his *Philosophiæ Naturalis Principia Mathematica* (The Mathematical Principles of Natural Philosophy [Science]) to the world in July 1687. Following on a short 'Præfatio ad Lectorem' by him, and a laudatory ode by its "editor" Edmond Halley which modern taste will find gushing, it is divided into three Books: the first two "De Motu Corporum" (On the Motion of Bodies) and the third "De Mundi Systemate" (On the System of the World). In preliminary there are eight Definitions of "quantity" of matter and motion, "impressed" force and that sub-class of this which is "centripetal" (including centrifugal), along with its "absolute", "accelerative" and "motive" quantities; and also three famous 'Axiomata Motus' which are the first collected statement of what have ever since been known as "Newton's Laws of Motion". The first two Books grew, as we have only recently come properly to realise, out of a much shorter "De Motu Corporum Liber Primus" which was set in prelude to a "De Mundi Systemate Liber Secundus" not to be published[1] till after Newton's death. The first of these in turn was built upon a short tract "De motu Corporum" which, at Halley's prodding, Newton wrote in the autumn of 1684 and then in mid-November sent up to London to be looked at by select members of the Royal Society (Halley himself and John Flamsteed for sure, but not Robert Hooke in the first instance, or John Wallis, away in Oxford), to be entered a month afterwards into the Society's Register Book even as its author was expanding it to be a "De Motu Corporum Liber Primus" out of which Books 1 and 2 of the *Principia* as it was published were built.

How do we know this? Partly from secondary evidence of course, but also from what of Newton's "pre-*Principia*" papers themselves survive.

Ever since the late 1680s Cambridge University Library has owned a set of sheets (bound up in the middle of last century out of proper sequence)[2] which Newton deposited, fulfilling the requirement of the statutes of his Lucasian Professorship, as the ten best of his "lectures" for the two academic years beginning October 1684 and October 1685 respectively. We would have expected that these dealt in part with the problems facing him as he began to write the major work of his life. They are something less than that, being in essence no more than a portion of a rough revise of what was to be the first book of the published *Principia*, breaking off with the demonstration of its Prop. 53 hardly begun. It also includes, however, two sheets from a prior draft of several of its propositions, the second of which Newton left in by accident (how else to explain this oversight?) to have it absurdly appear – if we are to believe his marginal divisions of these – that he devoted three of his "*lectiones*" to expounding an earlier version of what he had previously lectured on. Not for two centuries more, when the Library received into its keeping the scientific portion of the near totality of Newton's private papers which the fifth Earl of Portsmouth gave at that time to the University,[3] was it possible for the first time to appreciate in detail how this "Liber Primus" grew out of the little tract which he had sent to London in late 1684, and whose autograph draft was, to be sure, one of the highlights in Portsmouth's gift. Through his generosity in freely making over manuscripts of Newton's which would sell now in the auction room for tens of millions of pounds we are able to reproduce in facsimile, just from the Library's holdings, effectively all the writings of his which survive, partly in his own hand, and partly in that of his secretary Humphrey Newton with his own later additions and corrections, from all that went during the year and a half from autumn 1684 to make the finished "De Motu Corporum Liber Primus" which Newton sent to Halley in April 1686, and was printed with minimal change in the *Principia*.[4]

It would go well beyond the scope of this short introduction to attempt to give proper technical commentary[5] upon the manner in which the dynamical propositions which are, if perhaps not in bulk of pages, the core of these folios. Nor, when the likes of Stephen Rigaud,[6] Rouse Ball,[7] and John Herivel[8] and most recently Bernard Cohen[9] have devoted whole books to discussing the evolution of the *Principia*, can any attempt in a few pages to duplicate the breadth of the scholarship and the richnesses of their documentation help but be skimpy. Let me justify my own try to give an overview which is more than cliché by leavening the familiar basic facts here and there with a few things which are perhaps still not as widely known as they might be.

But where to begin? We still know little about Newton's schooldays at Grantham Grammar School, if it has come lately to light that the master there, Henry Stokes (brother-in-law of the town's apothecary, Joseph Clark, with whom Newton lodged in term-time) probably gave him a better mathematical education[10] than at any other school in the country, and certainly superior to any which he was to receive at Cambridge except through his unaided self-instruction by reading books. And it could have been little different with science and astronomy. What were his boyish thoughts about the great comet which hung over Europe in the night-sky of the winter of 1652/3? We would like to know about these and similar things, but probably never will. Though he arrived in Cambridge in June 1661, our certain awareness of his initial glimmerings of understanding of scientific truth, terrestrial and celestial, begins only two years and more afterwards when, still not yet twenty, he started to make elaborate, yet surviving notes upon serious works in science and astronomy.[11]

To say a little about the latter first. If we take the evidence of his surviving papers and notebooks as an accurate indicator to what filled his mind, Newton would seem to have had no real interest in things astronomical until December 1664 when it was fired by the Earth's "near miss" with the retrograde comet which appeared during the late autumn and early winter of 1664/5, and whose tail (20° in length when Newton first saw it) was plainly visible from Cambridge in its outward path from perihelion on the many clear nights of the intervening December and early January. The decidedly amateurish observations and sketches of it which he at the time made[12] he eked out by going to a minor work on cometography by Willebrord Snell[13] and thereafter other more general contemporary textbooks on astronomy by Vincent Wing[14] and Thomas Streete.[15] These latter gave him a satisfactory grounding in practical astronomy – not least from Streete he first learnt of Kepler's first and third laws of motion, but not the crucial second one of areas whose generalisation was to provide Newton, *via* the catalyst of Hooke, with his decisive breakthrough in the dynamics of central forces in the winter of 1679/80.[16] All too soon, however, his keenness died away, and for the rest of his life he was to be only on the rarest of occasions other than what Flamsteed derisorily later dubbed a "closet astronomer": an "armchair" one, we would say. It was from that armchair, however, that he was to go further than either Hooke or Flamsteed could dream. And that by reading the work of another who in greatest part wrote from one of his own.

As his reading of René Descartes' *Geometrie* had been Newton's entrance into higher mathematics in the late summer of 1664,[17] so a few months later it was the beacon of Descartes' *Principia Philosophiæ* that lit his way to gaining the understanding of the dynamics of motion under a central force. "Quickly", I have myself written, "he familiarised himself with a universe in which *vortices* (deferent whirlpools) of matter fill space and all moving bodies are borne along in the swirl, the planets . . . trapped in the solar whirlpool".[18] It is still not realised how much such images coloured and structured his thinking on astronomy during the next fifteen years. To cite but one example, the lunar theory which he sketched out upon a folio sheet once loose in his copy of Vincent Wing's *Astronomia Britannica*,[19] published in 1669, explains the inequalities of the Moon's motion in the Earth's vortex by the solar vortex laterally "compressing" it.[20]

At the Earth's surface, however, Descartes had assumed that because, as Newton worded it in notes he made in January 1665,[21] "Everything doth naturally persevere in that state in which it is unlesse it bee interrupted by some externall cause", it follows that "A body once moved will always keep the same celerity, quantity and determination [understand this in its Cartesian sense of instantaneous rectilinear direction] of its motion". In which case that which forces the body to depart from its "natural" onwards path at a uniform speed in a straight line may be measured by the deviation from straight which it induces. This thinking was to lie at the heart of Newton's first major discovery in dynamics: his derivation, independently of Christiaan Huygens (who was not even to publish the bare enunciations of the propositions of his own tract 'De Vi Centrifuga' till 1673[22]), of the measure of the force of "outwards endeavour", as Newton named it, which made precise the woolly notion held by Descartes of the *conatus recedendi à centro* engendered by uniform constrained motion in a circle. No more than to sketch in the demonstration which he himself in fact never gave in general form[23] (and to ignore the deep subtleties inherent in it, of which he had no full appreciation even when he drafted the equivalent generalised Propositio I of Liber 1 of the published *Principia*[24]), he conceives the circle to be the limit of a regular polygon as the number of its sides increase to infinity, at each corner of which there acts an impulse of force just enough to "nudge" a body moving uniformly along one side to move at an equal speed along the next. Proof that the 'outward endeavour' is proportional to the square of the speed divided by the radius is immediate.*

The way should now have been clear to that test of the Earth's gravity against that which might possibly hold the Moon stable in her near-circular course about the Earth, and to have found that a law of universal inverse-square gravitation would thereby be firmly established. And indeed, or so Newton asserted to Pierre Des Maizeaux in 1718 in a celebrated memorandum,[25] it was in 1665 – when, I may remind, because of an outbreak of plague in the town the University was closed from early summer till the next spring, and he returned to his home area of Lincolnshire, south of Grantham – that he there

> began to think of gravity extending to ye orb of the Moon, & having found out how to estimate the force with w^ch {a} globe revolving within a sphere presses the surface of the sphere . . . thereby compared the force requisite to keep the Moon in her Orb with the force of gravity at the surface of the earth, & found them answer pretty nearly [to the law that this varies reciprocally as the square of the distance from the centre].

Though Voltaire and others tell shorter versions of it, the antiquarian and man-about-town William Stukeley, is the best author we have for a tale which has become part of our folk culture, and is none the worse for the retelling. Of a visit that he paid Newton at his (then) country house in Kensington in April 1726, the year before he died, he later remarked[26] that

> After dinner, the weather being warm, we went into the garden and drank thea, only he and myself. Amidst other discourse, he told

* This is all said so much more clearly and compactly if we suppose that p is the perimeter of an n-sided regular polygon of circum-radius r traversed by a body in the total time T at the uniform speed $v=p/T$. Each side $s=p/n$ of it is therefore traversed by the body in the time $t=T/n$ at the same uniform speed $v=s/t$. The constraining impulse of force f acting "instantly" at each vertex to bend the direction of motion from one side of the polygon into the next will accordingly over the time t be $f.t^2$ where by similar triangles (it is enough to say) there is $f.t^2:s=s:r$ and hence $f=v^2/r$.
When of course the number of sides of the polygon becomes infinite, it becomes indistinguishable from its circumscribing circle.

me he was just in the same situation, as when formerly the notions of gravitation came into his mind. It was occasion'd by the fall of an apple, as he sat in a contemplative mood. Why should that apple always descend perpendicularly to the ground . . . constantly to the earths centre? There must be a drawing power . . in the matter of the earth {towards} its centre. {And} a power, like that we here call gravity, which extends its self thro' the universe. . . .

There has ever since, of course, been a good trade in selling cuttings from the scions of the old apple-tree which Edmund Turnor found decayed but still alive near the Woolsthorpe farm-house where Newton was born when he bought it in the late 1790s, and refurbished it to be the "Manor House" – Newton's knight's arms of crossed shin bones incised in stone over the front door and all – as we know it today.*

Both to the mathematician Abraham de Moivre[27] and to William Whiston,[28] his successor in the Lucasian Professorship, he went on to give accounts which are more precise in their detail, but do not in essence differ. To cite the memorandum which the first in turn passed on to Conduitt after Newton's death, once

it came into his thought, that the power of gravity was not limited to a certain distance from the earth, but . . . even would reach as far as the Moon, . . . he drew this conclusion that it was very likely that this power of gravitation towards the earth was that which contained the Moon in her orbit. Whereupon he fell a calculating what would be the effect of that supposition, but he found himself disappointed for a while.

Why so? De Moivre and Whiston, each parroting what he had been told by Newton, are in unison in claiming that the reason was (I again quote the former) that "he took it for granted that a degree of the earth" – at the equator, namely – "did contain 60 miles exactly": an estimate crude even for the period, which implies a value for the Earth's radius of a mere 3438 miles. "But when the tract of Picard's of the measure of the earth[29] came out" – with its refined estimate of 69½ miles for a degree, and by implication one of 3982 miles for the Earth's radius – "he began his calculation anew, & found it perfectly† agreeable to the Theory [that the Earth's gravity reaches out to the Moon and beyond]". In the meanwhile "he entertained a notion that with the force of gravity there might be a mixture of that force which the Moon would have if it was carried along in a vortex" – a Cartesian one, Whiston confirms,[30] adding the information that it was "in turning over some of his former papers (that he did) light upon this old imperfect Calculation". Having inserted in this Picard's improved value for a degree at the Earth's equator he was indeed able to confirm that "no other Power than that of Gravity (diminishing) according to the Squares of (the) Distances perpetually" was needed to explain the motion of the Moon in her circular orbit around the Earth.

A pretty story. But the past as it was is rarely so obligingly simple. That "old imperfect Calculation" is fairly certainly a folded sheet, now with others of his early mathematical and scientific papers in Cambridge University Library, whose text has been published more than once in recent years.[31] Again not to linger upon the technicalities of the way in which Newton here derives the measure of the centrifugal *conatus recedendi à centro* constraining a body to move in a circle at a uniform speed: this (did he then but know it) by aping a variant Huygenian argument which considers a vanishingly small initial arclet of the circle.‡ We need say little in general about his following numerical computation, other than to remark that Newton rounds his calculations off at each stage. His *data* vary in their accuracy. His value[32] of $27^{d}7^{h}43^{m}$ "or 27·3216 [*sic*] days, whose square is 746¼", for the Moon's period is exact, but his estimate that its distance from the Earth's centre is 60 of its "semi-diameters" (in itself acceptable) is swamped by his assuming the common mid-seventeenth century value of only 3500 miles for the Earth's radius – if you wish, that the length of a degree at the equator is slightly more than 61 miles, virtually the value fathered upon him by tradition. His supposition, lastly, that a body at the Earth's surface falls under gravity "about" 16 feet in the first second is clearly correct. Newton then readily computes, first that the "endeavour from the centre" at the Earth's equator induced by its diurnal rotation effects a deviation into the initial straight of about 5/9 inches in the first second; while the equivalent departure by the Moon under its "outwards endeavour" would be some 12½ times smaller; "so that the Earth's force of gravity is 4000 and more times greater than the Moon's endeavour to recede from the Earth's centre."§

Though he does not pass any comment upon the trustworthiness of his calculation, he must have been disappointed that he had not here attained something like equality between "4000+" (so he more than a little quietly shaved it down from

* It seems almost unfair to murmur that during his enforced absence from Trinity in 1665 the only place Newton is known to have stayed – the farm where he had grown up had then long been rented out to tenants – was (see ULC. Add. 4000, f. 14v) at the village of Boothby, all but certainly with his uncle (and Trinity College senior) Humphrey Babington. Turnor's 1806 map of the soke of Grantham shows a large garden around Babington's house, with an extensive copse of trees at its back. Take pot luck as to where Newton might have had his apocalyptic insight, if such it ever was.

† Well, near enough. On supposing it to travel a circle of radius some 240,000 miles every $27^{d}7^{h}43^{m}$ (Newton's value, later repeated in Book 3, Prop. IV of the first edition of the *Principia*), the Moon's mean speed in orbit will be around 38·33 miles per minute; and so will fall from its initial tangential path about 16.16 feet in the first minute. In his 1687 *Principia* (*ibid.*) Newton takes over Huygens' estimate of a fall of a little more than 15 "Parisian" feet in the first second at the Earth's surface, and has to bump up the then usually accepted value of the radius of lunar orbit to that of the Earth by 1 to be "quasi 61" to establish that the inverse-square law of decrease of gravity is a datum of "observation" in the case of the Moon – this at the expense of reducing his implicit value for the Earth's radius to be $240{,}000/61^2 = 3934\frac{1}{2}$ miles, a deal less than Picard's 3982 miles. Nothing quite gels here.

‡ In a *verb. sap.* the deviation $\frac{1}{2}.c(r).dt^2$ from straight which ensues under the action of the *conatus* $c(r)$ over the infinitesimal time dt is, by geometrical considerations, equal in magnitude to $(ds)/2r^2$, where ds is the length of the vanishingly small arclet, of radius r, traversed. It follows as before that the conatus $c(r)$ is v^2/r where $v = ds/dt$ is the speed of rotation in the circle.

§ With these assumptions the speed of the Earth's rotation at its equator is some 916·3 miles per hour or some 1344 feet per second, and therefore the outwards "fall" to initial straight which its circular motion induces in the first second is $\frac{1}{2} \times 1344^2/(3500 \times 5280) = 0{\cdot}488\frac{3}{4}$ feet or $5\frac{1}{4}/9$ inches. Again, given Newton's value of $746\frac{1}{2}$ day^2 for the square of the Moon's period, and that this is distant 60 Earth radii from the latter's centre, the *conatus recedendi a centro* at the Earth's surface will yield a "fall' outwards to straight there some $746\frac{1}{2}/60$, rounded up to be $12\frac{1}{2}$, times as great. But this itself is $16 \times 108/5 =$ (345·6 rounded up to be) 350 times smaller than fall under gravity in 1 second. And hence the Moon's *conatus* is $12\frac{1}{2} \times 350 =$ (4375 or) "4000+" times less.

4375) which he had roughly reckoned for the ratio of gravity at the Earth's surface to the Moon's *conatus recedendi à centro* and the $60^2 = 3600$ demanded by an inverse-square law of decrease in the "power" of the Earth's "endeavour of receding from the centre". What must have made it especially frustrating was that he well knew – and indeed in a short paragraph of his manuscript adumbrates in a single sentence why it is – that in the case of the "primary" planets orbiting the Sun this same law that the outwards "endeavour" is as the inverse-square of the distance is an immediate consequence of Kepler's third planetary rule, viz. that the cubes of the planets' distances are reciprocally as the squares of their periodic times.*

But this is to see only the trees and not the forest. In a Cartesian vortex theory such as Newton still espoused right through the 1670s all "natural" uniform motion is implicitly explained through the supposition that at every instant the outwards "endeavour" from the centre and the contrary inwards "force of gravity" towards it are precisely in balance. When these are no longer equal in their quantity "ye body will", as Newton put it in a letter to Hooke in mid-December 1679, "circulate wth an alternate ascent & descent made by it's *vis centrifuga*" – notice that he now employs Huygens' technical term rather than Descartes' *conatus recedendi a centro* – "& gravity alternatively overballancing one another."[33] How to put flesh on this intuitively acceptable notion that the radial acceleration in an orbit is compounded of an outwards pull of "centrifugal force" directly opposed in continuous imbalance to an inwards "gravity", a "centripetal" (centre-seeking) one as Newton was analogously soon to name it in his 1684 tract "De motu Corporum"? Is the "centre-fleeing force" he here posits narrowly to be understood as Huygens' circular *vis centrifuga*, or just as a convenient tag for some other still to be defined outwards push, the only demand upon which is that from instant to instant it shall counteract an equally unspecified inwards "gravitation" to produce the orbits desired? In either case was Newton's idea original with him? And, most important of all, what at any time up to the early 1680s could he have done to produce mathematical fruit from it?

With these questions we are mostly in the realm of the unknowable past, if not in the reaches of one that never was. The notion here favoured by Newton had in fact been issued by Giovanni Alfonso Borelli in the very year of Newton's *annus mirabilis* as a "theory deduced from physical causes" to explain the motion of the 'Medicean' satellites about their parent planet Jupiter.[34] If we pass over his need to posit an *impetus* acting at each instant transverse to the radius vector whose *raison d'être* is to maintain force-free motion uniform in a circle (where the radial acceleration to its centre is zero), Borelli put forward the premiss, never given other than verbal statement by him, that the non-circular orbits of the Jovian satellites are to be explained from "two motions directly contrary each to the other, one perpetual and uniform by which the planet impelled by its own magnetic virtue moves towards the Sun's body, the other . . . continually decreasing {with the distance}, whereby the planet is driven outwards from the Sun by the force of its circular motion."[35] Newton's attention was taken enough by the theory that when Hooke, so Halley reported to him early in the summer of 1686, subsequently made "great stir" in London that he had solved the problem of the planets' motion by postulating their gravity to the Sun to vary as the inverse-square, he retorted[36] that, while Borelli

> . . . did something in it & wrote modestly, he [Hooke] has done nothing & yet written . . . as if he knew & had sufficiently hinted all but what remained to be determined by ye drudgery of calculations & observations, excusing himself from that labour by reason of his other business: whereas he should rather have excused himself by reason of his inability. For tis plain . . . he knew not how to go about it.

But even if Newton was not "content" to be a mere "dry calculator"[37] for Hooke, was it possible that he himself could before the 1680s have employed "Borell's Hypothesis" to "settle . . . the Business"? Any of several anachronistic arguments† would show that the "*vis centrifuga*" – this is in fact merely the radial acceleration in the straight line which the body would instantaneously traverse in uniform force-free motion – must vary inversely as the inverse-cube of the distance. Yet, more importantly, it is essential to suppose – or prove – that Kepler's area law holds universally true for any central force whatever. There is no evidence that he was aware of the precise variation of the first. But what must give the *coup de grâce* to any supposition that he firmed up Borelli's theory to the point where he could on its basis begin mathematically to treat celestial dynamics is that he several times firmly stated in after years[38] that not till the winter of 1679/80 did he for the first time appreciate the fundamental rôle which the generalised law must play. A pity. It would have been pleasant to think that already in the 1670s Newton was wending the way that Leibniz was to tread triumphantly a decade afterwards – he backing the

* For, where T is the periodic time of orbit of a solar planet in its orbit of radius r, at a uniform speed v proportional to r/T of course, by Kepler's law T^2 is proportional to r^3 or $v^2 \propto r^{-1}$, whence the *conatus recedendi* v^2/r varies as r^{-2}.

† Most simply perhaps, from the equation of motion in time t in the vector $\mathbf{r} = r \cdot \hat{\mathbf{u}}$ where $\hat{\mathbf{u}}$ is the unit-vector there comes, on differentiating, first

$$\frac{dr}{dt} = \left(\frac{dr}{dt}\right) \cdot \hat{\mathbf{u}} + r \cdot \left(\frac{d\varphi}{dt}\right) \cdot \hat{\mathbf{e}}$$

and thence

$$\frac{d^2\mathbf{r}}{dt^2} = \left[\frac{d^2r}{dt^2} - r \cdot \left(\frac{d\varphi}{dt}\right)^2\right] \cdot \hat{\mathbf{u}} + \frac{1}{r} \cdot \frac{d}{dt}\left(r^2 \cdot \frac{d\varphi}{dt}\right) \cdot \hat{\mathbf{e}}$$

where φ is the polar angle and $\hat{\mathbf{e}}$ the unit-vector instantaneously at right angles to $\mathbf{r}$.

But in the case of motion wholly engendered by a central force there can be no transverse component of acceleration. And therefore

$$\frac{d}{dt}\left(r^2 \cdot \frac{d\varphi}{dt}\right) = 0 \text{ or } r^2 \cdot \frac{d\varphi}{dt} = c, \text{ constant,}$$

what we now (in ignorance of Proposition XLI of Book 1 of Newton's *Principia*) call the "Keplerian" constant deterermining planar motion in any general central force field. So that, where the central force is $-f(r)$, there indeed holds true the defining differential equation

$$\frac{d^2r}{dt^2} = \frac{c^2}{r^3} - f(r)$$

implicitly posited by Borelli. The term c^2/r^3 is not of course a circular *vis centrifuga* at all in Huygens' notion of it. But I am doubtful whether Newton at this time could have appreciated the subtlety that it is the radial acceleration in the inertial line, say $r = R \cdot \sec \varphi$, independently of the angle $90° - \varphi$ which it instantaneously makes with the radius vector.

truth of the law on vortical grounds – in the instance of motion in a planetary ellipse about the Sun at a focus, so computing (if with error) that the acceleration along any focal radius is indeed the sum of an inverse-cube "centrifugal force" and (so Leibniz dubbed it) the opposing inverse-square "paracentric" one.[39]

There can be no doubt that by the late 1670s Newton's thoughts on celestial dynamics had reached what seemed to him a blind alley. It was to be Hooke who in a flurry of letters exchanged between the two in a few weeks of the early winter of 1679/80 showed the way through for him,[40] in a way he himself never properly appreciated, it is true, but for which Newton on the kindest reckoning was nonetheless uncharitable in his appreciation.

Hooke's nominal aim in opening the correspondence on 24 November 1679 was, in his capacity as its recently appointed (so we would say) "A" Secretary, to pump new life into a Royal Society left virtually moribund by Henry Oldenburg's death two years earlier; and so it was that he asked him "please to continue your former favours to the Society by communicating what shall occur to you that is Philosophicall". At the same time he whetted Newton's curiosity by adjoining that "For my own part I shall take it as a great favour . . . particularly if you will let me know your thoughts of that {hypothesis of mine} of compounding the celestiall motions of the planetts of a direct" – understand instantaneously straight – "motion by the tangent & an attractive motion towards the centrall body".[41] Had Hooke added in final rider that Kepler's area law was to be understood to be exact, he would have been handing Newton on a platter the essence of a complete solution to the problem of planetary motion, since all then remaining to do would have been for him adroitly to employ his mathematician's skill to good effect, as he was well able to.

For the moment, however, Newton claimed – or did he feign? – his ignorance when he wrote back four days later that "I did not before . . so much as heare (y^t I remember) of your Hypotheses of compounding ye celestial motions of ye Planets, of a direct motion by the tang^t to ye curve".[42] And he then tried to change the topic by passing to the different one – as he thought – of tracking the path of a body dropped from the top of a tower to fall freely under (constant) gravity "towards ye center of ye Earth", which "will not descend in ye perpendicular . . . but outrunning ye parts of ye earth will shoot forward to ye east . . .".[43] In the rough sketch which Newton drew alongside – this is so often badly reproduced in even the "best" of present-day scholarly texts – the path taken by the falling body is shown to start off tangent to the vertical before reversing its curvature to descend from then on (in Hooke's confirming description) as "a kind of spirall which after sume few revolutions {ends} in the Center of the Earth".[44] Newton had not, however, made it clear that his figure is to be supposed to rotate uniformly with the Earth, so that the related one in a fixed plane is the gently inwards spiralling "Elleptueid" which, Hooke riposted in his reply on 9 December, "my theory . . . makes me suppose it"[45] and which Newton (it seemed to him) had not obtained.

Newton was not going to suffer a schoolmasterish rebuke like that from anyone, and least of all from a past adversary such as Hooke. In what is by far the most interesting letter of the whole correspondence, he replied on 13 December in a passage we have already partially quoted:[46]

> I agree wth you y^t ye body . . . if its gravity be supposed uniform . . . will not descend in a spiral to ye very center but circulate wth an alternate ascent & descent made by it's *vis centrifuga* & gravity alternately overballancing one another. Yet I imagine ye body will not describe an Ellipsœid but rather a figure as {this} . . . .

And he sketched a nearly trefoil figure – this again woefully reproduced in all but a few modern attempts to redraw it – which, for all the care he manifestly put into "considering {its} species", much overestimates the angular separation between its successive maximum departures from centre.[47] Clearly, even if his dynamics was now at Hooke's insistence founded on a proper basis, his mathematical technique yet lacked the finesse necessary for summing the "innumerable & infinitly little" deviations from straight of a body falling (here) under a constant force of gravitation to a point – "for I . . . consider motions according to ye method of indivisibles {as} continually generated by . . . ye impresses of gravity of it's passage". And to be sure this 'simplest' instance where the gravity is constant would have been at the limits of Newton's ability at its maturest to attack.[48]

Inadequate as his immediate solution was, it was far above Hooke's head. In his response on 6 January 1679/80 he compliantly confirmed that indeed "Your Calculation of the Curve {traversed} by a body attracted by an æquall power at all Distances . . . is right and the two auges will not unite by about a third of a Revolution".[49] "But", he went on,

> my supposition is that the Attraction always is in a duplicate proportion from the Center Reciprocall, and Consequently . . . as Kepler supposes . . . that with such an attraction the auges will unite . . . and that the neerest point of accesse to the center will be opposite to the furthest Distant. Which I conceive doth very Intelligibly and truly make out all the Appearances of the Heavens. . . . {I}n the Celestiall Motions the Sun Earth or Centrall body are the cause of the Attraction, and though they cannot be supposed mathematicall points yet they may be Conceived as physicall {ones} and the attraction at a Considerable Distance may be computed according to the former proportion as from the very Center.

Newton responded neither to this nor to a brief last letter of Hooke's eleven days later where, endeavouring to carry on the exchange, he stressed that "It now remains to know the proprietys of a curve Line . . . made by a centrall attractive power which makes the velocitys of Descent from the tangent line or equall straight motion at all Distances in a Duplicate proportion to the Distances Reciprocally taken".[50] But the challenge had been squarely put to him to lay the foundations of a general theory of the motion of a body instantaneously "attracted" from its uniformly traversed rectilinear path towards a central point: one which shall, on positing that the force of attraction vary as the inverse-square of the distance, yield proof of Kepler's hypothesis that the planets orbit in exact ellipses about the Sun at a common focus.

To repeat, Newton's breakthrough came straightaway after – there can be no reason to challenge his preferred date[51] of winter 1679–80 for this discovery? – when, in the words of de Moivre's 1727 memorandum,[52] "he laid down this proposition that the areas described in equal times were equal, which tho{ugh} assumed by Kepler was not by him demonstrated". And it was with this sole addition to the scheme which Hooke had set out that Newton went on to verify that elliptical orbits may be traversed in an inverse-square force field centred on the Sun. His original calculation would appear not to have survived,[53] but in its structure* his argument cannot have differed much from that which he was to feed to Halley four years later, and ultimately to publish in his *Principia*.

During those next four years Newton set his calculation aside, telling no one of it, and his only contact with the outside world on anything to do with motion, terrestial or celestial, came for a few months from December 1680 onwards when he briefly corresponded with Flamsteed[54] about the great comet – or two distinct ingoing and outgoing ones (on either side of its point of perihelion on 8 December) he was first inclined to believe[55] – whose giant tail was visible even by day between the late autumn of 1680 and the early spring of 1681. But here is not the place to go into detail.[56]

Instead, let me take the story up again in flash-back from the late spring of 1686 when, upon receiving from Newton the script of the first two books of "your incomparable treatise intituled *Philosophiæ Naturalis Principia Mathematica*", Halley wrote back to report[57] that a "R. Society . . . Councell" would be "summon'd to consider about the printing thereof"; but felt he also had to dampen Newton's elation by adding:

There is one thing more that I ought to informe you of, viz, that Mr Hook has some pretensions upon the invention of ye rule of decrease of Gravity, being reciprocally as the squares of the distances from the Center. He sais you had the notion from him, though he owns the Demonstration of the Curves generated thereby to be wholly your own {and} seems to expect you should make some mention of him, in the preface, which, it is possible, you may see reason to præfix.

Newton replied in (for him) a mild tone five days later[58] that, while he desired that a "good understanding" be kept between himself and Hooke, "now we are upon this business, I desire it may be understood". And he passed to give a reasonably accurate "summe of w^{t} past between Mr Hooke & me (to the best of my remembrance)" in their short exchange of letters on falling bodies more than four years before. (It had to be, of course, that it was "carelessly" that he had, in his letter of 28 November 1679, described the path of a falling body as being "in a spirall to the center of the earth: which is true in a resisting medium such as our air is"; and that on 13 December he "took the simplest [!] case for computation, which was that of Gravity uniform in a medium not Resisting" and "stated the Limit as nearly as I could . . .".) But with regard to Hooke's claim to have first framed the hypothesis that in fact gravity "increased in descent to the center in a reciprocall duplicate proportion, and . . . that according to this duplicate proportion the motions of the planets might be explained, and their orbs defined", he would not be drawn. However,

I remember about 9 years since [the date would be around Easter of 1677] Sr Christopher Wren upon a visit Dr Done and I gave him at his lodgings, discoursed of this Problem of determining the heavenly motions upon philosophical principles. This was about a year or two before I received Mr Hooks letters. You are acquainted wth Sr Christopher. Pray know when & whence he first learned the decrease of the force in a duplicate ratio of the distance from the Center.

Just three weeks later, in a letter to Halley of 20 June 1686 whose most celebrated passage we have already cited, he was prepared to thunder.[59]

In order to let you know ye case between Mr Hooke & me . . . I am almost confident by circumstances that Sr Chr. Wren knew ye duplicate proportion w^{n} I gave him a visit, & then Mr Hook . . . will prove ye last of us three y^{t} knew it. . . . I never extended ye duplicate proportion lower then to ye superficies of ye earth & before a certain demonstration I found ye last year[60] have suspected it did not reach accurately enough down so low. . . .

I hope I shall not be urged to declare in print that I understood not ye obvious mathematical conditions of my own Hypothesis . . . 10 & 11 years ago . . . wherein I hinted a cause of gravity . . . in wch ye proportion of ye decrease of gravity from ye superficies of ye Planet . . . can be no other then reciprocally duplicate of ye distance from ye center. But grant I received it afterwards from Mr Hook, yet have I as great a right to it as to ye Ellipsis. For as Kepler knew y^{e} {planetary} Orb to be not circular & guest it to be Elliptical, so Mr Hook without knowing what I have found out since his letters to me [in the early winter of 1679/80] can know no more but that ye proportion was duplicate *quam proximè* at great distances from ye center, & only guest it to be so accurately, & guest amiss in extending y^{t} proportion down to ye very center. . . .

Halley's reply on 29 June[61] served not merely to smooth Newton's by now considerably ruffled feathers, but also in so doing throws light on the cul-de-sac which serious discussion of planetary motion at London in the early part of the 1680s had reached. First, however, to reassure his correspondent that "According to your desire", he had indeed

waited upon Sr Christopher Wren, to inquire of him, if he had the first notion of the reciprocall proportion from Mr Hook. His answer was, that he himself very many years since had had his thoughts upon making out the Planets motions by a composition of a Descent

* Analytically, on taking the orbiting body to be the point (r, φ) in any system of polar co-ordinates in which the centre of force is the origin, the deviation from tangential straight in passage to $(r+dr, \varphi+d\varphi)$ is, we may show (let modern heads shake at employing 'indivisibles'),

$$\tfrac{1}{2}\cdot(2\cdot r^{-1}\cdot dr^2 - d^2r + r\cdot d\varphi^2);$$

and also $\frac{1}{2}\cdot f\cdot dt^2$, where $dt \propto \frac{1}{2}\cdot r^2\cdot d\varphi$ by the Kepler area law. Which, on dividing through by $dt^2 \propto r^4\cdot d\varphi^2$ and setting $u=1/r^2$, yields

$$f \propto u^2 \cdot \left(u+\frac{d^2u}{d\varphi^2}\right).$$

In the inverse-square case where $f \propto r^{-2}=u^2$ there is in particular $u+d^2u/d\varphi^2=$constant, whose general solution $u=r^{-1}=a+b\cdot\cos(\varphi-\varepsilon)$, a, b and ε constants, is indeed the polar equation of a conic of major axis $2a$ and eccentricity b/a, having the origin – the centre of force, that is – as one of its foci.

towards the sun, & an impress motion; but that at length he gave over, not finding the means of doing it. Since which time Mr Hook had frequently told him that he had done it, and attempted to make it out to him, but that he never satisfied him, that his demonstrations were cogent.[62]

But, he continued, "this I know to be true" that

. . . in January 83/4, I, having from the consideration of the sesquialter proportion of Kepler concluded[63] that the centripetall force {towards the Sun} decreased in the proportion of the squares of the distances reciprocally, came one Wednesday to town, where I met with Sr Christ. Wrenn and Mr Hook, and falling in discourse about it, Mr Hook affirmed that upon that principle all the Laws of the celestiall motions were to be demonstrated, and that he himself had done it. I declared the ill success of my attempts; and Sr Christopher to encourage the Inquiry s{ai}d that he would give Mr Hook or me 2 months time to bring him a convincing demonstration thereof, and besides the honour, he of us that did it, should have from him a present of a book of 40^s. Mr Hook then s{ai}d . . . he would conceale {his} for some time that others triing and failing, might know how to value it, when he would make it publick. . . . I remember Sr Christopher was little satisfied that he could do it, and tho Mr Hook then promised to show it him, I do not yet find that in that particular he has been as good as his word.[64]

With so much commotion in London, one might have expected that someone there would have written to Cambridge's Lucasian Professor of Mathematics to ask his opinion of the matter. Had anyone done so, of course, he would have been vastly surprised to find just how far Newton himself had gone on the way to giving the requisite "convincing" proof: namely, that the three hypotheses governing the motions of the planets in their elliptical orbits round the Sun at a focus can be accounted for by positing a gravitational pull directly to the Sun, varying inversely as the square of the distance outwards from it, which instantaneously attracts them out of their otherwise uniformly traversed tangential paths. But it seems to have occurred to no one to do so; while if Newton himself heard tell of what was current scientific gossip in the capital, he kept his thoughts to himself. It was, Halley proceeded to remind,[64] only in "August following" – seven months later – "when I did myself the honour of visiting you" that

I then learnt the good news that you had brought this demonstration to perfection, and you were pleased, to promise me a copy thereof, which the November following I received with a great deal of satisfaction from Mr Paget;[65] and thereupon took another Journey down to Cambridge, on purpose to conferr with you about it,[66] since which time it[66] has been enterd upon the Register Books of the Society.

In final reassurance he adjoined that "all this {time} past Mr Hook was acquainted with it; and according to the philosophically ambitious temper he is of, he would, had he been master of a like demonstration, no longer have concealed it, the reason he told Sr Christopher & I now ceasing . . .".

In the epitome which he gave Halley on the following 14 July[67] of what had taken place during the winter of 1679/80 and from the summer of 1684 onwards, Newton attempted (as he saw it) to apportion fair credit:

This is true, that {M^r Hooks} Letters occasioned my finding the method of determining Figures, wch when I had tried in ye Ellipsis, I threw the calculation by being upon other studies. & so it rested for about 5 yeares till upon your request I sought for y^t paper, & not finding it did it again & reduced it into ye Propositions shewed you by Mr Paget; but for ye duplicate proportion y^t I gathered it from Keplers [third] Theorem about 20 yeares ago. . . .

Shall we take it from this that Newton had been unable immediately to recover for Halley in August 1684 his "perfect demonstration" four and half years earlier that inverse-square solar gravitation is enough by itself to maintain the Keplerian motions of the planets? And, if so, was the one which he eventually then contrived the same as his original? And what were the "Propositions" which Paget carried to London in November 1684? As everywhere else, no two scholars who have looked into the matter exactly concur in their conclusions. Let me try not heavily to inflict my own in pointing up the all too little that is known for certain.

Although one should never rely too heavily upon unconfirmed anecdote, there is one more pertinent passage in the memorandum which Conduitt had from de Moivre in November 1727 – let me say yet again that I cannot but believe it comes ultimately from Newton himself – which reports that when "Dr Halley came to visit him at Cambridge" (in his manuscript Conduitt subsequently inserted an unfounded query "May?" after de Moivre's date of "1684" for the event):

. . . after they had been some time together, the D^r asked him what he thought the Curve would be that would be described by the Planets supposing the force of attraction towards the Sun to be reciprocal to the square of their distance from it. Sr Isaac replied immediately that it would be an Ellipsis. The Doctor struck with joy and amazement asked him how he knew it. Why saith he I have calculated it, whereupon Dr Halley asked him for his calculation without any farther delay.

When, however, Newton

looked among his papers {he} could not find it, but he promised him to renew it, & then to send it him.

As Halley made the (then) long and tedious journey back to London, one can easily picture his grave disappointment that he had seemingly met a second Hooke who could not come up with what his fine words promised, not to know for another three months just how over hasty any such judgement (if such he had in mind) was. For Newton back in Cambridge

in order to make good his promise . . . fell to work again, [to find that he] could not come to that conclusion wch he thought he had before examined with care. However he attempted a new way which tho^u longer than the first, brought him again to his former conclusion, then he examined carefully what might be the reason why the calculation he had undertaken before did not prove right, & he found that having drawn an Ellipsis coursely [*lege* coarsely] with his own hand, he had drawn two Axes of the Curve, instead of . . . two Diameters somewhat inclined to one another, whereby he might have fixed his imagination to any two conjugate diameters, which was requisite he should do. That being perceived, he made both his calculations agree together.

This story has more than innate plausibility, although that in itself would be reason good enough for here repeating it. The variant "new way . . . longer than the first" which, when unable either to find his original "calculation" or recover its argument on the spot for Halley, Newton supplied (if we are to trust de Moivre) in its lieu was perhaps to suffer a better fate than the limbo into which its predecessor vanished. Let me leave it as a *verbum sapienti* that its essence may yet survive in the simplified "Demonstration that the Planets by their gravity towards the Sun may move in Ellipses" which Newton was to put John Locke's way in March 1690; even though I cannot be persuaded[68] that this – any more than the lightly revised autograph draft of it whose facsimile is the last of the "pre-*Principia*" manuscripts here reproduced (in Part 3 below) – is to be identified with his original proof in the winter of 1679/80.

From the late autumn of 1684 onwards, even if many of the details will probably never be known, there survives a wealth of primary documents which renders appeal to broad conjecture unnecessary. Just seventeen months after Halley had his first sight of Newton's demonstration that the motion of the planets in their Keplerian ellipses about the Sun at a common focus could be sustained by a "gravity" to it varying as the inverse-square of the distance, the finished script of Books 1 and 2 of what was henceforth titled by its author, a little fulsomely it might appear, the *Philosophiæ Naturalis Principia Mathematica* was sent up to London.

The "copy" of the much amplified "perfect" demonstration (doubtless in Humphrey Newton's secretarial hand) which was first shown by Paget to Halley in November 1684 and afterwards "enterd upon the Register books of the Society" cannot but have been that which is still there to be seen.[69] We may quibble over whether Rigaud was right in assigning to it his title of "Isaaci Newtoni Propositiones de Motu" (Isaac Newton's Propositions on Motion), but – its frequent copyist's errors aside – not its existence as a primary text to be dated on or shortly after 10 December when, the report of the meeting written up in the Journal Book for that day records,[70]

> Mr Halley gave an account that he had lately seen Mr Newton at Cambridge, who had shewed him a curious treatise, *De Motu*, which upon Mr Halley's desire, was, he said, promised to be sent to the Society to be entered upon their register. Mr Halley was desired to put Mr Newton in mind of his promise for the securing his invention to himself till such time as he could be at leisure to publish it. Mr Paget was desired to join with Mr Halley.

Newton retained till his death a much emended and interlineated draft tract,[71] in his own hand throughout, to which he gave the title "De motu corporum in gyrum" (On the motion of bodies in an orbit). A "Hyp. 4" which is marooned in its left-hand margin is readily fleshed out from its revised version (which I will come to in a moment) to read in full:

> Hyp. 4. Spatium quod corpus urgente quacunque vi centripeta ipso motus initio describit esse in duplicata ratione temporis.

Otherwise, except that it lacks two minor ensuing geometrical lemmas (one summing a geometrical progression, and the other adducing a not at all evident property of the general ellipse and hyperbola with a nonchalant "Constat ex Conicis"), the text of this autograph is all but that of the tract which Paget bore up to London for him in November 1684, to be copied into the Royal Society's Register a few weeks later. Merely as sire of all that was to come after, it would of necessity occupy pride of place in any collection of Newton's "pre-*Principia*" papers. But its intrinsic merit would also put it there. It is simply unpompous truth to use of it the Churchillian phrase that rarely, if ever, in the whole history of science has more which is outstandingly original been expounded in fewer pages.

That is too easily written, of course. I wish that I could here begin to do justice to a treatise which does far more than merely prove that Hooke's hypothesis that a deviating attraction from straight varying as the inverse-square of the distance can, once Kepler's area hypothesis is shown to hold true for an arbitrary central force field (Newton's Theorem 1), demonstrate that a planet may orbit in an ellipse – the only closed conic – round the S{un} at a focus (by Problem 3), all the time obeying (by Theorem 4) Kepler's rule that the squares of their periodic times are as the cubes of their main axes, that is, mean distances from the Sun. For those who read only secondary accounts, let me elsewhere point, for example, to Newton's Problem 4, in which in an inverse-square field of force (so we would say) centred on the Sun as a focus an elliptical orbit is constructed to satisfy initial conditions of speed and direction of motion which are not great enough to achieve "escape velocity". Since the construction holds *mutatis mutandis* in the case of parabolic and hyperbolic paths also, we may go on – and indeed this is done in the corresponding Proposition 17 in Book 1 of the published *Principia* – to show therefrom that conic paths may be constructed for all initial conditions, and hence that no other inverse-square trajectories are possible. For a detailed critique of the tract, let me immodestly cite my edition of it.[72]

For his own purposes, I may note, Halley made a slightly "improved" transcript[73] of the fair "copy" taken up to London in November 1684, and which we may henceforth call (even while recognising that the version registered lacks a title) Newton's "De motu corporum in gyrum". The ways in which Halley's version differs from Newton's autograph draft and the "copy" in the Royal Society Register Book I will not specify in detail. In substance, given that Halley did not everywhere intend to make a copy word for word, his version is in effect identical with Newton's text, once removed as it might have been. (The most obvious variance, perhaps, is the omission by him of the five Corollaries to Theorem II; which, however, are included in a preliminary list of contents not found in the original.) Above and beyond all, what impresses about this transcription is what it reveals of the shallowness of Halley's understanding of what Newton had done. In particular, the subtleties underlying Newton's proof of his generalised "Kepler's" area law in the opening Theorem 1 so far passed him by that he thought he could "improve" on Newton's accompanying figure by redrawing its polygon *ABCD*. . . as an ellipse *ACD*. . . about the S{un} at a focus, but one in which the point *B* has "strayed" a long way out of orbit. If, one might well ask,

Halley could unblushingly make so elementary an howler in a diagram in which great care has been taken to draw the ellipse and set the S{un} precisely at its focus (all to self-defeating purpose since Newton's "curve" is a chain of linelets), who else in London – or Britain, for that matter – could know better? Not Hooke, I think, even had he been allowed a sight of Newton's "papers" by their author. Nor the ageing John Wallis in Oxford. And certainly not Flamsteed in Greenwich, who in fact took convenient advantage first of "hard weather" in the last days of 1684 not to travel into London to see Newton's tract when it was still in Paget's hands, and then a month later, after Paget had sent it to him, of "a benifice . . . bestowed upon me in the meane time" which had left him without "leasure to peruse it yet"[74] – after which he kept total silence (and what was presumably the original of what had been sent up to London two months before).

But what was the "curious treatise *De Motu*" of Newton's which Halley reported to the Royal Society on 10 December he had seen on his second visit to Cambridge the previous month? Maybe he had been shown only the lightly amplified version[75] of the original "De motu Corporum", titled by Newton "De motu sphæricorum Corporum in fluidis" (On the motion of spherical bodies in fluids) – viz. ". . . mediis non resistentibus" and "resistentibus" (non-resisting and resisting media) as his sub-heads in the manuscript clarify – whose facsimile we reproduce in sequel, along with the "De motu corporum in mediis regulariter cedentibus" (On the motion of bodies in regularly yielding media),[76] only the preliminary folios of which seem to have survived, and which was maybe never finished. Those interested in the evolution of Newton's notions of place, motion, speed and the measure of their quantity as he successively elaborated them in his opening *Definitiones* (of which there were 18 in his latter paper) or the way he enlarged his four initial *Hypotheses* – 1, 2 and 4 are roughly what we know as "his" Laws – of motion to become five and then six *Leges motus* will find much to occupy their attention here. Others more technically minded will wish me to pass quickly on.

Already by the beginning of 1685 Newton's thoughts "on the motion of bodies" had outgrown any possibility that they might be contained within the pages of a small tract. During that year, in fact, he began to write a treatise "De motu Corporum" divided into a "Liber primus", expanding the brief "De motu corporum in gyrum" which he had sent up to London to be a work on the dynamics of the heavens in some seventy propositions and more; and adjoining to this a smaller "Liber secundus De Systemate Mundi", on the system of the celestial world, of which I spoke at the beginning.[77] In turn, the former was to sire the first two books of the published *Principia*, while the latter spawned (if more distantly) its third one.

We have stated that the greater portion of what survives of both the first version and the revise of the "De motu Corporum Liber primus" does so because it was disingenuously deposited in 1686 (or shortly thereafter) as ten lectures of his from each of the academic years starting "Octob: 1684" and "Octob: 1685".[78] Among the papers which Newton still kept by him at his death there exists, in addition, a full further sheet of the first state[79] and four folios on optics[80] from the revise which are drafts of Propositions XCVII and XCVIII and their attendant Scholium in the final Section XIV of Book 1 in the *Principia* as published. Facsimiles of these "Lucasian lectures" as deposited, and the two further fragments which go with them are reproduced in Part 2 below.

Once more this is no place to specify the fine differences, both textual and in technical argument, between the first "De motu Corporum Liber primus" – that to which the "Liber secundus" is adjoint – and its revise, which is virtually the text of Book 1 of the *Principia*. Although only 24 (out of some 60) folios of the first version survive, between references back to identifiable individual Propositions in the companion "Liber secundus" and other citations of these in a not very percipient critique by Halley[81] we may gain a reasonably good idea of what was, and was not, contained in it.[82] The two things which strike one above all, I suppose, about the revised version[83] are its sustained attempt to achieve generality, but also its at times self-distrusting tendency to pad out rather thin passages with near-irrelevancies. The most obvious instance of the latter is "Article" – later to be renamed, as in the published *Principia*, "Section" – V, where Newton made a wide, but all but wholly impractical, use of semi-projective techniques for constructing conics when "neither focus is given", and which he had originally contrived as a "Solutio Problematis Veterum de Loco solido" (Solution of the Ancients' problem of the "solid locus",[84] namely, to construct a general conic): precisely the sub-heading which Humphrey Newton wrote in, to have Newton himself replace it with the stress that it affords the "Inventio Orbium ubi umbilicus neuter datur". Some of his dynamical results, on the other hand, are as narrowly pertinent to the grand scheme of his work as they are general and far-reaching. Were I asked to choose what was most original of all, and basic to the future development of the field, I would single out Propositions XXXIX–XLI where Newton gives complete solution of the 2-body problem, when (as here is but a trivial restriction) the mass of one body is so much greater than that of the other that it may be considered the centre of force.*

* In analytical equivalent, where t is the time of orbit over an arc s under the deviating action of a force to any centre, let $v=ds/dt$ be the instantaneous speed at any point (r, φ) in a system of polar co-ordinates in which the force-centre is the origin. Accordingly, because the orbital acceleration dv/dt is solely the component of the force, say $-f(r)$, acting in that direction, there is

$$-f(r)=\frac{dv}{dt}\cdot\frac{ds}{dr}=v\cdot\frac{dv}{dr}=\tfrac{1}{2}\cdot\frac{dv^2}{dr},$$

or

$$-f(r)=\tfrac{1}{2}\cdot\frac{d}{dr}\left(\left(\frac{dr}{dt}\right)^2+r\cdot\left(\frac{d\varphi}{dt}\right)^2\right)=\tfrac{1}{2}\cdot\frac{d}{dr}\left(\left(\frac{dr}{dt}\right)^2+c^2\cdot r^{-2}\right);$$

and in consequence

$$v^2=-2\int_{\mathrm{R}}^{r}\cdot f(r)\cdot dr+V^2,$$

where R is the length of the initial radius vector, and V is the speed there. Newton's (what are in effect differential) equations for the polar angle φ, and the time t of intervening orbit, starting at an angle α to the radius R, from there to the general point (r, φ), viz.

$$\left(\frac{d\varphi}{dr}\right)^2=\frac{c^2r^{-4}}{v^2-c^2r^{-2}}, \quad \text{and} \quad \left(\frac{dt}{dr}\right)^2=\frac{1}{v^2-c^2r^{-2}},$$

result upon eliminating either t or φ by means of the "area" condition

$$r^2\cdot\frac{d\varphi}{dt}\,(=\mathrm{R}V\sin\alpha)=c$$

(or Q, as Newton here named this "Keplerian" constant for the first time).

It would go beyond our knowledge of the past fact to assign precisely when Newton composed each of these two versions of his "De motu Corporum Liber primus", not least because he spent a considerable part of mid-1685 preparing the "Liber secundus"[85] which he intended to accompany the prior one. Since the initial "Liber primus" greatly amplifies the parent "De motu Corporum in gyrum" sent up to London in November 1684 a firm *ante quem non* for its composition must be the early winter of 1684/85. And since Humphrey Newton's fair secretary copy of its revision was, along with a completely new "Liber secundus" which partially cannibalised the later portion of the original "Liber primus", handed over to Halley in April 1686 the *post quem non* of winter 1685/86 for its writing ensues. These *termini* are of course extreme bounds. I will not be too far wrong when I here attach the date of spring/summer 1685 to the earlier version, and that of autumn 1685 to what was in July 1687 to be published as Liber 1 of the *Principia*.

And so, to say no more of the autograph whose photo-copy is set in Part 3 and on which I have already been long enough,[86] my work in introducing this volume of facsimile of Newton's "pre-*Principia*" papers is done.

If it cannot properly make up for the direct sight and touch – and indeed smell – of the originals, it will yet allow a second-best contact with them which cannot but be more intimate than any resetting of their text, however faithful, into print. I do not have to add at the time Newton wrote them he was at the very height of his intellectual powers, and had developed a peerless grasp of the mathematical techniques and scientific discoveries of his age. May anyone and everyone who has never met with any of the preliminary states of the *Principia* find pleasure in those here provided in photo-image. I would hate, I must say, to think that all the hard work of many hands that has gone into providing them should find its dusty, unread end on some forgotten library shelf.

NOTES

1. First by Newton's nephew-in-law John Conduitt at London in 1728, as *De Systemate Mundi Liber*, this taken from the original holograph, now ULC. Add. 3990. An English translation published by Fayram, also at London, the same year is something of a cross-breed, being part paraphrase and part wholly new in that it draws upon data different from those used by Newton himself. It would be of considerable value if someone were to reprint the original Latin edition on facing page to Fayram's English.

2. When it was press-marked Dd.9.46. As one of its contributions to the *Principia*'s tercentenary year the Library has recently repaired this, rebinding it in the correct order of its pages (as here reproduced in the facsimile in Part 2a below).

3. See the *Catalogue of the Portsmouth Collection of Books and Papers written by or belonging to Sir Isaac Newton, the Scientific Portion of which has been presented by the Earl of Portsmouth to the University of Cambridge* (Cambridge University Press, 1888) which is the printed record of the joint efforts of the four who signed their names to it, namely the Professors of Mathematics, George Stokes (the senior of the team who in fact did little more than lend his name) and John Couch Adams (the guiding hand behind the venture, whose preferences and blindnesses largely give the book its character), along with the Professor of Chemistry, G.D. Liveing, and the University Archivist, H. R. Luard. The 'Portsmouth Papers' concomitantly donated by the Fifth Earl – in broad, their scientific part, together with related letters by and to Newton – have never been maintained by the Library as a separate Collection, being at once subsumed into the general corpus of its manuscript holdings as Add[itional] MSS 3958–4006. Let me point anyone interested in knowing more to pp. xxx–xxxiii of the General Introduction to my edition of *The Mathematical Papers of Isaac Newton*, **1** (Cambridge University Press, 1967).

4. The text of the *Principia* as it went to press in two batches, around Easter of 1686 and in early 1687, and afterwards retrieved from the printer (by Newton himself, as was his habit, one would suppose), is now in the possession of the Royal Society. As ever its main portion is penned in Humphrey Newton's amanuensis hand. Its relatively few (and in greatest part minor) last-minute corrections and interlineations both by Newton and by Halley (at his direction presumably) are all recorded under the code 'M' in I.B. Cohen's variorum edition, together with A. Koyré, of the *Principia (Isaac Newton's 'Philosophiæ Naturalis Principia Mathematica': the Third Edition (1726) with variant readings*, Cambridge University Press, 1972). As with its parent (the surviving sheets of which are reproduced in Part 2 below) the figures that originally accompanied this press script (and were in 1686–7 sent to a block-maker to be cut in wood) are now lost. It is a pity that the Society cannot find funds to print this in facsimile, accompanied at the appropriate places with the figures from the *Principia*'s first edition.

5. Such a point-by-point analysis of all but the last manuscript here reproduced is given in Volume 6 of my edition of *The Mathematical Papers of Newton*, (Cambridge, 1974); see also my essay on "The mathematical principles underlying Newton's 'Principia Mathematica'", *Journal for the History of Astronomy*, **1**, 1970: 117–37.

6. The text of Stephen P. Rigaud's rare *Historical Essay on the First Publication of Sir Isaac Newton's 'Principia'* (Oxford University Press, 1838) is now readily to be had in the photo-facsimile issued in 1972 by Johnson Reprint Corporation, as No. 121 in their Sources of Sciences series. This has a short introduction [pp. v–ixl] by I.B. Cohen briefly giving the lead into the main recent writings on the *Principia*.

7. W.W. Rouse Ball's *An Essay on Newton's 'Principia'* (first published by Macmillan at London in 1893) was likewise re-issued in 1972 by Johnson Reprint Corporation, as No. 115 of their Sources of Science, together with a brief added introduction [pp. v–xv] by I. B. Cohen.

8. J.W. Herivel, *The Background to Newton's 'Principia'* (Oxford University Press, 1965 [1966]). This gave first publication of Newton's early dynamical papers, and otherwise collects the texts of all of his writings on the topic up to and including the 1684 'De motu Corporum'.

9. I. Bernard Cohen, *Introduction to Newton's 'Principia'* (Cambridge University Press, 1971). This incorporates in digest the relevant products of the recent "Newton industry" up to the late 1960s, not least those deriving from his own labours.

10. This remark I base on a remarkably sophisticated set of "Notes" on arithmetic and "for the Mathematicks", dated "1654" and now Item 31 of the Hill Collection in Lincoln Archive, which was evidently in use at Grantham Grammar School during Newton's time there. If I read aright a clumsy transliteration letter by letter of English into Greek on its first recto, this was the work of one John Hesketh. But no doubt it was made from a standard copy-text available to Newton as to anyone else who was advanced enough in mathematics to read it. Here is not the place to say more.

11. I exclude the lengthy extracts copied out by Newton in his boyhood from one edition or other of John Bate's *The Mysteries of Nature and Art* (so Andrade identified them to be in 1935) into the notebook which is now in the Pierpont Morgan Library in New York, and was first brought to public notice by D.E. Smith in 1927. The astronomical tables and calendrical notes in the same notebook are, I would add, in a hand dating from around 1664–5. So too are the three pages on the Copernican system.

12. Newton wrote out his observations of the comet – on 23,24,28,29 December and 1,2,10 and 23 January – on pp. 55–7 of a 95-page gathering of 'Questiones Quædam Philosoph{i}cæ' on ff. 87r–135r of the small notebook which is now ULC. Add. 3996, and which contains a wealth of such "queries" deriving from his wide reading at the time not only in Descartes (who was a prime source) but also in Walter Charleton, Thomas Hobbes, Henry More and others. The whole collection has recently been edited by J.E. McGuire and M. Tamny – with Newton's English needlessly "translated" into a twentieth-century equivalent which for the most part is effectively unchanged – as *Certain Philosophical Questions* (Cambridge University Press, 1983). (One might also snipe that, since these 'Questions' fill less than half the pages of a notebook only ever in Trinity College in the sense that it was in Newton's possession there, the subtitle *Newton's Trinity Notebook* which they give it is somewhat misleading.) A more detailed discussion of these notes may be found on pp. 349–54 of their subsequent survey of "Newton's Astronomical Apprenticeship: Notes of 1664/5", *Isis*, **76**, 1985: 349–63.

13. *Descriptio Cometæ quæ apparuit anno 1618* (Leyden, 1619). Snell gives no theory of cometary orbits in his book.

14. *Harmonicon Cæleste: or, The Cœlestial Harmony of the Visible World* (London, 1651). The copy of this work which Newton owned at the time of his death, now in the Butler Library at Columbia University, has notes by him on 46 of its pages. (Compare H. Zeitlinger's Second Supplement to his *Bibliotheca Chemico-Mathematica* (London: Sotheran, 1937) where it was then offered for sale at 12s 6d [!].)

15. *Astronomia Carolina: a New Theory of the Cœlestial Motions* (London, $_1$1661). Because John Harrison's catalogue of *The Library of Isaac Newton* (Cambridge University Press, 1978) lists only the second (1710) edition of this work, we may reasonably presume that Newton never purchased the first, which in so many ways was his early bible in astronomy.

16. Newton's annotations on Wing's *Harmonicon* and Streete's *Astronomia* are to be found in Section 1 of ULC. Add. 3958 and on ff. 26v–30v of the same notebook Add. 3996 which has his cometary notes. A broad account of the former and a more detailed one of the latter is given by McGuire and Tamny in pp. 354–8 of their "Newton's Astronomical Apprenticeship: Notes of 1664/5" (see note 12 above), along with (*ibid.*, pp. 360–5) their transcription of them. See also pp. 122–4 of my related discussion of "Newton's Early Thoughts on Planetary Motion" in *British Journal for the History of Science*, **2**, 1964: 117–37.

17. Let me just cite Parts 1 and 2 especially of *Mathematical Papers*, **1**.

18. On p. 10 of an article setting out my preferred version of events "Before the 'Principia': the maturing of Newton's thoughts on dynamical astronomy" (in *Journal for the History of Astronomy*, **1**, 1970: 5–19).

19. *Astronomia Britannica: In qua per Novam, Concinnioremq; Methodum . . . traduntur . . . Logistica Astronomica, . . . Trigonometria, . . . Doctrina Sphærica, . . . Theoria Planetarum, . . . Tabulæ Novæ Astronomicæ. . . . Cui accessit Observationum Astronomicarum Synopsis Compendaria* (London, 1669); and a very compendious folio treatise it is. Newton's liberally annotated copy of it is now in Trinity College, Cambridge (shelf-marked NQ. 18.36).

20. More precisely Newton affirmed that "Luna defertur in Ellipsi æquabili motu circa Centrum [Terræ], nisi quod per compressionem vorticis impellitur versus tangentem orbis magni . . .: . . . debes potiùs . . . ad id referre lunares irregularitates quas Reflectionem et Evectionem vocant". The solar vortex he took to compress the terrestrial one by about a 43rd of its width. Some ten years later, as the second and third of sixteen lemmas on cometary motion he asserted that "Materiam cælorum fluidam esse [et] circa centrum systematis cosmici secundum cursum Planetarum gyrare" (see ULC. Add. 3965.14, f. 613r). Not the least thing which marked comets themselves out as "strange", and hence ephemeral, beings in the Cartesian world system was, of course, that so many are retrograde in their motion.

21. This is "Axiom 100" on f. 12r of Newton's celebrated 'Waste Book' (now ULC. Add. 4004) which begins a list of 22 further ones on the direct and oblique impact of bodies. Their text is printed on pp. 153–9 of Herivel's *Background to Newton's 'Principia'* (*op. cit.* note 8 above).

22. These enunciations of the thirteen propositions of Huygens' 'De Vi Centrifuga ex motu circulari, Theoremata' were set out by him on the final pages 159–61 of his *Horologium Oscillatorium, sive de Motu Pendulorum ad Horologia aptato Demonstrationes* [!] *Geometricæ* (Paris, 1673). He was playing it fairly safe in thus establishing his priority in print. For what untutored reader could have made anything of its fundamental Theorema V (*ibid.*, p. 160): "Si mobile in circumferentia circuli fertur ea celeritate, quam acquirit cadendo ex altitudine, quæ sit quartæ parti diametri æqualis; habebit vim gravitatis suæ gravitati æqualem"? And any who did was trapped in the Catch 22 situation of risking being accused of having penetrated Huygens' understanding of *vis centrifuga* solely from reading the bare enunciations of his theorems on it in public. The text of the "De Vi Centrifuga" was to appear only after Huygens' death in 1703, in his *Opera Posthuma*.

23. The polygon is taken to be a square in Newton's 'Demonstration' on the opening recto of his 'Waste Book' (Add. 4004) before he adds that the argument would go "by ye same proceeding if ye Globe were reflected by each side of a circumscribed polygon of 6, 8, 12, 100, 1000 sides &c [or] by the sides of an equilaterall circumscribed polygon of an infinite number of sides (i.e. by ye circle . . .)". Compare J.W. Herivel, "Newton's Discovery of the Law of Centrifugal Force", *Isis*, **51**, 1960: 546–53, especially p. 548; and p. 130 of his *Background to Newton's 'Principia'* (*op. cit.* note 8 above).

24. See pp. 108–10 of my review of Herivel's book, under the head "Newtonian Dynamics", in *History of Science*, **5**, 1966: 104–17; and also notes 19 and 22–24 in *Mathematical Papers*, **6**: 35–9.

25. ULC. Add. 3968.41, f. 85r, first printed on p. xvii of the Preface to the 1888 *Catalogue of the Portsmouth Collection of Books and Papers written by or belonging to Newton* . . . (*op. cit.* note 3 above). It is from this public parent (or some off-shoot), rather than the source manuscript, that this "Portsmouth draft memorandum" is usually cited. The original has, however, been cancelled by Newton, and this may denote *inter alia* some dissatisfaction with what he there wrote. On p. 33 of my brief survey "Newton's marvellous year: 1666 and all that" (*Notes and Records of the Royal Society of London*, **21**, 1966: 32–41) I passed the comment that "those who have sought . . . to authenticate . . . the historical circumstances of his first researches into universal gravity by testing the moon's motion, have had no easy time [since] . . . far from confirming the essential accuracy of Newon's account the little available documentary evidence is . . . irreconcilable with it . . .".

26. I quote from pp. 19–20 of (ed. A. Hastings White) *Memoirs of Sir Isaac Newton's Life by William Stukeley, M.D., F.R.S. 1752. Being some account of his family and chiefly of the junior part of his life* (London: Taylor and Francis, 1936).

27. As we know at second-hand via Conduitt's yet incompletely published "Memorandum relating to Sr Isaac Newton given me by Mr Abraham Demoivre in Novr. 1727". The original, sold as Item 218 at the Sotheby auction on 13/14 July 1936 of those of Newton's papers returned to the Portsmouth family in 1888 (see p. 58 of John Taylor's scholarly catalogue of the sale, especially the de luxe "illustrated copy" then to be had for 7s 6d instead of 6d), was subsequently bought by Joseph Schaffner, who gave me a photo-copy of it before his death. It is now in the collection of his papers in the Library of the University of Chicago. What I cite in sequel is from the manuscript's third page.

28. See the *Memoirs of the Life and Writings of Mr. William Whiston . . . Written by himself* . . . (London, $_1$1794, = $_2$1753), pp. 36–8. Rouse Ball conveniently reprints this on pp. 8–9 of his 1893 *Essay on Newton's 'Principia'* (*op. cit.* note 7 above).

29. *Mesure de la Terre* (Paris, 1671), reprinted without change as the second of his *Recueil de plusieurs Traitez* (Paris, 1676). Picard's new value of $69\frac{1}{2}$ miles for a degree at the equator implied a far more realistic estimate for the Earth's radius of almost 4000 miles.

30. "I have heard him long ago, soon after my first acquaintance

with him, which was 1694, . . . relate {that} an Inclination came into {his} Mind to try whether the same Power did not keep the Moon in her Orbit . . . which makes . . . all heavy Bodies with us fall downward, and which we call Gravity. Taking this Postulatum . . . that such Power might decrease in a duplicate Proportion of the Distance from the Earth's Centre, upon {his} first Trial . . . he was, in some Degree, disappointed . . . . Upon this Dissappointment, which made {him} suspect that this Power . . . restrain{ing} the Moon in her Orbit . . . was partly that of Gravity, and partly that of Cartesius's Vortices, he threw aside the Paper of his Calculation, and went to other Studies. However, some time afterward, when Monsieur Picart had much more exactly measured the Earth, . . . Sir Isaac, in turning over some of his former Papers [did] light upon this old imperfect Calculation, and, correcting his former Error, discover'd that this Power, at the true . . . Distance of the Moon from the Earth, was exactly of the right Quantity {to retain her in her Orbit}." (*op. cit.* note 28), And "since", Whiston went on, "the Power appear'd to extend as far as the Moon, it was but natural, or rather necessary, to suppose it might reach twice, thrice, four times &c. the same Distance, with the same Diminution, according to the Squares of such Distances perpetually."

31. Add. 3958.5, ff. 87/88. With the exception of its last paragraph the three sides of this (f. 88v is blank) were first published by A.R. Hall on pp. 64–6 of his "Newton and the Calculation of Central Forces", *Annals of Science*, **13**, 1957: 62–71. The text is printed in full in H.W. Turnbull's Volume 1 of *The Correspondence of Isaac Newton* (Cambridge University Press, 1959), pp. 297–303; and again on pp. 192–5 of Herivel's *Background to Newton's 'Principia'* (*op. cit.* note 8 above).

32. Again see footnote † on this page.

33. I quote from the original of Newton's letter to Hooke on 13 December 1679 (O.S.), now in the British Library. This was first printed by Jean Pelseneer on pp. 250–3 of his article 'Une lettre inédite de Newton' in *Isis*, **12**, 1929: 237–54; the subsequent version in *Correspondence*, **2**, 1960: 307–8 is less satisfactory. Newton used the same phrasing a year and a half later when, about the beginning of April 1681, he tried to explain to Flamsteed how a solar comet "attracted all ye Sun's magnetism" might be conceived "by this continuall attraction to have been made to fetch a compass about the Sun . . . the *vis centrifuga* at {perihelion} overpow'ring the attraction & forcing the Comet there notwithstanding the attraction, to begin to recede from y[e] Sun" (see *Correspondence*, **2**: 361). Exactly the same phrases were to be heard from the lips of quite eminent scientific pundits in the late 1960s, in the like attempt to make the layman appreciate how it was that American space-craft could fly around the Moon without crashing into its "dark" side.

34. *Theoricæ Mediceorum Planetarum ex Causis Physicis Deductæ* (Florence, 1666). The copy of this in Newton's library at his death (now Trinity College, Cambridge, currently shelf-marked NQ.16.79[1]) bears, however, no sign of having been more than lightly read through at best.

35. " . . . duo motus directi inter se contrarii, alter . . . uniformis, quo planeta . . . impulsus à propria magnetica virtute sibi connaturali sese successivè admovet solari corpori, alter verò . . . continuè decrescens, quo planeta . . . expellitur à Solè vi motus circularis" (*ibid.*, p. 77).

36. Newton to Halley, 20 June 1686 (first printed in full by Rigaud on pp. 26–35 of his *Historical Essay* (note 6 above; see especially pp. 30–2) and most recently in *Correspondence*, **2**, 1960: 435–40 (note 33 above: see especially pp. 437–8).

37. This celebrated sarcasm, like the phrase cited in sequel, is of course Newton's in his letter to Halley (*ibid.*).

38. In an intended preface to a re-edition of his treatise *De Quadratura Curvarum* in about mid-1719, for instance, he declared that " . . . anno 1679 ad finem vergente inveni demonstrationem Hypotheseos Kepleri quod Planetæ primarii revolvuntur in Ellipsibus Solem in foco inferiore habentibus, & radiis ad Solem ductis areas describunt temporibus proportionales" (ULC Add. 3968.9, f. 112v; compare the cancelled sentence of the preliminary English version on Add. 3968.41, f. 86r which I cited in note 17 in *Mathematical Papers*, **8**: 666).

39. Published by him in his 'Tentamen de Motuum Cælestium Causis', *Acta Eruditorum* (February 1689): 82–96, especially 88–92. Compare E. J. Aiton's "The Celestial Mechanics of Leibniz" and "The Celestial Mechanics of Leibnitz" in *Annals of Science*, **16**, 1960: 65–82 and **20**, 1964: 111–23. We now know beyond doubt from yet unpublished manuscripts which he wrote in Italy in autumn 1688 that, despite his disclaimer to the contrary, Leibnitz had read and made detailed notes upon Newton's *Principia* – and in particular its opening Proposition I where Newton sets out his attempted proof of the validity of Kepler's rule that areas traversed about the centre of force in any central-force are proportional to the times of orbit over their outer curvilinear paths – before he wrote his own mini-essay on the dynamics of elliptical motion about a focus.

40. This correspondence – two long letters by Hooke (on 24 November and 9 December 1679) which prompted equally lengthy replies from Newton (on 28 November and 13 December respectively), together with two short further letters by Hooke on the ensuing 6 and 17 January which Newton did not answer – is conveniently gathered, if not everywhere adequately edited, in *Correspondence*, **2**, 297–313. J.A. Lohne has several percipient things to say about it in Part III (pp. 23–34) of his "Hooke *versus* Newton. An Analysis of the Documents in the Case on Free Fall and Planetary Motion", *Centaurus*, **7**, 1960: 6–52; while I myself add a few more points on pp. 131–5 of my "Newton's Early Thoughts on Planetary Motion" (on which see note 16 above).

41. *Correspondence*, **2**: 297.

42. Other than for restoring Newton's original superscript contractions I copy the text of *Correspondence*, **2**: 300.

43. *ibid.*, p. 301, but again with Newton's superscripts re-introduced.

44. *Correspondence*, **2**: 305. De Moivre repeated a remark passed by Newton to Halley in late May 1686 (see p.xiv) when he told John Conduitt in November 1727 that "having described a curve with his hand to represent the motion of a falling body, {Newton} drew a negligent [!] stroke of his pen, from whence D[r] Hook took occasion to imagine that he meant the Curve would be a Spiral".

45. *ibid.*

46. We make drastic excerpt from *Correspondence*, **2**: 307–8, again re-inserting Newton's original superscript contractions.

47. Whereas in Newton's figure the angle between successive "aphelia" is very nearly 240°, this can be at most (to anticipate my next footnote) $120\sqrt{3}°$ or slightly less than 270°51′ only.

48. See the analysis which I adumbrate in note 55 on p. 134 of my "Newton's Thoughts . . ." – with due debt there paid, I may hope, to Jean Pelseneer who did the real donkey work in 1929 in his "Une lettre inédite de Newton" (on which see note 33 above).

49. See *Correspondence*, **2**: 309.

50. *Correspondence*, **2**: 313. De Moivre was surely correct when he observed to Conduitt in his November 1727 memorandum that it was Hooke's "writ{ing} to him that the Curve would be an Ellipsis & that the body would move according to Kepler's notion, w[ch] gave {S[r] Isaac} . . . an occasion to examine the thing thoroughly."

51. See note 38 above.

52. I quote from the fourth page of de Moivre's 1727 memorandum.

53. It will be obvious that I cannot accept J.W. Herivel's – or any other – attempt to identify Newton's paper as the English manuscript of about 1690 which is now ULC. Add. 3965.1. (See his article in *Archives Internationales d'Histoire des Sciences*, **14**, 1961: 23–33 conjecturing that its two main propositions, which indeed give Newton's familiar proof of the generality of the Kepler area law for all central forces, and show thereby, in a way more drawn out than in the 1684 "De motu Corporum" or the *Principia*, that the force towards a focus of an ellipse varies as the inverse-square of the distance, might be 'The Originals . . . discovered . . . in December 1679?".) He was at the time, I would warn, unaware of its immediate *raison d'être* as a draft of the simplified 'Demonstration that the Planets by their gravity towards the sun may move in Ellipses' which Newton gave to John Locke in March 1690 (shortly after they first met). This connection was clearly made by Rouse Ball, with citation of the pages in the first volume of Lord King's *Life of Locke*

(London, $_2$1830, pp. 389–400 = $_3$1858, pp. 210–16) where Locke's secretary copy was first published, when he for the first time – the demonstrations of three minor lemmas apart – printed Newton's autograph (which has a short 'Prop. 2' lacking in the Locke version) on pp. 116–20 of his 1893 *Essay*.

Even after the existence of what he begs the issue by thére calling the "Locke copy" was made known to him, Herivel has stubbornly persisted – on pp. 108–17 of his *Background to Newton's 'Principia'* (*op. cit.* note 8 above) not least – in trying to prop up a case for a dating as early as the winter of 1679/80: one counter to Newton's assertion to Halley in July 1684 (see p. xiv) that he had lost his original paper and could not find it. Both before and since he has had a number of scuffles over the topic with others, myself included, which it would be tedious to specify. But, in fairness to him, he has converted one other doughty Newtonian scholar, R.S. Westfall, to his *credo* – so much so that the latter in his biography of Newton *Never at Rest* (Cambridge University Press, 1980) asserts (p. 403) that "We can dismiss the charade of the lost paper – all the more since it survives among Newton's papers". Not everyone will read the small print of his attached footnote 6, or of footnote 145 on his pp. 387–8 where he is much less certain of his ground than in his main text. Even if this is not the proper place to say so, I cannot but believe that if Herivel had been aware from the first of the connection between the paper which Newton let Locke copy in March 1690 and the would-be "1679" autograph (here reproduced as the last item below), we would have been spared an unnecessary and entirely putative hypothesis about its origin.

54. See *Correspondence*, **2**: 315, 319 and especially 340–67.

55. Indeed, he was not at all sure that 'both' comets even went round the Sun. For "if", as he wrote to Flamsteed on 18 April 1681 (see *Correspondence*, **2**: 364), "the December Comet was beyond y^e {Sun} in ye beginning of December, the comets of November & December could hardly be ye same . . . {while} if the comet turned short . . . the difficulties are thereby something diminished, but I think not taken of{f}. . . . But . . . this sways most with me, that to make ye Comets of November & December but one is to make that one paradoxical". Who would have thought that just half a dozen years later the orbit of the comet of 1680/1 in its then posited parabolic path was in Book 3 of the first edition of the *Principia* to be the keystone – it yielded this prime place in all subsequent editions – in Newton's "demonstration" that solar gravitation varies inversely as the square of the distance?

56. I may remind that J.A. Ruffner's account of this exchange of letters in Chapter VIII (pp. 239–301) of his 1966 Indiana University doctoral thesis – readily available in photo-reprint from University Microfilms, Inc. – is yet wholly unsuperseded.

57. Halley to Newton, 22 May 1686; see *Correspondence*, **2**: 431.

58. Newton to Halley, 27 May 1686; see *Correspondence*, **2**: 433–4. Since the letter exists only in a contemporary copy, I have not hesitated to take a few liberties with its orthography to render it more acceptably Newtonian in form.

59. For the full version of this lengthy and celebrated letter from Newton to Halley on 20 June 1686 see *Correspondence*, **2**: 435–40. The following paragraph is excerpted from pp. 435–6.

60. Newton means that of Proposition XL of his 1685 "De motu Corporum Liber primus" (see *Mathematical Papers*, **6**: 180–5), which was to appear unchanged as Proposition LXXI of Book 1 of the published *Principia*.

61. See *Correspondence*, **2**: 441–3, especially 441.

62. *ibid.*, p. 442.

63. Compare my footnote on p. x asterisked above.

64. Again see *Correspondence*, **2**: 442.

65. Edward Paget, a younger Fellow of Trinity College with scientific interest enough to have a "designe" for establishing "a Philosophick meeting" there in November 1684 (see Newton's letter to Francis Aston on 23 February 1684/5, *Correspondence*, **2**: 415), had – with Newton's backing, among that of others – been appointed Master of the Mathematical School at Christ's Hospital (then just North of St Paul's) in April 1682. He was an ideal intermediary, therefore, between Newton and the Royal Society, of which indeed Paget was himself a Fellow.

66. The latter of these "it"s is all but certainly the manuscript we know today as Newton's "De motu Corporum" (on which see note 69 below). Let me postpone considering for a moment whether or not the first is also.

67. See *Correspondence*, **2**: 444–5.

68. I have been too long on this already in note 53 above.

69. Register Book 6, pp. 218ff. This was first printed by Rigaud, under the title "Isaaci Newtoni Propositiones de Motu", on pp. 1–19 of the Appendix to his 1838 *Historical Essay* (*op. cit.* note 6; see also pp. 15, 25 and note q on p. 26 of the *Essay* itself); and from there on pp. 35–53 of Rouse Ball's 1893 *Essay* (*op. cit.* note 7).

70. I quote in sequel the transcription given on p. 347 of Volume 4 (London, 1757) of Thomas Birch's *The History of the Royal Society of London, . . . In which the most considerable of those papers communicated to the Society, which have hitherto not been published, are inserted in their proper order . . . .*

71. Now ULC. Add. 3965.7, ff. 55–62/62* [originally 127].

72. *Mathematical Papers*, **6**: 30–91.

73. See Flamsteed's letters to Newton on 5 and 27 January 1684/5 in *Correspondence*, **2**: 410 and 414 respectively.

74. The greatest part of this – all but its transcription of the final Problems 6 and 7 and their Scholium (sent by Halley to John Wallis on 11 December 1686; see his accompanying letter, printed on pp. 70–1 of E.F. MacPike, *Correspondence and Papers of Edmond Halley . . .*, London: Taylor and Francis, 1932) which is now lost – was, as with a number of his other papers, "re-acquired" by Newton at some later period during his lifetime, and survives as ULC. Add. 3965.7, folios 63/63*/64–70.

75. This manuscript (now ULC. Add. 3965.7, ff. 40r–54r) is to be found, as it probably always has been since it was written, with Newton's original autograph draft of the "De motu Corporum".

76. Now ULC. Add. 3965.5a, ff. 25r–26r/23r/24r (taking these in correct sequence).

77. Compare note 1 above.

78. Compare note 2 above.

79. See ULC. Add. 3965.3, ff. 7r–14r. Why Newton kept these preliminary versions of Propositions LXIV and LXVI–LXXIV of the published *Principia* will be evident if we again recall the dismissive words with which in his letter to Halley on 20 June 1686 he scorned Hooke's claim to have "invented" the hypothesis of universal inverse-square gravitation: "I never extended ye duplicate proportion then to ye superficies of ye earth & before a certain demonstration I found ye last year have suspected it did not reach accurately down so low . . ." (see *Correspondence*, **2**: 435; and also *Mathematical Papers*, **6**: 180–5).

80. Now split between ULC. Add. 3970.3, f. 428*bis*r and Add. 3970.9, ff. 615r–617r.

81. This, now ff. 94–9 of ULC. Add. 3965.9, is discussed at length by I.B. Cohen in Supplement VII (pp. 336–44) of his *Introduction to Newton's 'Principia'* (*op. cit.* note 9). The first two rectos, 94r and 95r, are reproduced in his Plates 10 and 11.

82. Nearly all the surviving text of what I there called "Newton's initial revise 'On motion'" is printed in *Mathematical Papers*, **6**: 96–186. Let me leave it as a *verbum sapienti* that the missing folios 1–8 (in Newton's paging) require five Figures 1–5 and his folios 25–32 nineteen Figures 20–38, while some further 49 folios (this number is not quite certain) require at least 28 Figures more. Precisely what propositions were to be found in the 8-folio gatherings can only be an educated surmise; for my own conjecture regarding these let me refer to the last paragraph of note 188 on *ibid.*, pp. 188–9.

83. The preliminaries and Articles I-III of this are, in broad, not greatly different from the equivalent ones of the initial "Liber primus". The only remaining parts surviving, Articles IV–X and the latter half of XIV, are printed in *Mathematical Papers*, **6**: 230–408 and **3**: 549–53, together with pertinent (if indeed not too extravagant) commentary.

84. See *Mathematical Papers*, **4**: 282ff.; and compare my note 23 in *Mathematical Papers*, **6**: 243–6.

85. On this see note 1 and pp. 109–15 of Cohen's *Introduction to Newton's 'Principia'* (*op. cit.* note 9). I could adduce several items of circumstantial evidence which would support summer 1685 for its date of composition.

86. See p. xiv at note 53 and p. xvi at note 68.

PART 1

THE TRACTS 'DE MOTU CORPORUM'

(Autumn/Winter 1684/5)

PART 1a

THE FUNDAMENTAL 'DE MOTU CORPORUM IN GYRUM'

(Autumn 1684)

[Add. 3965.7, ff. 55r–62*r]

1.

55

De motu corporum in gyrum.

Hyp. 3. Corpus ~~undique~~ in dato tempore viribus conjunctis eo ferri quo viribus divisis in temporibus æqualibus successivè.
Hyp 4

Def. 1. Vim centripetam appello qua corpus impellitur vel attrahitur versus aliquod punctum quod ut centrum spectatur.

Def 2 Et vim corporis seu corpori insitam qua id conatur perseverare in motu suo secundum lineam rectam.

Def 3 Et resistentiam quæ est medij regulariter impedientis.

Hypoth 1 ~~Corpora nec medio impediri nec alijs causis externis quo minus viribus insitis et centripetis exquisite cedant.~~ Resistentiam ~~esse ut corporis celeritas et medij densitas conjunctim.~~ in proximis novem propositionibus nullam esse, in sequentibus esse ut corporis celeritas et medij densitas conjunctim.

Hypoth 2. Corpus omne sola vi insita uniformiter secundum rectam lineam in infinitum progredi nisi aliquid extrinsecus impediat.

~~Hypoth 3. Resistentiam in proximis novem propositionibus nullam esse in sequentibus esse ut corporis celeritas et medij densitas conjunctim.~~

Theorema 1. Gyrantia omnia radijs ad centrum ductis areas temporibus proportionales describere.

Dividatur tempus in partes æquales, et prima temporis parte describat corpus vi insita rectam AB. Idem secunda temporis parte si nil impediret[a] recta pergeret ad c describens lineam Bc æqualem ipsi AB adeo ut radijs AS, BS, cS ad centrum actis confectæ forent æquales areæ ASB, BSc. Verum ubi corpus venit ad B agat vis centripeta impulsu unico sed magno, faciatque corpus a recta Bc deflectere et pergere in recta BC. Ipsi BS parallela agatur cC occurrens BC in C et completa secunda temporis parte[b] corpus reperietur in C. Junge SC et triangulum SBC ob parallelas SB, Cc æquale erit triangulo SBc atque adeo etiam triangulo SAB. Simili argumento si vis centripeta successivè agat in C, D, E &c, faciens corpus singulis temporis momentis singulas describere rectas CD, DE, EF &c triangulum SCD triangulo SBC et SDE ipsi SCD et SEF ipsi SDE æquale erit. Æqualibus igitur temporibus æquales areæ describuntur. Sunto jam hæc triangula numero infinita et infinitè parva, sic, ut singulis temporis momentis singula respondeant triangula, agente vi centripeta sine intermissione, & constabit propositio.

a Hyp. 1.

~~b Hyp~~
b Lem. 1.

Theorem. 2. Corporibus in circumferentijs circulorum uniformiter gyrantibus vires centripetas esse ut ~~velocitates~~ arcuum simul descriptorum quadrata applicata ad radios circulorum.

Corpora B, b in circumferentijs circulorum BD, bd gyrantia simul describant arcus BD, bd. Sola vi insita describerent tangentes BC, bc his arcubus æquales. Vires centripetæ sunt quæ perpetuò retrahunt corpora de tangentibus ad circumferentias, atque adeo hæ sunt ad invicem ut spatia ipsis superata CD, cd, id est productis CD, cd ad F et f ut $\frac{BC\,quad}{CF}$ ad $\frac{bc\,quad}{cf}$ sive ut $\frac{BD\,quad.}{\frac{1}{2}CF}$ ad $\frac{bd\,quad.}{\frac{1}{2}cf}$. Loquor de spatijs BD, bd minutissimis inque infinitum diminuendis sic ut pro $\frac{1}{2}CF$, $\frac{1}{2}cf$ scribere liceat circulorum radios ~~AS~~ SB, sb. Quo facto constat Propositio.

Cor 1. Hinc vires centripetæ sunt ut celeritatum quadrata applicata ad radios circulorum

Cor 2 Et reciprocè ut quadrata temporum periodicorum applicata ad radios.

Cor 3 Unde si quadrata temporum periodicorum sunt ut radij circulorum vires centripetæ sunt æquales. Et vice versa

Cor 4 Si quadrata temporum periodicorum sunt ut quadrata radiorum vires centripetæ sunt reciprocè ut radij. Et vice versa

Cor 5 Si quadrata temporum periodicorum sunt ut cubi radiorum vires centripetæ sunt reciprocè ut quadrata radiorum. Et ~~vic deinceps~~ vice versa.

Schol. Casus Corollarij quinti obtinet in corporibus cælestibus. Quadrata temporum periodicorum sunt ut cubi distantiarum a communi centro circum quod volvuntur. Id obtinere in Planetis majoribus circa Solem gyrantibus inque minoribus circa Jovem et Saturnum jam statuunt Astronomi.

Theor. 3. Si corpus P circa centrum S gyrando, describat lineam quamvis curvam APQ, et si tangat recta PR curvam illam in puncto quovis P et ad tangentem ab alio quovis curvæ puncto Q agatur QR distantiæ SP parallela ac demittatur QT perpendicularis ad distantiam SP: dico quod ~~quadr~~ vis centripeta sit reciprocè ut solidum $\frac{SP^{quad.} \times QT^{quad.}}{QR}$, si modò solidi illius ea semper sumatur quantitas quæ ultimò fit ubi coeunt puncta P et Q.

Namque in figura indefinitè parva QRPT lineola QR dato tempore est ut vis centripeta et data vi ut [3] quadratum temporis atque adeo neutro dato ut ~~quadratum t~~ vis centripeta et quadratum temporis conjunctim, id est ut vis centripeta semel et area SQP tempori proportionalis (vel duplum ejus SP × QT) bis. Applicetur hujus proportionalitatis pars utraque ad lineolam QR et fiet unitas ut vis centripeta et $\frac{SP^q \times QT^q}{QR}$ conjunctim, hoc est vis centripeta ~~est~~ reciprocè ut $\frac{SP^q \times QT^q}{QR}$. Q.E.D.

~~2 Hyp 4.~~
3 Lem. 2

Corol. Hinc si detur figura quævis et in ea punctum ad quod vis centripeta dirigitur, inveniri potest lex vis centripetæ quæ corpus in figuræ illius perimetro gyrare faciet. Nimirum computandum est solidum $\frac{SP^q \times QT^q}{QR}$ huic vi reciprocè proportionale. Ejus rei dabimus exempla in problematis sequentibus.

Prob. 1. Gyrat corpus in circumferentia circuli requiritur lex vis centripetæ ~~gravitatis~~ tendentis ad punctum aliquod in circumferentia.

Esto circuli circumferentia SQPA, centrum vis centripetæ ~~gravitatis~~ S, corpus in circumferentia latum P, locus proximus in quem movebitur Q. Ad SA diametrum et SP demitte perpendicula PK, QT et per Q ipsi SP ~~agatur~~ parallelam age LR occurrentem circulo in L et tangenti PR in R, et coeant TP, PR in Z. Ob similitudinem triangulorum ZQR, ZTP, SPA erit RP^q (hoc est QRL) ad QT^q ut SA^q ad SP^q. Ergo $\frac{QRL \times SP^q}{SA^q} = QT^q$. Ducantur hæc æqualia in $\frac{SP^q}{QR}$ et punctis P et Q coeuntibus scribatur SP pro RL. Sic fiet $\frac{SP^{qc}}{SA^q} = \frac{QT^q \times SP^q}{QR}$. Ergo vis centripeta ~~gravitatis~~ reciprocè est ut $\frac{SP^{qc}}{SA^q}$, id est (ob datum SA^q) ut quadrato-cubus distantiæ SP. Quod erat inveniendum.

Schol. Cæterum in hoc casu et similibus concipiendum est quod postquam

postquam corpus pervenit ad centrum S, id non amplius redibit in orbem sed abibit in tangente. In spirali quæ secat radios omnes in dato angulo vis centripeta tendens ad Spiralis principium est in ratione triplicata distantiæ reciprocè, sed in principio illo recta nulla positione determinata spiralem tangit.

Prob 2. Gyrat corpus in Ellipsi veterem: requiritur lex ~~gravitatis~~ vis centripetæ tendentis ad centrum Ellipseos.

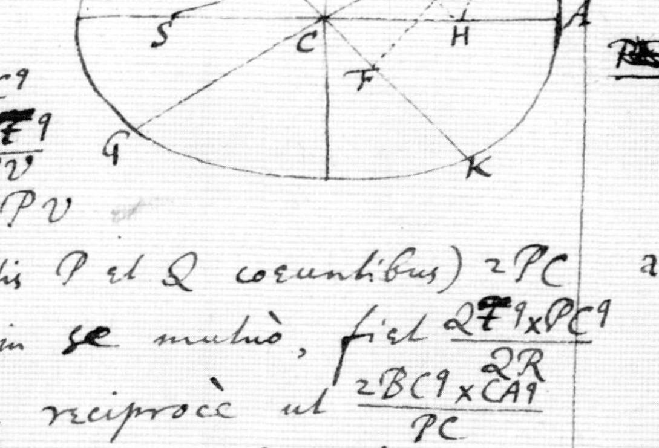

Sunto CA, CB semi-axes Ellipseos, GP, DK diametri conjugatæ, PF, Qt perpendicula ad diametros, Qv ordinatim applicata ad diametrum GP et QvPR parallelogrammum. His constructis erit (ex Conicis) PvG ad Qvq ut PCq ad CDq et Qvq ad Qtq ut PCq ad PFq et conjunctis rationibus PvG ad Qtq ut PCq ad CDq et PCq ad PFq, id est vG ad $\frac{Qtq}{Pv}$ ut PCq ad $\frac{CDq \times PFq}{PCq}$. Scribe QR pro Pv

a et BC×CA pro CD×PF, nec non (punctis P et Q coeuntibus) 2PC pro vG et ductis extremis et medijs in se mutuò, fiet $\frac{Qtq \times PCq}{QR} = \frac{2BCq \times CAq}{PC}$. Est ergo vis centripeta reciprocè ut $\frac{2BCq \times CAq}{PC}$ id est (ob datum 2BCq × CAq) ut $\frac{1}{PC}$, hoc est directè, ut distantia PC. Q.E.I. a Per Lem. 4

Prob. 3. Gyrat corpus in ellipsi: requiritur lex vis centripetæ tendentis ad umbilicum Ellipseos.

Esto Ellipseos superioris umbilicus S. Agatur SP secans Ellipseos diametrum DK in E. Patet EP æqualem esse semiaxi majori AC eo, quod actâ ab altero Ellipseos umbilico H linea HI ipsi EC parallela, ob æquales CS, CH æquentur ES, EI adeo ut EP semisumma sit ipsarum PS, PI id est (ob parallelas HI, PR et angulos æquales IPR, HPZ) ipsarum PS, PH quæ conjunctim axem totum 2AC adæquant. Ad SP demittatur perpendicularis QT. Et Ellipseos latere recto principali (seu $\frac{2BCq}{AC}$) dicto L, erit L×QR ad L×Pv ut QR ad Pv id est ut PE (seu AC) ad PC. et L×Pv ad GvP ut L ad Gv et GvP ad Qvq ut CPq ad CDq. et Qvq ad Qxq puta ut M ad N et Qxq ad QTq ut EPq ad PFq id est ut CAq ad PFq sive [a] ut CDq ad CBq. et conjunctis his omnibus rationibus, L×QR ad QTq ut AC ad PC + L ad Gv + CPq ad CDq + M ad N + CDq ad CBq, id est ut AC×L (seu 2BCq) ad PC×Gv + CPq ad CBq + M ad N, sive ut 2PC ad Gv + M ad N. Sed punctis Q et P coeuntibus rationes 2PC ad Gv et M ad N fiunt æqualitatis: Ergo et ex his composita ratio L×QR ad QTq. Ducatur pars utraque in $\frac{SPq}{QR}$ et fiet $L \times SPq = \frac{SPq \times QTq}{QR}$. Ergo vis centripeta reciprocè est ut L×SPq id est in ratione duplicata distantiæ SP. Q.E.I. a Per Lem. 4.

~~Cor. Puncta P et Q sola~~ Schol. Gyrant ergo Planetæ majores in ellipsibus habentibus umbilicum in centro solis, et radijs ad solem ductis describunt areas temporibus proportionales, omninò ut supposuit Keplerus. Et harum Ellipseon latera recta sunt $\frac{QTq}{QR}$, ~~existentibus figuris QTPR~~ punctis P et Q spatio quàm minimo et quasi infinitè parvo distantibus.

Theorem. 4

Theorem. 4 Posito quod vis centripeta sit reciprocè proportionalis quadrato distantiæ a centro, quadrata temporum periodicorum in Ellipsibus sunt ut cubi transversorum axium.

Sunto Ellipseos ~~umbilici S, H centrum C~~, axis transversus AB, ~~tangens ad verticem~~ [illegible] axis alter BD latus rectum L, umbilicus alteruter S. Centro S ~~eodem~~ intervallo SP describatur circulus PMD. Et eodem tempore describant corpora duo gyrantia arcum Ellipticum PQ et circularem PM, vi centripeta ad umbilicum S tendente. ~~Ipsas~~ Ellipsin et circulum tangant PR, PN in puncto P. Ipsi PS agantur parallelæ QR, MN tangentibus occurrentes in R et N. Sint autem figuræ PQR, ~~[illegible]~~ PMN indefinitè parvæ sic ut (per Schol. ~~[illegible]~~ Prob. 3) fiat L × QR = QTq et 2SP × MN = MVq. Ob communem a centro S distantiam SP et inde æquales vires centripetas sunt MN et QR æquales. Ergo QTq ad MVq est ut L ad 2SP, et QT ad MV ut medium proportionale inter L et 2SP seu PD ad 2SP. Hoc est area SPQ ad aream SPM ut area tota Ellipseos ad aream totam circuli. Sed partes arearum singulis momentis genitæ sunt ut areæ SPQ et SPM atque adeo ut areæ totæ et proinde per numerum momentorum multiplicatæ simul evadent totis æquales. Revolutiones igitur eodem tempore in ellipsibus perficiuntur ac in circulis quorum diametri sunt axibus transversis Ellipseon æquales. Sed (per Cor. 5 Theor 2) quadrata temporum periodicorum in circulis sunt ut cubi diametrorum. Ergo et in Ellipsibus. Q.E.D.

Schol. Hinc in Systemate cælesti ex temporibus periodicis Planetarum innotescunt proportiones transversorum axium Orbitarum. Axem unum licebit assumere. Inde dabuntur cæterarum. Datis autem axibus determinabuntur Orbitæ in hunc modum. Sit S locus Solis seu Ellipseos umbilicus unus A, B, C, D loca Planetæ observatione inventa et Q axis transversus Ellipseos. Centro A radio Q − AS describatur circulus FG et erit ellipseos umbilicus alter in hujus circumferentia. Centris B, C, D &c intervallis Q − BS, Q − CS, Q − DS &c describantur itidem alij quotcunque circuli & erit umbilicus ille alter in omnium circumferentijs atque adeo in omnium intersectione communi F. Si intersectiones omnes non coincidunt, sumendum erit punctum medium pro umbilico. Praxis hujus commoditas est quod ad unam conclusionem eliciendam adhiberi possint et inter se expeditè comparari observationes quamplurimæ. Planetæ autem loca singula A, B, C, D &c ex binis observationibus, cognito Telluris orbe magno invenire docuit Halleus. Si orbis ille magnus nondum satis exactè determinatus habetur, ex eo propè cognito, determinabitur orbita Planetæ alicujus puta Martis propius. Deinde ex orbita ~~Martis~~ Planetæ

Planetæ per eandem methodum determinabitur orbita telluris adhuc propius: et tum ex orbita Telluris determinabitur orbita Planetæ multò exactius quam prius: Et sic per vices donec circulorum intersectiones in umbilico orbitæ utriusq exactè satis conveniant. /

Hac methodo determinare licet orbitas Telluris, Martis, Jovis et Saturni, Orbitas autem Veneris et Mercurij sic. Observationibus in maxima Planetarum a Sole digressione factis, habentur Orbitarum tangentes. Ad ejusmodi tangentem KL demittatur a Sole perpendiculum SL centroq L et intervallo dimidij axis Ellipseos describatur circulus KM. Erit centrum Ellipseos in hujus circumferentia, adeoq descriptis hujusmodi pluribus circulis reperietur in omnium intersectione. ~~Tan~~,

Cognitis tandem orbitarum dimensionibus, longitudines horum Planetarum postmodum exactius ex transitu suo per discum Solis determinabuntur.

Prob 4 Posito quod vis centripeta sit reciprocè proportionalis quadrato distantiæ a centro, et cognita vis illius quantitate; requiritur Ellipsis quam corpus describet de loco dato cum data celeritate secundum datam rectam emissum.

Vis centripeta tendens ad punctum S ea sit quæ corpus ϖ in circulo πX centro S intervallo quovis Sϖ descripto gyrare faciat. De loco P secundum lineam PR emittatur corpus P ~~ea celeritate quæ sit ad celeritatem uniformem corporis ϖ ut recta quævis PR ad rectam quamvis ϖρ~~ et mox inde cogente vi centripeta deflectat in Ellipsin PQ. Hanc igitur recta PR tanget in P. Tangat itidem recta πρ circulum in ϖ sitq PR ad ϖρ ut prima celeritas corporis emissi P ad uniformem celeritatem corporis ϖ. Ipsis SP et Sϖ parallelæ agantur RQ et ρX hæc circulo in X illa Ellipsi in Q occurrens, et a Q et X ad SP et Sϖ demittantur perpendicula QT et Xτ. Est RQ ad ρX ut vis centripeta in P ad vim centripetam in ϖ id est ut Sϖ quad. ad SP quad. adeoq datur illa ratio. Datur etiam ratio QT ad RP et ratio RP ad ρϖ seu Xτ et inde composita ratio QT ad Xτ. De hac ratione duplicata auferatur ratio data QR ad Xρ et manebit data ratio $\frac{QTq}{QR}$ ad $\frac{X\tau q}{X\rho}$, id est (per Schol. Prob. 3) ratio lateris recti Ellipseos ad diametrum circuli: Datur igitur latus rectum Ellipseos. Sit istud L. Datur præterea Ellipseos umbilicus S. Anguli RPS complementum ad duos rectos fiat angulus RPH et dabitur positione linea PH in qua umbilicus alter H locatur. Demisso ad PH perpendiculo SK et erecto semiaxe minore BC, est $SPq - 2KPH + PHq = SHq = 4BHq - 4BCq = \overline{SP+PH}\,quad. - L \times \overline{SP+PH}$. $= SPq + 2SPH + PHq - L \times \overline{SP+PH}$. Addantur utrobiq $2KPH + L \times \overline{SP+PH} - SPq - PHq$ et fiet $L \times \overline{SP+PH} = 2SPH + 2KPH$, seu SP+PH ad PH ut ut $2SP + 2KP$ ad L. Unde datur umbilicus alter H. Datis autem umbilicis una cum axe transverso $SP + PH$, datur Ellipsis. Q.E.I.

Hæc ita se habent ubi figura Ellipsis est. Fieri enim potest ut corpus moveat in Parabola vel Hyperbola. Nimirum si tanta est corporis celeritas ut sit latus rectum L æquale $2SP + 2KP$, figura erit Parabola umbilicum habens in puncto S et diametros omnes parallelas lineæ PH. Sin corpus majori adhuc celeritate emittitur movebitur id in Hyperbola habente umbilicum unum in puncto S alterum in puncto H sumpto ad contrarias partes puncti P et axem transversum æqualem differentiæ ~~lineæ~~ linearum PS et PH. 60

Schol. Jam verò beneficio hujus Problematis soluti, Cometarum orbitas definire concessum est, et inde revolutionum tempora, et ex orbitarum magnitudine, excentricitate, Apheliis, inclinationibus ad planum Eclipticæ et nodis inter se collatis cognoscere an idem Cometa ad nos sæpius redeat. Nimirum ex quatuor observationibus locorum Cometæ, juxta Hypothesin quod Cometa movetur uniformiter in linea recta, determinanda est ejus via rectilinea. Sit ea $APBD$, sintque A, P, B, D loca cometæ in via illa temporibus observationum, et S locus Solis. Ea celeritate qua Cometa uniformiter percurrit rectam AD finge ipsum emitti de locorum suorum aliquo P et vi centripeta mox correptum deflectere ~~in Ellipsi~~ a recto tramite ~~in Ellipsin~~ et abire in Ellipsi $Pbda$. Hæc Ellipsis determinanda est ut in superiore Problemate. In ea sunto a, P, b, d loca Cometæ temporibus observationum. Cognoscantur horum locorum a terra longitudines et latitudines. Quanto majores vel minores sunt his longitudines et latitudines observatæ tantò majores vel minores observatis sumantur longitudines et latitudines novæ. Ex his novis inveniatur denuò via rectilinea cometæ et inde via Elliptica ut prius. Et loca quatuor nova in via Elliptica prioribus erroribus aucta vel diminuta jam congruent cum observationibus exactè satis. Aut si fortè errores etiamnum sensibiles manserint potest opus totum repeti. Et nè computa Astronomos molestè habeant suffecerit hæc omnia per ~~praxin Geometricam~~ descriptionem linearum determinare.

Sed areas aSP, PSb, bSd temporibus proportionales assignare difficile est. Super Ellipseos axe majore EG describatur semicirculus EHG. Sumatur angulus ECH tempori proportionalis. Agatur SH eique parallela CK circulo occurrens in K. Jungatur HK et circuli segmento HKM

HKM (per tabulam segmentorum vel secus) æquale fiat triangulum SKN. Ad EG demitte perpendiculum NQ, et in eo cape PQ ad NQ ut Ellipseos axis minor ad axem majorem et erit punctum P in Ellipsi atq; acta recta SP abscindetur area Ellipseos EPS tempori proportionalis. Namq; area HSNM triangulo SNK aucta et huic æquali segmento HKM diminuta fit triangulo HSK id est triangulo HSC æquale. Hæc æqualia adde areæ ESH, fient areæ æquales EHNS et EHC. Cùm igitur Sector EHC tempori proportionalis sit et area EPS areæ EHNS, erit etiam area EPS tempori proportionalis.

Prob. 5. Posito quod vis centripeta sit reciprocè proportionalis quadrato distantiæ a centro, spatia definire quæ corpus recta cadendo datis temporibus describit.

Si corpus non cadit perpendiculariter describet id Ellipsin puta APB cujus umbilicus inferior puta S congruet cum centro. Id ex jam demonstratis constat. Super Ellipseos axe majore AB describatur semicirculus ADB et per corpus decidens transeat recta DPC perpendicularis ad axem, actisq; DS, PS, erit area ASD areæ ASP atq; adeò etiam tempori proportionalis. Manente axe AB minuatur perpetuò latitudo Ellipseos, et semper manebit area ASD tempori proportionalis. Minuatur latitudo illa in infinitum et Orbita APB jam coincidente cum axe AB et umbilico S cum axis termino B descendet corpus in recta AC et area ABD evadet tempori proportionalis. Definietur itaq; spatium AC quod corpus de loco A perpendiculariter cadendo tempore dato describit si modò tempori proportionalis capiatur area ABD et a puncto D ad rectam AB demittatur perpendicularis DC. Q.E.F.

Schol. Priore Problemate definiuntur motus projectilium in aere nostro, hocce motus gravium perpendiculariter cadentium ex Hypothesi quod gravitas reciprocè proportionalis sit quadrato distantiæ a centro terræ quodq; medium aeris nihil resistat. Nam gravitas est species una vis centripetæ.

Prob. 6. Corporis sola vi insita per medium similare resistens delati motum definire.

Asymptotis rectangulis ADC, CH describatur Hyperbola secans perpendicula AB, DG in B, G. Exponatur tum corporis celeritas tum resistentia medij ipso motus initio per lineam AC elapso tempore aliquo per lineam DC et tempus exponi potest per aream ABGD atq; spatium eo tempore descriptum per lineam AD. Nam celeritati proportionalis est resistentia medij et resistentiæ proportionale est decrementum celeritatis, hoc est, si tempus in partes æquales dividatur, celeritates ipsarum initijs sunt differentijs suis proportionales. Decrescit ergo celeritas in proportione Geometrica dum tempus crescit in Arithmetica. Sed tale est decrementum lineæ DC et incrementum areæ ABGD, ut notum est. Ergo tempus per aream et celeritas per lineam illam rectè exponitur. Q.E.D. Porrò celeritati atq; adeo decremento celeritatis proportionale est incrementum spatij descripti sed et decremento lineæ DC proportionale est incrementum lineæ AD. Ergo incrementum spatij per incrementum lineæ AD, atq; adeo spatium ipsum per lineam

lineam illam recte exponitur. Q. E. D.

Prob 7. Posita uniformi vi centripeta, motum corporis in medio similari recta ascendentis ac descendentis definire.

Corpore ascendente exponatur vis centripeta per datum quodvis rectangulum BC et resistentia medij initio ascensus per rectangulum BD sumptum ad contrarias partes. Asymptotis rectangulis AC, CH, per punctum B describatur Hyperbola secans perpendicula DE, de in G, g, et corpus ascendendo tempore DGgd describet spatium EGge, tempore DGBA spatium ascensus totius EGB, tempore AB^2G^2D spatium descensus BE^2G atque tempore $2D^2G^2g2d$ spatium descensus $2GE2e^2g$: et celeritas corporis resistentiæ medij proportionalis, erit in horum temporum periodis ABED, ABed, nulla, ABE^2D, ABe2d; atque maxima celeritas quam corpus descendendo potest acquirere erit BC.

Resolvatur enim rectangulum AH in rectangula innumera AK, Kl, Lm, Mn &c quæ sint ut incrementa celeritatum æqualibus totidem temporibus facta et erunt Ak, Al, Am, An &c ut celeritates totæ atque adeo[a] ut resistentiæ medij in fine singulorum temporum æqualium. Fiat AC ad AK, vel ABHC ad ABkK ut vis centripeta ad resistentiam in fine temporis primi et erunt ABHC, KkHC, LlHC, NnHC &c ut vires absolutæ quibus corpus urgetur atque adeo ut incrementa celeritatum, id est ut rectangula Ak, Kl, Lm, Mn &c &[b] proinde in progressione geometrica. Quare si rectæ Kk, Ll, Mm, Nn productæ occurrant Hyperbolæ in χ, λ, μ, ν &c erunt areæ ABχK, KχλL, LλμM, MμνN &c æquales, adeoque tum temporibus æqualibus tum viribus centripetis semper æqualibus analogæ. Subducantur rectangula Ak, Kl, Lm, Mn &c viribus absolutis analoga et relinquentur areæ Bkχ, kχλl, lλμm, mμνn &c resistentijs medij in fine singulorum temporum, hoc est celeritatibus atque adeo descriptis spatijs analogæ. Sumantur analogarum summæ et erunt areæ Bkχ, Blλ, Bmμ, Bnν &c spatijs totis descriptis analogæ, nec non areæ ABχK, ABλL, ABμM, ABνN &c temporibus. Corpus igitur inter descendendum tempore quovis ABλL describit spatium Blλ et tempore LλμM spatium lλμm. Q. E. D. Et similis est demonstratio motus expositi in ascensu. Q. E. D.

a Hyp

b Lem.

Schol. Beneficio duorum novissimorum problematum innotescunt motus projectilium in aere nostro, ex hypothesi quod aer iste similaris sit quodque gravitas uniformiter & secundum lineas parallelas agat. Nam si motus omnis obliquus corporis projecti distinguatur in duos, unum ascensus vel descensus alterum progressus horizontalis: motus posterior determinabitur per Problema sextum, prior per septimum ut fit in hoc diagrammate.

Ex loco quovis D ejaculetur corpus secundum lineam quamvis rectam DP, & per longitudinem DP exponatur ejusdem celeritas sub initio motus. A puncto P ad lineam horizontalem DC demittatur

demittatur perpendiculum PC, ut et ad DP erigatur perpendiculum CI ad quod sit DA ut est resistentia medij ipso motus initio ad vim gravitatis. Erigatur perpendiculum AB cujusvis longitudinis et completis parallelogrammis DABE, CABH, per punctum B asymptotis DC, CP describatur Hyperbola secans DE in G. Capiatur linea n ad EG ut est DC ad CP et ad rectæ DC punctum quodvis R erecto perpendiculo RtT quod occurrat Hyperbolæ in T et rectæ EH in t, in eo cape $Rr = \frac{DRtE - DRTBG}{n}$ et projectile tempore DRTBG perveniet ad punctum r, describens curvam lineam DarFK quam punctum r semper tangit, perveniens autem ad maximam altitudinem a in perpendiculo AB, deinde incidens in lineam horizontalem DC ad F ubi areæ DFsE, DFSBG æquantur et postea semper appropinquans Asymptoton PCL. Estque celeritas ejus in puncto quovis r ut curvæ tangens rL.

Si proportio resistentiæ aeris ad vim gravitatis nondum innotescit: cognoscantur (ex observatione aliqua) anguli ADP, AFr in quibus curva DarFK secat lineam horizontalem DC. Super DF constituatur rectangulum DFsE altitudinis cujusvis, ac describatur Hyperbola rectangula ea lege ut ejus una Asymptotos sit DF, ut areæ DFsE, DFSBG æquentur et ut sS sit ad EG sicut tangens anguli AFr ad tangentem anguli ADP. Ab hujus Hyperbolæ centro C ad rectam DP demitte perpendiculum CI ut et a puncto B ubi ea secat rectam Es, ad rectam DC perpendiculum BA, et habebitur proportio quæsita DA ad CI, quæ est resistentiæ medij ipso motus initio ad gravitatem projectilis. Quæ omnia ex prædemonstratis facile cognoscuntur. Sunt et alij modi inveniendi resistentiam aeris quos lubens prætereo. Postquam autem inventa est hæc resistentia in uno casu, capienda est ea in alijs quibusvis ut corporis celeritas et superficies sphærica conjunctim, (Nam projectile sphæricum esse passim suppono;) vis autem gravitatis innotescit ex pondere. Sic habebitur semper proportio resistentiæ ad gravitatem seu lineæ DA ad lineam CI. Hac proportione et angulo ADP determinatur species figuræ DarFKLP: et capiendo longitudinem DP proportionalem celeritati projectilis in loco D determinatur eadem magnitudine sic ut altitudo Aa maximæ altitudini projectilis et longitudo DF longitudini horizontali inter ascensum et casum projectilis semper sit proportionalis, atque adeo ex longitudine DF in agro semel mensurata semper determinet tum longitudinem illam DF tum alias omnes dimensiones figuræ DarFK quam projectile describit in agro. Sed in colligendis hisce dimensionibus usurpandi sunt logarithmi pro area Hyperbolica DRTBG.

Eadem ratione determinantur etiam motus corporum gravitate vel levitate & vi quacunque simul et semel impressa moventium in aqua

PART 1b

THE 'DE MOTU SPHÆRICORUM CORPORUM IN FLUIDIS'

(December 1684?)

[Add. 3965.7, ff. 40r–54r]

De motu sphæricorum Corporum in fluidis.

Def. 1. Vim centripetam appello qua corpus attrahitur vel impellitur versus punctum aliquod quod ut centrum spectatur.

Def. 2. Et vim corporis seu corpori insitam qua id conatur perseverare in motu suo secundum lineam rectam.

Def. 3. Et resistentiam quæ est medij regulariter impedientis.

Def. 4. Exponentes quantitatum sunt aliæ quævis quantitates proportionales expositis.

~~Hypoth~~ Lex 1. Sola vi insita corpus ~~motu~~ uniformiter in linea recta semper pergere si nil impediat.

~~Hypoth~~ Lex 2. ~~Motus genitu vel~~ Mutationem ~~motus~~ status movendi vel quiescendi proportionalem esse vi impressæ et fieri secundum lineam rectam qua vis illa imprimitur.

~~Hypoth~~ Lex 3. Corporum dato spatio inclusorum eosdem esse motus inter se sive spatium illud quiescat sive moveat id perpetuo et uniformiter in directum absq; motu circulari.

~~Hypoth~~ Lex 4. Mutuis corporum actionibus commune centrum gravitatis non mutare statum suum motus vel quietis. Constat ex ~~[illegible]~~ Lege 3

! ~~Hypoth~~ Lex 5. Resistentiam medij esse ut medij illius densitas et corporis moti sphærica superficies & velocitas conjunctim.

Lemma 1. Corpus viribus conjunctis diagonalem parallelogrammi eodem tempore describere quo latera separatis.

Si corpus dato tempore vi sola M ferretur ab A ad B et vi sola N ab A ad C, compleatur parallelogrammum ABDC et vi utraq; feretur id eodem tempore ab A ad D. Nam quoniam vis M agit secundum lineam AC ipsi BD parallelam, hæc vis per Legem 2 nihil mutabit celeritatem accedendi ad lineam illam BD vi altera impressam. Accedet igitur corpus eodem tempore ad lineam BD sive vis AC imprimatur sive non, atq; adeo in fine illius temporis reperietur alicubi in linea illa BD. Eodem argumento in fine temporis ejusdem reperietur alicubi in linea CD, et proinde in utriusq; lineæ concursu D reperiri necesse est.

Lemma 2 Spatium quod corpus urgente quacunq; vi centripeta ipso motus initio describit, esse in duplicata ratione temporis.

Exponantur tempora per lineas AB, AD datis Ab Ad proportionales, et urgente vi centripeta æquabili exponentur spatia descripta per areas rectilineas ABF ADH perpendiculis BF, DH et rectâ quavis AFH terminatas ut exposuit Galilæus. Urgente autem vi centripeta inæquabili exponantur spatia descripta per areas ABC, ADE curva qualis ACE quam recta AFH tangit in A, comprehensas. Age rectam AE parallelis BF, bf, dh occurrentem in G, g, e, et ipsis bf, dh occurrat AFH producta in f et h. Quoniam area ABC major est area ABF minor area ABG et area curvilinea ADEC major area ADH minor area ADEG erit area ABC ad aream ADEC major quam area ABF ad aream ADEG minor quam area ABG ad aream ADH hoc est major quam area Abf ad aream Ade minor quam area Abg ad aream Adh. Diminuantur jam lineæ AB, AD in ratione sua data usq; dum puncta ABD coeunt et linea Ae conveniet cum tangente Ah, adeoq ultimæ rationes Abf ad Ade et Abg ad Adh evadent eædem cum ratione Abf ad Adh. Sed hæc ratio est dupla rationis Ab ad Ad seu AB ad AD ergo ratio ABC ad ADEC ultimis illis intermedia jam fit dupla rationis AB ad AD id est ratio ultima evanescentium spatiorum seu prima nascentium dupla est rationis temporum.

Lemma 3. Quantitates differentiis suis proportionales sunt continuè proportionales. Ponatur A ad A − B, ut B ad B − C & C ad C − D &c et dividendo fiet A ad B ut B ad C et C ad D &c

Lemma 4. Parallelogramma omnia circa datam Ellipsin descripta, esse inter se æqualia. Constat ex Conicis.

De motu corporum in mediis non resistentibus.

Theorema 1. Gyrantia omnia radijs ad centrum ductis areas temporibus proportionales describere.

Dividatur tempus in partes æquales, et prima temporis parte describat corpus vi insita rectam AB. Idem secunda temporis parte si nil impediret a recta pergeret ad c a Lex 1.

describens

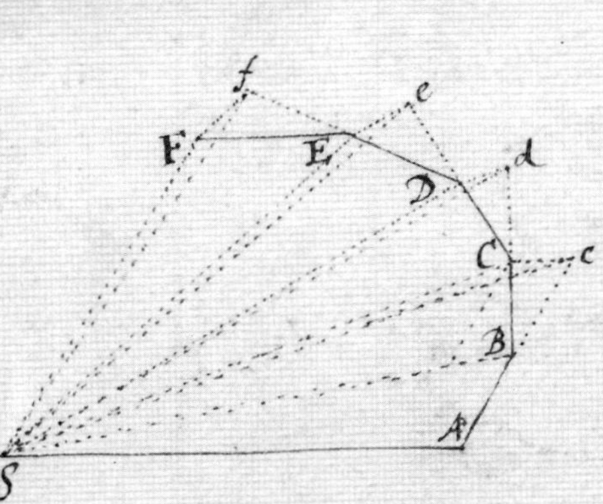

describeret lineam Bc aequalem ipsi AB adeo ut radijs AS, BS, cS ad centrum actis confectae forent aequales areae ASB, BSc. Verum ubi corpus venit ad B agat vis centripeta impulsu unico sed magno, faciatque corpus a recta Bc deflectere et pergere in recta BC. Ipsi BS parallela agatur cC occurrens BC in C et completa secunda temporis parte [b] corpus reperietur in C. Junge SC et triangulum SBC ob parallelas SB, Cc aequale erit triangulo SBc atque adeo etiam triangulo SAB. Simili argumento si vis centripeta successivè agat in C, D, E &c faciens corpus singulis temporis momentis singulas describere rectas CD, DE, EF &c triangulum SCD triangulo SBC et SDE ipsi SCD et SEF ipsi SDE aequale erit. Aequalibus igitur temporibus aequales areae describuntur. Sunto jam haec triangula numero infinita et infinitè parva, sic, ut singulis temporis momentis singula respondeant triangula, agente vi centripeta sine intermissione, et constabit propositio.

b Lem. 1.

Theorem. 2. Corporibus in circumferentijs circulorum uniformiter gyrantibus vires centripetas esse ut arcuum simul descriptorum quadrata applicata ad radios circulorum.

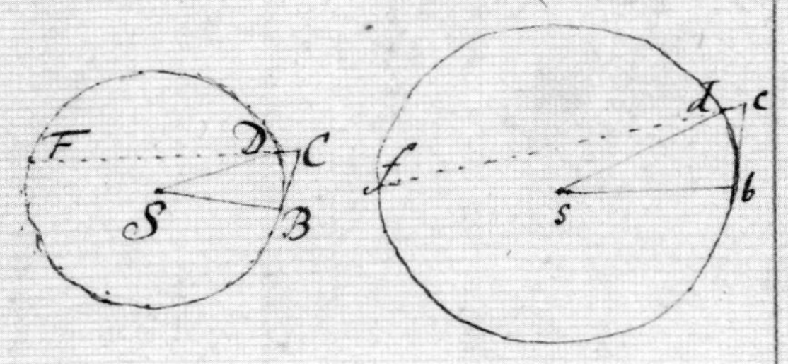

Corpora B, b in circumferentijs circulorum BD, bd gyrantia simul describant arcus BD, bd. eodem Sola vi insita describerentur tangentes BC, bc his arcubus aequales. Vires centripetae sunt quae perpetuò retrahunt corpora de tangentibus ad circumferentias, atque adeo hae sunt ad invicem ut spatia ipsis superata CD, cd, id est producta CD, cd ad F et f ut $\frac{BC\ quad}{CF}$ ad $\frac{bc\ quad}{cf}$ sive ut $\frac{BD\ quad}{\frac{1}{2}CF}$ ad $\frac{bd\ quad}{\frac{1}{2}cf}$. Loquor de spatijs BD, bd minutissimis inque infinitum diminuendis sic ut pro $\frac{1}{2}CF$, $\frac{1}{2}cf$ scribere liceat circulorum radios SB, sb. Quo facto constat Propositio.

Cor 1. Hinc vires centripetae sunt ut velocitatum quadrata applicata ad radios circulorum.

Cor 2. Et reciprocè ut quadrata temporum periodicorum applicata ad radios.

Cor 3. Unde si quadrata temporum periodicorum sunt ut radii circulorum vires centripetae sunt aequales, Et vice versa.

43

Cor 4. Si quadrata temporum periodicorum sunt ut quadrata radiorum vires centripetæ sunt reciprocè ut radij: Et vice versa

Cor 5 Si quadrata temporum periodicorum sunt ut cubi radiorum vires centripetæ sunt reciprocè ut quadrata radiorum: Et vice versa.

Schol. Casus Corollarij quinti obtinet in corporibus cœlestibus. Quadrata temporum periodicorum sunt ut cubi distantiarum a communi centro circum quod volvuntur. Id obtinere in Planetis majoribus circa solem gyrantibus inq minoribus circa Jovem ~~et Saturnum~~ jam statuunt Astronomi.

Theor. 3. Si corpus P circa centrum S gyrando, describat lineam quamvis curvam APQ, et si tangat recta PR curvam illam in puncto quovis P et ad tangentem ab alio quovis curvæ puncto Q agatur QR distantiæ SP parallela ac demittatur QT perpendicularis ad distantiam SP: dico quod vis centripeta sit reciprocè ut solidum $\frac{SP\,quad \times QT\,quad}{QR}$, si modò solidi illius ea semper sumatur quantitas quæ ultimò fit ubi coeunt puncta P et Q.

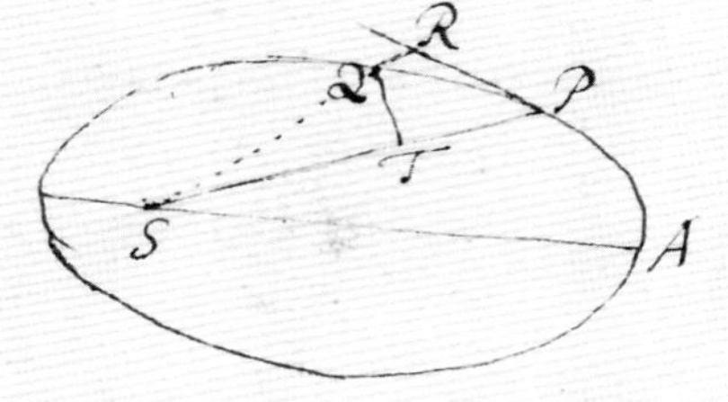

Namq in figura indefinitè parva QRPT lineola nascens QR dato tempore est ut vis centripeta et data vi ut [a] quadratum temporis atq adeo neutro dato ut vis centripeta et quadratum temporis conjunctim, id est ut vis centripeta semel et area SQP tempori proportionalis (vel duplum ejus SP × QT) bis. Applicetur hujus proportionalitatis pars utraq ad lineolam QR et fiet unitas ut vis centripeta et $\frac{SPq \times QTq}{QR}$ conjunctim, hoc est vis centripeta reciprocè ut $\frac{SPq \times QTq}{QR}$ Q.E.D. a Lem. 2.

Corol. Hinc si detur figura quævis et in ea punctum ad quod vis centripeta dirigitur, inveniri potest lex vis centripetæ quæ corpus in figuræ illius perimetro gyrare faciet. Nimirum computandum est solidum $\frac{SPq \times QTq}{QR}$ huic vi reciprocè proportionale. Ejus rei dabimus exempla in problematis sequentibus.

Prob. 1. Gyrat corpus in circumferentia circuli, requiritur lex vis centripetæ tendentis ad punctum aliquod in circumferentia.

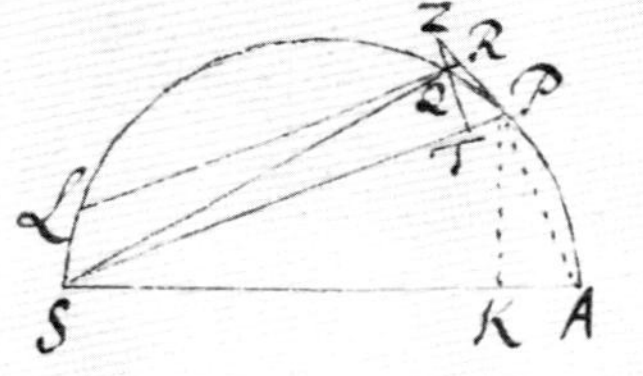

Esto circuli circumferentia SQPA, centrum vis centripetæ S, corpus in circumferentia latum P, locus proximus in quem movebitur Q. Ad SA diametrum et SP demitte perpendicula PK, QT et

et per Q ipsi SP parallelam age LR occurrentem circulo in L et tangenti PR in R, et coeant TQ, PR in Z. Ob similitudinem triangulorum ZQR, ZTP, SPA erit RP^q (hoc est QRL) ad QT^q ut SA^q ad SP^q. Ergo $\frac{QRL \times SP^q}{SA^q} = QT^q$. Ducantur hæc æqualia in $\frac{SP^q}{QR}$ et punctis P et Q coeuntibus scribatur SP pro RL. Sic fiet $\frac{SP^{qc}}{SA^q} = \frac{QT^q \times SP^q}{QR}$. Ergo[a] vis centripeta reciproce est ut $\frac{SP^{qc}}{SA^q}$, id est (ob datum SA^q) ut quadrato-cubus distantiæ SP. Quod erat inveniendum. a Cor. Theor. 3.

Schol. Cæterum in hoc casu et similibus concipiendum est quod postquam corpus pervenit ad centrum S, id non amplius redibit in orbem sed abibit in tangente. In spirali quæ secat radios omnes in dato angulo vis centripeta tendens ad spiralis principium est in ratione triplicata distantiæ reciproce, sed in principio illo recta nulla positione determinata spiralem tangit.

Prob. 2. Gyrat corpus in Ellipsi veterum: requiritur lex vis centripetæ tendentis ad centrum Ellipseos.

Sunto CA, CB semi-axes Ellipseos, GP, DK diametri conjugatæ, PF, Qt perpendicula ad diametros, QV ordinatim applicata ad diametrum GP et QVPR parallelogrammum. His constructis erit (ex Conicis) PVG ad QV^q ut PC^q ad CD^q et QV^q ad Qt^q ut PC^q ad PF^q et conjunctis rationibus PVG ad Qt^q ut PC^q ad CD^q et PC^q ad PF^q, id est VG ad $\frac{Qt^q}{PV}$ ut PC^q ad $\frac{CD^q \times PF^q}{PC^q}$. Scribe QR pro PV[a] et BC×CA pro a Lem 4
CD×PF, nec non (punctis P et Q coeuntibus) 2PC pro VG et ductis extremis et mediis in se mutuo fiet $\frac{Qt^q \times PC^q}{QR} = \frac{2BC^q \times CA^q}{PC}$. Est[b] ergo vis b Cor. Theor. 3
centripeta reciproce ut $\frac{2BC^q \times CA^q}{PC}$ id est (ob datum $2BC^q \times CA^q$) ut $\frac{1}{PC}$, hoc est directe, ut distantia PC. Q. E. I.

Prob. 3. Gyrat corpus in Ellipsi: requiritur lex vis centripetæ tendentis ad umbilicum Ellipseos.

Esto Ellipseos superioris umbilicus S. Agatur SP secans Ellipseos diametrum DK in E et lineam QV in x et compleatur parallelogrammum QxPR. Patet EP æqualem esse semi-axi majori AC eo, quod acta ab altero Ellipseos umbilico H linea HI ipsi EC parallela, ob æquales CS, CH æquentur ES, EI, adeo ut EP semisumma sit ipsarum PS, PI, id est (ob parallelas HI, PR et angulos æquales IPR, HPZ) ipsarum PS, PH quæ conjunctim axem totum 2AC adæquant. Ad SP demittatur perpendicularis QT. Et Ellipseos latere recto principali (seu $\frac{2BC^q}{AC}$) dicto L, erit L×QR ad L×PV ut QR ad PV id est ut PE (seu AC) ad PC. et L×PV ad

GvP ut L ad Gv et GvP ad Qv^q ut CP^q ad CD^q. et Qv^q ad Qx^q punctis Q et P coeuntibus fit ratio aequalitatis et Qx^q seu Qv^q est ad QT^q ut EP^q ad PF^q id est ut CA^q ad PF^q sive [a] ut CD^q ad CB^q. et conjunctis his omnibus rationibus, [a] per Lem: 4

$L \times QR$ fit ad QT^q ut AC ad PC + L ad Gv + CP^q ad CD^q + CD^q ad CB^q, id est ut $AC \times L$ (seu $2BC^q$) ad $PC \times Gv + CP^q$ ad CB^q, sive ut $2PC$ ad Gv. Sed punctis Q et P coeuntibus aequantur $2PC$ et Gv. Ergo et $L \times QR$, QT^q aequantur. Ducatur pars utraque in $\frac{SP^q}{QR}$ et fiet $L \times SP^q = \frac{SP^q \times QT^q}{QR}$. Ergo[b] vis centripeta reciproce est ut $L \times SP^q$ id est reciproce in ratione duplicata distantiae SP. Q.E.D. [b] Cor. Th. 3

Schol. Gyrant ergo Planetae majores in Ellipsibus habentibus umbilicum in centro solis, et radiis ad solem ductis describunt areas temporibus proportionales, omnino ut supposuit Keplerus. Et harum Ellipseon latera recta sunt quantitas $\frac{QT^q}{QR}$ quae ultimo fit ubi coeunt puncta P et Q.

Theor. 4. Posito quod vis centripeta sit reciproce proportionalis quadrato distantiae a centro, quadrata temporum periodicorum in Ellipsibus sunt ut cubi transversorum axium.

Sunto Ellipseos axis transversus AB, axis alter BD latus rectum L, umbilicus alteruter S. Centro S intervallo SP describatur circulus PMD. Et eodem tempore describant corpora duo gyrantia arcum Ellipticum PQ et circularem PM, vi centripeta ad umbilicum S tendente. Ellipsin et circulum tangant PR, PN in puncto P. Ipsi PS agantur parallelae QR, MN tangentibus occurrentes in R et N. Sint autem figurae PQR, PMN indefinite parvae sic ut (per Schol. Prob. 3) fiat $L \times QR = QT^q$ et $2SP \times MN = MV^q$. Ob communem a centro S distantiam SP et inde aequales vires centripetas sunt MN et QR aequales. Ergo QT^q ad MV^q est ut L ad 2SP, et QT ad MV ut medium proportionale inter L et 2SP seu PD ad 2SP. Hoc est area SPQ ad aream SPM ut area tota Ellipseos ad aream totam circuli. Sed partes arearum singulis momentis genitae sunt ut areae SPQ et SPM atque adeo ut areae totae et proinde per numerum momentorum multiplicatae simul evadent totis aequales. Revolutiones igitur eodem tempore in Ellipsibus perficiuntur ac in circulis quorum diametri sunt axibus transversis Ellipseon aequales. Sed (per Cor. 2 Theor. 2) quadrata temporum

Lem 2

temporum periodicorum in circulis sunt ut cubi diametrorum. Ergo et in Ellipsibus. Q.E.D. 46

Schol. Hinc in Systemate cœlesti ex temporibus periodicis Planetarum innotescunt proportiones transversorum axium Orbitarum. Axem unum licebit assumere. Inde dabuntur cæteri. Datis autem axibus determinabuntur Orbitæ in hunc modum. Sit S locus Solis seu Ellipseos umbilicus unus A, B, C, D loca Planetæ observatione inventa et Q axis transversus Ellipseos. Centro A radio Q−AS describatur circulus Fg et erit Ellipseos umbilicus alter in hujus circumferentia. Centris B, C, D, &c intervallis Q−BS, Q−CS, Q−DS &c describantur itidem alij quotcunque circuli et erit umbilicus ille alter in omnium circumferentijs atque adeo in omnium intersectione communi F. Si intersectiones omnes non coincidunt, sumendum erit punctum medium pro umbilico. Praxis hujus commoditas est quod ad unam conclusionem eliciendam adhiberi possint et inter se expedite comparari observationes quamplurimæ. Planetæ autem loca singula A, B, C, D &c ex binis observationibus, cognito Telluris orbe magno invenire docuit Halleus. Si orbis ille magnus nondum satis exactè determinatus habetur, ex eo propè cognito, determinabitur orbita Planetæ alicujus, puta Martis, propius; Deinde ex orbita Planetæ per eandem methodum determinabitur orbita telluris adhuc propius: Tum ex orbita Telluris determinabitur orbita Planetæ multò exactius quam prius: Et sic per vices donec circulorum intersectiones in umbilico orbitæ utriusque exactè satis conveniant.

Hac methodo determinare licet orbitas Telluris, Martis, Jovis et Saturni, orbitas autem Veneris et Mercurij sic. Observationibus in maxima Planetarum a Sole digressione factis, habentur orbitarum tangentes. Ad ejusmodi tangentem KL demittatur a Sole perpendiculum SL centroque L et intervallo dimidij axis Ellipseos describatur circulus KM. Erit centrum Ellipseos in hujus circumferentia, adeoque descriptis hujusmodi pluribus circulis reperietur in omnium intersectione. Cognitis tandem orbitarum dimensionibus, longitudines horum Planetarum postmodum exactius ex transitu suo per discum Solis determinabuntur.

47

Cæterum totum cœli Planetarij spatium vel quiescit (ut vulgò creditur) vel uniformiter movetur in directum et perinde Planetarum commune centrum gravitatis (per ~~Legg.~~ Legem 4) vel quiescit vel una movetur. Utroq in casu motus Planetarum inter se (per ~~Legg.~~ Legem 3) eodem modo se habent, et eorum commune centrum gravitatis respectu spatij totius quiescit, atq adeo pro centro immobili Systematis totius Planetarij haberi debet. Inde verò systema Copernicæum probatur a priori. Nam si in quovis Planetarum situ computetur commune centrum gravitatis hoc vel incidet in corpus Solis vel ei semper proximum erit. Eo Solis a centro gravitatis errore fit ut vis centripeta non semper tendat ad centrum illud immobile et inde ut planetæ nec moveantur in Ellipsibus exactè neq bis revolvant in eadem orbita. Tot sunt orbitæ Planetæ cujusq quot revolutiones, ut fit in motu Lunæ et pendet orbita unaquæq ab omnium Planetarum motibus conjunctis, ut taceam eorum omnium actiones in se invicem. Tot autem motuum causas simul considerare et legibus exactis calculum commodum admittentibus motus ipsos definire superat ni fallor vim omnem humani ingenij. Omitte minutias illas et orbita simplex et inter omnes errores mediocris erit Ellipsis de qua jam egi. Siquis hanc Ellipsin ex tribus observationibus per computum trigonometricum (ut solet) determinare tentaverit, hic minus cautè rem aggressus fuerit. Participabunt observationes illæ de minutijs motuum irregularium hic negligendis adeoq Ellipsin de justa sua magnitudine et positione (quæ inter omnes errores mediocris esse debet) aliquantulum deflectere facient, atq tot dabunt Ellipses ab invicem discrepantes quot adhibentur observationes trinæ. Conjungendæ sunt igitur et una operatione inter se conferendæ observationes quamplurimæ, quæ se mutuò contemperent et Ellipsin positione et magnitudine mediocrem exhibeant.

Prob. 4 Posito quod vis centripeta sit reciprocè proportionalis quadrato distantiæ a centro, et cognita vi illius quantitate, requiritur Ellipsis quam corpus describet de loco dato cum data celeritate secundum datam rectam emissum.

Vis centripeta tendens ad punctum S ea sit quæ corpus ϖ in circulo ϖX centro S intervallo quovis Sϖ descripto gyrare faciat. De loco P secundum lineam PR emittatur corpus P, et mox et mox inde cogente vi centripeta deflectat in Ellipsin PQ. Hanc igitur recta PR tanget in P. Tangat itidem recta πS circulum in ϖ sitque PR ad ϖS ut prima celeritas corporis emissi P ad uniformem celeritatem corporis ϖ. Ipsis SP et $S\varpi$ parallelæ agantur RQ et SX hæc circulo in X illa Ellipsi in Q occurrens, et a Q et X ad SP et $S\varpi$ demittantur perpendicula QT et XY. Est RQ ad SX ut vis centripeta in P ad vim centripetam in ϖ id est ut $S\varpi$ quad. ad SP quad., adeoque datur illa ratio. Datur etiam ratio QT ad RP et ratio RP ad $S\varpi$ seu XY et inde composita ratio QT ad XY. De hac ratione duplicata auferatur ratio data QR ad XS et manebit data ratio $\frac{QTq}{QR}$ ad $\frac{XYq}{XS}$, id est (per Schol. Prob. 3) ratio lateris recti Ellipseos ad diametrum circuli. Datur igitur latus rectum Ellipseos. Sit istud L. Datur præterea Ellipseos umbilicus S. Anguli RPS complementum ad duos rectos fiat angulus RPH et dabitur positione linea PH in qua umbilicus alter H locatur. Demisso ad PH perpendiculo SK et erecto semiaxe minore BC est $SPq - 2KPH + PHq = SHq = 4CHq = 4BHq - 4BCq = \overline{SP+PH}$ quad. $- L \times \overline{SP+PH} = SPq + 2SPH + PHq - L \times \overline{SP+PH}$. Addantur utrobique $2KPH + L \times \overline{SP+PH} - SPq - PHq$ et fiet $L \times \overline{SP+PH} = 2SPH + 2KPH$, seu $SP+PH$ ad PH ut $2SP + 2KP$ ad L. Unde datur umbilicus alter H. Datis autem umbilicis una cum axe transverso $SP+PH$, datur Ellipsis. Q.E.I. 2

Hæc ita se habent ubi figura Ellipsis est. Fieri enim potest ut corpus moveatur in Parabola vel Hyperbola. Nimirum si tanta est corporis celeritas ut sit latus rectum L æquale $2SP + 2KP$, figura erit Parabola umbilicum habens in puncto S et diametros omnes parallelas lineæ PH. Sin corpus majori adhuc celeritate emittitur movebitur id in Hyperbola habente umbilicum unum in puncto S alterum in puncto H sumpto ad contrarias partes puncti P et axem transversum æqualem differentiæ linearum PS et PH.

Schol. Jam vero beneficio soluti hujus Problematis ~~solutio Planeta~~ Cometarum orbitas definire concessum est, et inde revolutionum tempora, & ex orbitarum magnitudine, excentricitate, Aphelijs, inclinationibus ad planum Eclipticæ et nodis inter se collatis cognoscere an idem Cometa ad nos sæpius redeat. Nimirum ex quatuor observationibus locorum Cometæ, juxta hypothesin quod Cometa movetur uniformiter in linea recta, determinanda est ejus via rectilinea. Sit ea APBD, sintque A, P, B, D loca Cometæ in via illa temporibus observationum, et S locus Solis. Ea celeritate qua Cometa uniformiter percurrit rectam AD finge ipsum emitti de locorum suorum aliquo P et vi centripeta mox correptum deflectere a recto tramite et abire in Ellipsi Pbda. Hæc Ellipsis determinanda est ut in superiore Problemate. In ea sunto a, P, b, d loca Cometæ temporibus observationum. Cognoscantur horum locorum e terra longitudines et latitudines. Quanto majores vel minores sunt hæ longitudines et latitudines observatæ tantò majores vel minores observatis sumantur longitudines et latitudines novæ, ea adeo ut correctiones respondeant erroribus. Ex his novis inveniatur denuò via rectilinea cometæ et inde via Elliptica ut prius. Et loca quatuor nova in via Elliptica prioribus erroribus aucta vel diminuta jam congruent cum observationibus ~~exacte satis. Aut si forte~~ quamproxime. Et si errores etiamnum sensibiles manserint potest opus totum repeti. Et ne computa Astronomos molestè habeant suffecerit hæc omnia per descriptionem linearum determinare.

~~Sed~~ Verùm areas aSP, PSb, bSd temporibus proportionales assignare difficile est. Super Ellipseos axe majore EG describatur semicirculus EHG. Sumatur angulus ECH tempori proportionalis. Agatur SH eique parallela CK circulo occurrens in K. Jungatur HK et circuli segmento HKM (per tabulam segmentorum vel secus) æquale fiat triangulum SKN. Ad EG demittatur perpendiculum NQ, et in eo capiatur PQ ad NQ ut est Ellipseos axis minor ad axem majorem et erit punctum P in Ellipsi atque acta recta SP abscindet aream Ellipseos EPS tempori proportionalem. Namque area HSNM triangulo SNK aucta et huic æquali segmento HKM diminuta fit triangulo HSK id est triangulo HSC æqualis. Hæc æqualia addita areæ ESH, ~~fient~~ facient areas æquales EHNS et EHC. Cùm igitur Sector EHC tempori proportionalis sit et area EPS areæ EHNS, erit etiam area EPS tempori proportionalis. ~~Hactenus~~ Prob. 5

50

Prob. 5. Posito quod vis centripeta sit reciprocè proportionalis quadrato distantiæ a centro, spatia definire quæ corpus recta cadendo datis temporibus describit.

Si corpus non cadit perpendiculariter describet id Ellipsin puta APB cujus umbilicus inferior puta S congruet cum centro. Id ex jam demonstratis constat. Super Ellipseos axe majore AB describatur semicirculus ADB et per corpus decidens transeat recta DPC perpendicularis ad axem, actisq; DS, PS; erit area ASD areæ ASP atq; adeò etiam tempori proportionalis. Manente axe AB minuatur perpetuò latitudo Ellipseos, et semper manebit area ASD tempori proportionalis. Minuatur latitudo illa in infinitum et orbita APB jam coincidente cum axe AB et umbilico S cum axis termino B descendet corpus in recta AC et area ABD evadet tempori proportionalis. Definietur itaq; spatium AC quod corpus de loco A perpendiculariter cadendo tempore dato describit si modò tempori proportionalis capiatur area ABD et a puncto D ad rectam AB demittatur perpendicularis DC. Q.E.F.

Schol. Hactenus motum corporum in medijs non resistentibus exposui; id adeo ut motus corporum cœlestium in æthere determinarem. Ætheris enim puri resistentia quantum sentio vel nulla est vel perquam exigua. Validè resistit argentum vivum, longè minus aqua, aer verò longè adhuc minus. Pro densitate sua quæ ponderi fere proportionalis est atq; adeo (pene dixerim) pro quantitate materiæ suæ crassæ resistunt hæc media. Minuatur igitur aeris materia crassa et in eadem circiter proportione minuetur medij resistentia usq; dum ad ætheris tenuitatem perventum sit. Celeri cursu equitantes vehementer aeris resistentiam sentiunt, at navigantes exclusis e mari interiore ventis nihil omninò ex æthere præterfluente patiuntur. Si aer liberè interflueret particulas corporum et sic ageret, non modo in externam totius superficiem, sed etiam in superficies singularum partium, longè major foret ejus resistentia. Interfluit æther liberrimè nec tamen resistit sensibiliter. Cometas infra orbitam Saturni descendere jam sentiunt Astronomi saniores quotquot distantias eorum ex orbis magni parallaxi præterpropter colligere norunt: hi igitur celeritate immensa in omnes cœli nostri partes indifferenter feruntur, nec tamen vel crinem seu vaporem capiti circundatum resistentia ætheris impeditum et abreptum amittunt. Planetæ verò jam per annos millenos in motu suo perseverarunt,

51

tantum abest ut impedimentum sentiant.

Demonstratis igitur legibus reguntur motus in cœlis. Sed et in aere nostro, si resistentia ejus non consideratur, innotescunt motus projectilium per Prob. 4. et motus gravium perpendicu-
-lariter cadentium per Prob. 5. posito nimirum quod gravitas sit reciproce proportionalis quadrato distantiæ a centro terræ. Nam virium centripetarum species una est gravitas; et computanti mihi prodijt vis centripeta qua luna nostra de-
-tinetur in motu suo menstruo circa terram, ad vim gravitatis in superficie terræ, reciproce ut quadrata distantiarum a centro terræ quamproxime. Ex horologij oscillatorij motu tardiore in cacumine montis prœalti quàm in valle liquet etiam gravitatem ex aucta nostra a terræ centro distantia diminui, sed qua proportione nondum observatum est.

Cæterum projectilium motus in aere nostro referendi sunt ad immensum et revera immobile cœlorum spatium, non ad spatium mobile quod una cum terra et aere nostro convolvi-
-tur, et a rusticis ut immobile spectatur. Invenienda est Ellip-
-sis quam projectile describit in spatio illo vere immobili et inde motus ejus in spatio mobili determinandus. Hoc pacto colligitur grave, quod de ædificij sublimis vertice demitti-
-tur, inter cadendum deflectere aliquantulum a perpendiculo, ut et quanta sit illa deflexio et quam in partem. Et vicissim ex deflexione experimentis comprobata colligitur motus terræ. Cum ipse olim hanc deflexionem Clarissimo Hookio significarem, is experimento ter facto rem ita se habere confirmavit, deflectente semper gravi a perpendiculo ver-
-sus orientem et austrum ut in latitudine nostra boreali oportuit.

De motu corporum in medijs resistentibus.

Prob. 6. Corporis sola vi insita per medium similare re-
-sistens delati motum definire.

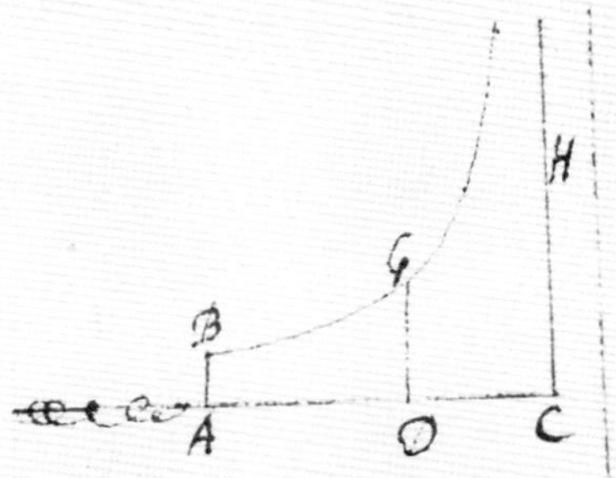

Asymtotis rectangulis ADC, CH de-
-scribatur Hyperbola secans perpendicula AB, DG in B, G. Exponatur tum corporis celeritas tum resistentia medij ipso mo-
-tus initio per lineam AC, data longitudinis, ~~elapso~~ elapso autem tempore aliquo per lineam indefinitam DC, et tempus exponi potest per aream ABGD atque spatium eo tempore descriptum per lineam AD. Nam celeritati proportionali

52

proportionalis est resistentia medii et resistentiæ proportionale est decrementum celeritatis, proinde si tempus in partes æquales dividatur, celeritates ipsarum initiis erunt differentiis suis proportionales. Decrescit ergo celeritas in[a] proportione Geometrica dum tempus crescit in Arithmetica. Sed proportione priore decrescit linea DC et posteriore crescit area ABGD, ut notum est. Ergo tempus per aream et celeritas per lineam illam rectè exponitur. Q.E.D. Porro celeritati atque adeo decremento celeritatis proportionale est incrementum spatii descripti sed et decremento lineæ DC proportionale est incrementum lineæ AD. Ergo incrementum spatii per incrementum lineæ AD, atque adeo spatium ipsum per lineam illam rectè exponitur. Q.E.D. — a Lem. 3

Prob. 7. Posita uniformi vi centripeta, motum corporis in medio similari rectà ascendentis ac descendentis definire.

Corpore ascendente exponatur vis centripeta per datum quodvis rectangulum BC et resistentia medii initio ascensus per rectangulum BD sumptum ad contrarias partes. Asymptotis rectanguli AC, CH, per punctum B describatur Hyperbola secans perpendicula DE, de in G, g et corpus ascendendo tempore DGgd describet spatium EGge, tempore DGBA spatium ascensus totius EGB, tempore AB²G²D spatium descensus BE²G atque tempore 2D²G²g²d spatium descensus 2GE²e²g: et celeritas corporis resistentiæ medii proportionalis, erit in horum temporum periodis ABED, ABed, nulla, ABE²D, ABe²d; atque maxima celeritas quam corpus descendendo potest acquirere erit BC.

Resolvatur enim rectangulum AH in rectangula innumera Ak, Kl, Lm, Mn &c quæ sint ut incrementa celeritatum æqualibus totidem temporibus facta et erunt nihil, Ak, Al, Am, An &c ut celeritates totæ atque adeo[a] ut resistentiæ medii in principio singulorum temporum æqualium. Fiat AC ad AK, vel ABHC ad ABkK ut vis centripeta ad resistentiam in principio temporis secundi, deque vi centripeta subducantur resistentiæ et manebunt ABHC, KkHC, LlHC, NnHC &c ut vires absolutæ quibus corpus in principio singulorum temporum urgetur atque adeo ut incrementa celeritatum, id est ut rectangula Ak, Kl, Lm, Mn &c et[b] proinde in progressione geometrica. Quare si rectæ Kk, Ll, Mm, Nn productæ occurrant Hyperbolæ in χ, λ, μ, ν &c, erunt areæ ABχK, KχλL, LλμM, MμνN &c æquales adeoque tum temporibus æqualibus tum viribus centripetis semper æqualibus analogæ. Est autem area ABχK ad aream Bkχ ut Kχ ad ½kχ seu AC ad ½AK hoc est ut vis centripeta ad resistentiam in medio temporis primi. Et simili argumento areæ κKLλ, λLMμ, μMNν &c sunt ad areas κkIλ, λlmμ, μmnν &c ut vires centripetæ ad resistentias in medio tem

a Lex 5

b Lem. 3

vi secundi tertij quarti &c. Proinde cum areæ æquales $BAK\kappa$, $\kappa KL\lambda$, $\lambda LM\mu$, $\mu MN\nu$ &c sint viribus centripetis analogæ, erunt areæ $Bk\kappa$, $\kappa k l\lambda$, $\lambda l m\mu$, $\mu m n\nu$ &c resistentiis in medio singulorum temporum, hoc est celeritatibus atque adeo descriptis spatiis analogæ. Sumantur analogarum summæ et erunt areæ $Bk\kappa$, $Bl\lambda$, $Bm\mu$, $Bn\nu$ &c spatiis totis descriptis analogæ, nec non areæ $AB\kappa K$, $AB\lambda L$, $AB\mu M$, $AB\nu N$ &c temporibus. Corpus igitur inter descendendum, tempore quovis $AB\lambda L$ describit spatium $Bl\lambda$, et tempore $L\lambda\mu M$ spatium $\lambda l m\nu$. Q. E. D. Et similis est demonstratio motus expositi in ascensu. Q. E. D.

Schol. Beneficio duorum novissimorum problematum innotescunt motus projectilium in aere nostro, ex hypothesi quod aer iste similaris sit quodque gravitas uniformiter & secundum lineas parallelas agat. Nam si motus omnis obliquus corporis projecti distinguatur in duos, unum ascensus vel descensus alterum progressus horizontalis: motus posterior determinabitur per problema sextum, prior per septimum ut fit in hoc diagrammate.

Ex loco quovis D ejaculetur corpus secundum lineam quamvis rectam DP, & per longitudinem DP exponatur ejusdem celeritas sub initio motus. A puncto P ad lineam horizontalem DC demittatur perpendiculum PC, ut et ad DP perpendiculum CI, ad quod sit DA ut est resistentia medij ipso motus initio ad vim gravitatis. Erigatur perpendiculum AB cujusvis longitudinis et completis parallelogrammis DABE, CABH, per punctum B asymptotis DC, CP describatur Hyperbola secans DE in G. Capiatur linea N ad EG ut est DC ad CP et ad rectæ DC punctum quodvis R erecto perpendiculo RT quod occurrat Hyperbolæ in T et rectæ EH in t, in eo cape $Rr = \frac{DRtE - DRTBG}{N}$ et projectile tempore DRTBG perveniet ad punctum r, describens curvam lineam DarFK quam punctum r semper tangit, perveniens autem ad maximam altitudinem a in perpendiculo AB, deinde incidens in lineam horizontalem DC ad F ubi areæ DFsE, DFSBG et postea semper appropinquans Asymptoton PCL. Estque celeritas ejus in puncto quovis r ut Curvæ Tangens rL.

Si proportio resistentiæ aeris ad vim gravitatis nondum innotescit: cognoscantur (ex observatione aliqua) anguli ADP, AFr in quibus curva DarFK secat lineam horizontalem DC.

Super

Super DF constituatur rectangulum DFSE altitudinis cujusvis, ac 54
describatur Hyperbola rectangula ea lege ut ejus una Asymptotos
sit DF, ut areæ DFSE, DFSBG æquentur et ut SE sit ad EG sicut
tangens anguli AFr ad tangentem anguli ADP. Ab hujus Hyperbolæ
centro C ad rectam DP demitte perpendiculum CI ut et a puncto
B ubi ea secat rectam ES, ad rectam DC, perpendiculum BA, et
habebitur proportio quæsita DA ad CI, quæ est resistentiæ medij
ipso motus initio ad gravitatem projectilis. Quæ omnia ex præde-
-monstratis facile eruuntur. Sunt et alij modi inveniendi re-
-sistentiam aeris quos lubens prætereo. Postquam autem inventa
est hæc resistentia in uno casu, capienda est ea in alijs quibus-
-vis ut corporis celeritas et superficies Sphærica conjunctim,
(Nam projectile sphæricum esse passim suppono) vis autem gravi-
-tatis innotescit ex pondere. Sic habebitur semper proportio
resistentiæ ad gravitatem seu lineæ DA ad lineam CI. Hac
proportione et angulo ADP determinatur specie figura DarFK
LP: et capiendo longitudinem DP proportionalem celeritati
projectilis in loco D determinatur eadem magnitudine sic ut
altitudo Aa maximæ altitudini projectilis et longitudo DF lon-
-gitudini horizontali inter ascensum et casum projectilis semper
sit proportionalis, atque adeo ex longitudine DF in agro semel
mensurata semper determinet tum longitudinem illam DF tum
alias omnes dimensiones figuræ DaFK quam projectile describit
in agro. Sed in colligendis hisce dimensionibus usurpandi sunt
logarithmi pro area Hyperbolica DRTBG.

Eadem ratione determinantur etiam motus corporum
gravitate vel levitate et vi quacunque simul et semel impressa
moventium in aqua.

PART 1c

THE AUGMENTED OPENING DEFINITIONS AND 'HYPOTHESES' OF MOTION IN THE 'DE MOTU CORPORUM IN MEDIIS REGULARITER CEDENTIBUS'

(Winter 1684/5)

[Add. 3965.5[a], ff. 25r–26r/23r–24r]

De motu corporum in mediis regulariter cedentibus.

Definitiones.

Def. 1. Tempus absolutum est quod sua natura absq relatione ad aliud quodvis æquabiliter fluit. Tale est, cujus æquationem investigant Astronomi, alio nomine dictum Duratio.

Def. 2. Tempus relativum est quod spectatum respectu fluxionis seu transitus rei alicujus sensibilis consideratur ut æquabile. Tale est tempus dierum mensium et aliarum periodorum cælestium, apud vulgus.

Def. 3. Spatium absolutum est quod sua natura absq relatione ad aliud quodvis semper manet immobile. Ut partium temporis ordo immutabilis est sic etiam partium spatii. Moveantur hæ de locis suis et movebuntur de seipsis. Nam tempora et spatia sunt suiipsorum et rerum omnium loca. In tempore quoad ordinem successionis, in spatio quoad ordinem situs locantur universa. De illorum essentia est ut sint loca et loca primaria moveri absurdum est. Porro vi illata moveatur una pars spatii et vi tanta ad omnes in infinitum partes applicata movebitur totum, quod rursus absurdum est.

Def. 4. Spatium relativum est quod respectu rei alicujus sensibilis consideratur ut immobile: uti spatium aeris nostri respectu terræ. Distinguuntur autem hæc spatia ab invicem ipso facto per descensum gravium quæ in spatio absoluto rectà petunt centrum in relativo absolute gyrante deflectunt ad latus.

Def. 5. Corpora in sensus omnium incurrunt ut res mobiles quæ se mutuo penetrare nequeunt.

Def. 7. Locus corporis est pars spatii in quo corpus existit, estq pro genere spatii vel absolutus vel relativus.

Def. 8. Quies corporis est perseverantia ejus in eodem loco, estq

6 Densitas corporis est quantitas seu copia materiæ collata cum quantitate occupati spatij.

7. Per pondus intelligo quantitatem seu copiam materiæ movendæ abstracta gravitationis consideratione quoties de gravitantibus non agitur. Quippe pondus gravitantium proportionale est quantitati materiæ, per se invicem exponere et designare licet. Analogia vero sic colligitur. Pendulis æqualibus numerentur oscillationes corporum duorum ejusdem ponderis et copia materiæ in utroque erit reciproce ut numerus oscillationum eodem tempore factarum. Experimentis autem in auro, argento, plumbo, vitro, arena, sale communi, aqua, ligno, tritico diligenter factis incidi semper in eundem oscillationum numerum. [Ob hanc analogiam & defectu vocis commodioris expono et designo quantitatem materiæ per pondus, etiam in corporibus quorum gravitatio non consideratur]

analoga

8 Locus

9 Quies

10 Motus

11 Velocitas.

12 Quantitas motus est quæ oritur ex velocitate et pondere corporis translati conjunctim: Motus additione corporis alterius tanto cum motu fit duplus et duplicata velocitate quadruplus

Def 14 Corporis vis exercita est qua id conatur conservare statum sui movendi vel quiescendi partim illam quam singulis momentis amittit, estque status illius mutationi seu parti singulis momentis amissæ proportionalis, nec improprie resistentia corporis dicitur. Hujus una species est vis centrifuga gyrantium.

26

vel absoluta vel relativa pro genere loci.

Def. 9. Motus corporis est translatio ejus de loco in locum, estq[ue] itidem vel absolutus vel relativus pro genere loci. Distinguitur autem ipso facto motus absolutus a relativo in gyrantibus, per conatum recedendi a centro, quippe qui ex gyratione nude relativa nullus est, in relativa quiescentibus permagnus esse potest ut in corporibus cælestibus quæ in mente Cartesianorum quiescunt et tamen a sole recedere conantur. Conatus ille certus semper et determinatus arguit certam aliquam et determinatam esse motus realis quantitatem in singulis corporibus, a relationibus quæ innumeræ sunt totidemq[ue] motus relativos constituunt minime pendentem. Porro motum et quietem absolute dictos non pendere a situ et relatione corporum ad invicem manifestum est ex eo quod hæ nunquam mutantur nisi vi in ipsum corpus motum vel quiescens impressa, tali autem vi semper mutantur; at relativæ mutari possunt vi solummodo impressa in altera corpora ad quæ fit relatio et non mutari vi impressa in utraq[ue], sic ut situs relativus conservetur.

Def. 10. ~~Celeritas motus~~ Velocitas est quantitas ~~momentanea~~ translationis certo tempore confecti quoad longitudinem itineris. Iter vero est quod corporis puncto medio describitur a Geometris dicto centro gravitatis. Loquor de motu progressivo.

Def. 11. Quantitas motus est quæ oritur ex velocitate et quantitate corporis translati conjunctim. Æstimatur autem quantitas corporis ex copia materiæ corporeæ quæ gravitati suæ ~~fere~~ proportionalis esse solet. Pendulis æqualibus numerentur oscillationes corporum duorum ejusdem ponderis, et copia materiæ in utroq[ue] erit reciproce ut numerus oscillationum eodem tempore factarum.

Def. 12. ~~Vis corporis seu~~ Corporis vis insita innata et essentialis est potentia qua id ~~conatur~~ perseverat in statu suo quiescendi vel movendi uniformiter in linea recta, estq[ue] corporis quantitati proportionalis, exercetur vero et quatenus exercetur dici potest corporis vis ... proportionaliter mutationi status ... est vis centrifuga gyrantium.

Def. 13. Vis motus seu corpori ex motu adventitia est qua corpus quantitatem totam sui motus conservare conatur. Ea vulgo dicitur impetus estq[ue] motui proportionalis, et pro genere motus vel absoluta est vel relativa. Ad absolutam referenda est vis centrifuga gyrantium.

Def. 14. Vis ~~impressa~~ corpori illata et impressa est qua corpus urgetur mutare statum suum movendi vel quiescendi. estq[ue] diversarum specierum, ut pulsus seu pressio percutientis, pressio continua, vis centripeta, resistentia medii &c.

Def. 15. Vim centripetam appello qua corpus impellitur vel attrahitur versus punctum aliquod quod ut centrum spectatur. Hujus generis est gravitas tendens ad centrum terræ, vis magnetica tendens ad centrum magnetis et vis cælestis cohibens Planetas ne abeant in tangentibus ~~orbi terram~~ orbitarum.

Def. 16. Medii resistentiam ~~est~~ in sequentibus intelligo vim medii regulariter impedientis. ~~Alia~~

~~resistentiam Mechanicorum non considero~~. Sunt et aliæ vires ex corporum elasticitate, mollitie, tenacitate et similibus pendentes quas hic non considero.

Def. 12. Momenta quantitatum sunt ipsarum principia generantia vel alterantia fluxu continuo: ut tempus præsens præteriti et futuri, motus præsens præteriti et futuri, vis centripeta aut alia quævis momentanea impetus, punctum lineæ, linea superficiei, superficies solidi et angulus contactus anguli rectilinei.

Def. 13. Exponentes temporum spatiorum motuum celeritatum et virium sunt quantitates quævis proportionales exponendis.

Hæc omnia fusius explicare visum est ut Lector præjudicijs quibusdam vulgaribus liberatus ~~clarius~~ et distinctis principiorum Mechanicorum conceptibus imbutus accederet ad sequentia. Quantitates autem absolutas et relativas ab invicem sedulo ~~accedere~~ distinguere necesse fuit ~~conducebat~~ eo, quod phænomena omnia pendeant ab absolutis, Vulgus autem qui cogitationes a sensibus abstrahere nesciunt semper loquuntur de relativis, usque adeo ut absurdum foret vel sapientibus ~~aut~~ vel etiam Prophetis apud hos aliter loqui. Unde et Sacræ literæ et Scripta Theologorum de relativis semper intelligenda sunt, et crasso laboraret præjudicio qui inde de rerum naturalium motibus absolutis philosophicis disputationes moveret. ~~Perinde est ac si quis lunam (in se) magnitudine non apparente sed absoluta maiorem inter duo maxima lumina numerari contenderet.~~

Leges motus

Lex 1. Vi insita corpus omne ~~semper~~ perseverare in statu suo quiescendi vel movendi uniformiter in linea recta nisi quatenus viribus impressis ~~extrinsecus~~ cogitur statum illum mutare. Motus autem uniformis hic est duplex, progressivus secundum lineam rectam quam corpus centro suo æquabiliter lato describit et circularis circa axem suum quemvis qui vel quiescit vel motu uniformi latus semper manet positionibus suis prioribus parallelus.

Lex 2. Mutationem motus proportionalem esse vi impressæ et fieri secundum lineam rectam qua vis illa imprimitur. Hisce duabus Legibus jam receptissimis Galilæus invenit projectilia gravitate uniformiter et secundum lineas parallelas agente in medio non resistente describere Parabolas. Et experientia ~~confirmat~~ nisi quatenus motus projectilium a resistentia aeris aliquantulum retardatur. &c.

Lex 3. Corpus omne tantum pati reactione quantum agit in alterum. Quicquid premit vel trahit alterum, ab eo tantum premitur vel trahitur. ~~Ergo~~ Si vesica aere plena premit vel ferit alteram sibi consimilem cedet utraque æqualiter introrsum. ~~Si magnes trahit ferrum ipse vicissim tantum trahitur~~. Si corpus impingens in alterum vi sua mutat motum alterius et ipsius motus (ob æqualitatem pressionis mutuæ) vi alterius tantum mutabitur. Si magnes trahit ferrum ipse vicissim tantum trahitur, et sic in alijs. Constat vero hæc Lex per Def. 12 et 14 in quantum vis corporis ad statum sui conservationem exercita sit eadem cum vi in corpus alterum ad illius statum mutandum impressa, et vi prioris proportionalis sit mutatio status posterioris.

Lex 4. Corporum dato spatio inclusorum eosdem esse motus inter se sive spatium illud absolute quiescat sive moveat id perpetuo et uniformiter in directum absq motu circulari. E. g. Motus rerum in navi perinde se habent sive navis quiescat sive moveat ea uniformiter in directum.

Lex 5. Mutuis corporum actionibus commune centrum gravitatis non mutare statum suum motus vel quietis. Hæc lex et duæ superiores se mutuò probant

Lex 6. Resistentiam medij esse ut medij illius densitas et sphærici corporis moti superficies et velocitas conjunctim. Hanc legem exactam esse non affirmo. Sufficit quod sit vero proxima. Corpora vero sphærica esse suppono in sequentibus, ne opus sit circumstantias diversarum figurarum considerare

Lemmata

Lem. 1. Corpus viribus conjunctis diagonalem parallelogrammi eodem tempore describere quo latera separatis.

Si corpus dato tempore vi sola M ferretur ab A ad B et vi sola N ab A ad C, compleatur parallelogrammum ABDC et vi utraq feretur id eodem tempore ab A ad D. Nam quoniam vis N agit secundum lineam AC ipsi BD parallelam, hæc vis nihil mutabit celeritatem accedendi ad lineam illam BD vi altera impressam. Accedet igitur corpus eodem tempore ad lineam BD sive vis AC imprimatur sive non, atq adeò in fine illius temporis reperietur alicubi in linea illa BD. Eodem argumento in fine temporis ejusdem reperietur alicubi in linea CD, et proinde in utriusq lineæ concursu D reperiri necesse est.

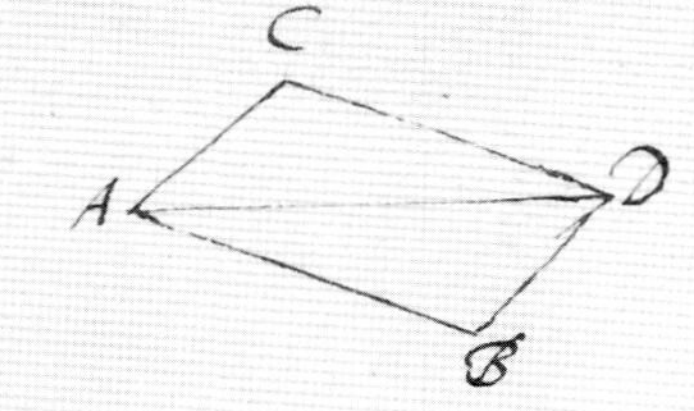

Lem. 2. Spatium quod corpus urgente quacunq vi centripeta ipso motus initio describit, esse in duplicata ratione temporis.

Exponantur tempora per lineas AB, AD datis Ab Ad proportionales, et urgente vi centripeta æquabili exponentur spatia descripta per areas rectilineas ABF ADH perpendiculis

PART 2

THE 'DE MOTU CORPORUM LIBER PRIMUS'

(Spring/Autumn? 1685)

PART 2a

THE SURVIVING MAIN PORTION OF ITS TWO STATES, DEPOSITED BY NEWTON AS HIS 'LUCASIAN LECTURES' FOR THE YEARS BEGINNING 'OCTOB. 1684' AND 'OCTOB. 1685'

[Dd. 9.46]

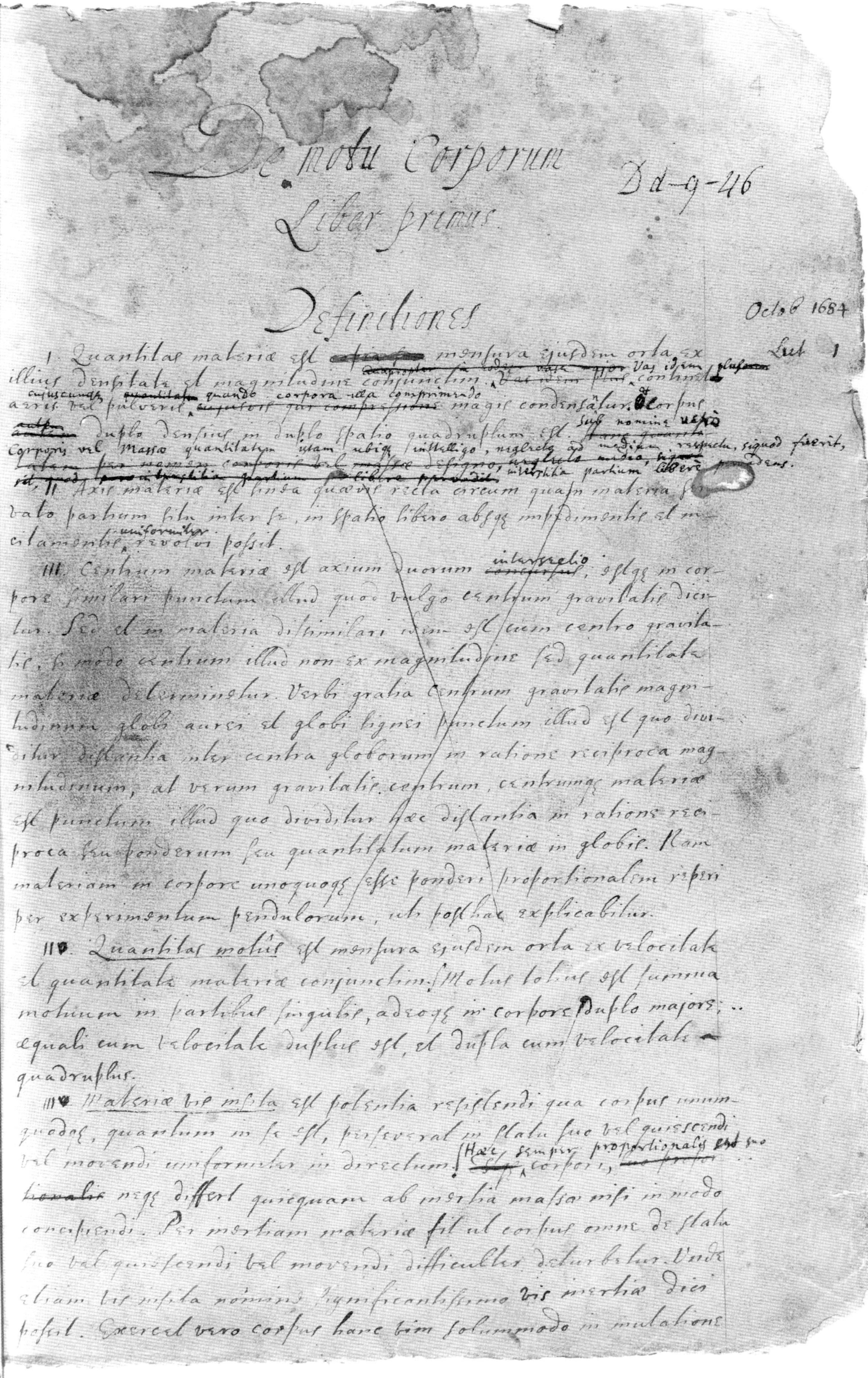

De motu Corporum Liber primus. Dd-9-46

Definitiones. Octob 1684

Lect 1

I. Quantitas materiæ est mensura ejusdem orta ex illius densitate et magnitudine conjunctim. Vas idem plus continet aeris vel pulveris cujuscunque quando corpora illa comprimendo magis condensantur. Et corpus duplo densius in duplo spatio quadruplum est. Hanc quantitatem nomine corporis vel massæ ubique intelligo, neglecto ad medium respectu, siquod fuerit, interstitia partium libere pervadens.

II. Axis materiæ est linea quævis recta circum quam materia servato partium situ inter se, in spatio libero absque impedimentis et incitamentis uniformiter revolvi possit.

III. Centrum materiæ est axium duorum intersectio, estque in corpore similari punctum illud quod vulgo centrum gravitatis dicitur. Sed et in materia dissimilari idem est cum centro gravitatis, si modo centrum illud non ex magnitudine sed quantitate materiæ determinetur. Verbi gratia Centrum gravitatis magnitudinum globi aurei et globi lignei punctum illud est quo dividitur distantia inter centra globorum in ratione reciproca magnitudinum, at verum gravitatis centrum, centrumque materiæ est punctum illud quo dividitur hæc distantia in ratione reciproca seu ponderum seu quantitatum materiæ in globis. Nam materiam in corpore unoquoque esse ponderi proportionalem reperi per experimentum pendulorum, uti posthac explicabitur.

IV. Quantitas motus est mensura ejusdem orta ex velocitate et quantitate materiæ conjunctim. Motus totius est summa motuum in partibus singulis, adeoque in corpore duplo majore, æquali cum velocitate duplus est, et dupla cum velocitate quadruplus.

V. Materiæ vis insita est potentia resistendi qua corpus unumquodque, quantum in se est, perseverat in statu suo vel quiescendi vel movendi uniformiter in directum. Hæc semper proportionalis est suo corpori, neque differt quicquam ab inertia massæ nisi in modo concipiendi. Per inertiam materiæ fit ut corpus omne de statu suo vel quiescendi vel movendi difficulter deturbetur. Unde etiam vis insita nomine significantissimo vis inertiæ dici possit. Exercet vero corpus hanc vim solummodo in mutatione

1 Quantitas materiæ est mensura ejusdem orta ex illius densitate et
Aer duplo densior in duplo spatio quadruplus est. Idem intellige
magnitudine conjunctim. Sic Aeris vel pulveris cujuscunque quantitas major
de nive et pulveribus per compressionem vel liquefactionem condensatis. Et par est ratio corporum
spatio duplum est, in duplo spatio quadruplum; neglecto scilicet ad medium
omnium quæ per operationes Naturæ diversimode condensantur
Et par est ratio corporum quæ natura diversimode condensantur
respectu, siquod fuerit, interstitia partium libere pervadens. Innotescit autem
hæc quantitas materiæ per corporis cujusque pondus. Nam ponderi proportionalem esse reperi
per experimenta pendulorum accuratissime instituta, uti posthac docebitur. Eandem
verò sub nomine corporis vel massæ in sequentibus passim intelligo.

status sui per vim aliam in se impressam facta estq; exerciti-
um ejus, sub diversis respectu est Resistentia et Impetus: ~~respectu solo ab invicem dis-~~
~~tincta~~ Resistentia quatenus corpus ad conservandum statum suum 5
reluctatur vi impressæ, Impetus quatenus corpus idem vi resistentis obstaculi difficulter cedendo conatur ~~mutare~~ statum ejus mutare.
Vulgus resistentiam quiescentibus et impetum moventibus
tribuit; sed motus et quies, uti vulgò concipiuntur, respectu solo
distinguuntur ab invicem, neq; semper verè quiescunt quæ vulgò
tanquam quiescentia spectantur.

IV. *Vis impressa* est actio in corpus exercita ad mutandum
ejus statum vel quiescendi vel movendi uniformiter in directum. Consistit hæc vis in actione sola neq; post actionem
permanet in corpore. Perseverat enim corpus in statu omni
novo per solam vim inertiæ. Est autem vis impressa diversarum originum, ut ex ictu, ex pressione, ex vi centripeta.

V. *Vis centripeta* est qua corpus versus punctum aliquod
tanquam ad centrum trahitur impellitur vel utcunq; tendit.
Hujus generis est gravitas qua corpus tendit ad centrum Terræ,
vis magnetica qua ferrum petit centrum magnetis, et vis illa,
quæcunq; sit, qua Planetæ retinentur in Orbibus suis et
perpetuò cohibentur ne in eorum tangentibus abeant. Est
autem vis centripetæ quantitas trium generum; absoluta,
acceleratrix et motrix.

VI. *Vis centripetæ quantitas absoluta* est mensura ejusdem
major vel minor pro ~~efficacia~~ ratione ~~causæ~~ fortior causæ eam propaganti ~~propagandi vires~~ a centro
per regiones in circuitu: uti virtus magnetica major in uno
magnete minor in alio.

VII. *Vis centripetæ quantitas acceleratrix* est ipsius mensura velocitati proportionalis quam dato tempore generat. uti
virtus magnetis ejusdem major in minori distantia minor
in majori: vel vis gravitans major in vallibus minor in cacu-
minibus præaltorum montium (ut experimento pendulorum
constat,) atq; adhuc minor (ut posthac patebit) in majoribus distantiis a Terra; in æqualibus autem distantiis eadem undiq;
propterea quod corpora omnia cadentia (gravia an levia, magna
an parva) sublatâ aeris resistentiâ, æqualiter accelerat.

VIII. *Vis centripetæ quantitas motrix* est ipsius mensura proportionalis motui quem dato tempore generat. Uti pondus
majus in majori corpore minus in minore; neq; corpore eodem

magis prope terram, minus in cœlis. Hæc vis est corporis totius centripetentia seu propensio in centrum et (ut ita dicam) pondus ~~in centrum~~, et innotescit semper per vim ipsi contrariam et æqualem qua descensus corporis impediri potest. 6

Hasce virium quantitates brevitatis gratia nominare licet vires absolutas, acceleratrices et motrices, et distinctionis gratia referre ad corpora, ad corporum loca, et ad centrum virium: nimirum vim motricem ad corpus tanquam conatum ~~est~~ et propensionem totius in centrum ex propensionibus omnium partium compositum, et vim acceleratricem ad locum corporis tanquam efficaciam quandam de centro per loca singula in circuitu diffusam ad movenda corpora quæ in ipsis sunt; vim autem absolutam ad centrum, ~~vel~~ tanquam causa aliqua præditum sine qua vires motrices non propagantur per regiones in circuitu; sive causa illa sit corpus aliquod centrale (quale est magnes in centro vis magneticæ vel Terra in centro vis gravitantis,) sive alia aliqua quæ non apparet. Mathematicus saltem est hic conceptus. Nam virium causas et sedes physicas jam non expendo. ~~si mavis ad corpus aliquod in centro consistens, tanquam efficaciam ejus ad propagandas vires acceleratrices de se per regiones omnes in circuitu. Mathematicus est hic conceptus. Nam virium causas physicas jam negligo. In Physica referendæ sunt vires absolutæ ad earum causam veram sive causa illa sit corpus aliquod in centro (uti magnes in centro vis magneticæ vel Terra in centro vis gravitantis) sive alia aliqua quæ non apparet. Nam centrorum quæ sunt puncta Mathematica, vires revera nullæ sunt. In Mathesi autem has vires vel abstracte considerare licet, et disputationibus de causa vera omissis, ad centrum seu principium Mathematicum simpliciter referre, vel corpori alicui in centro, ceu causæ sint quæ non sunt, atque adeo a cujus efficacia et quantitate pendent, concrete tribuere.~~

Est igitur vis acceleratrix ad vim motricem ut celeritas ad motum. Oritur enim quantitas motus ex celeritate ducta in quantitatem materiæ, et vis motrix ex vi acceleratrice ducta in quantitatem ~~ejusdem~~ materiæ. Nam summa actionum vis acceleratricis in singulas corporis particulas, est vis motrix totius. Unde juxta superficiem Terræ, ubi gravitas acceleratrix seu vis gravitans in corporibus universis eadem est, gravitas motrix seu pondus est ut corpus: at si in regiones ascendatur ubi gravitas acceleratrix fit minor pondus pariter minuetur, eritque semper ut corpus in gravitatem acceleratricem ductum. Sic in regionibus ubi gravitas acceleratrix duplo minor est, ~~gravitas motrix seu~~ pondus corporis duplo vel triplo minoris erit quadruplo vel sextuplo minus.

Porro attractiones et impulsus eodem sensu acceleratrices et motrices nomino. Voces autem attractionis impulsus vel propensionis cujuscunque in centrum indifferenter et pro se mutuo promiscuè usurpo, has vires non physicè sed Mathematicè tantum considerando. Unde caveat Lector ne per hujusmodi voces cogitet me speciem vel modum actionis causamve aut rationem physicam alicubi definire, vel centris (quæ sunt puncta mathematica) vires verè et physicè tribuere, si forte aut centra trahere, aut vires centrorum esse dixero.

Scholium.

Hactenus voces minus notas, quo in sensu in sequentibus accipiendæ sunt, explicare visum est. Nam tempus, spatium, locum et motum ut omnibus notissima non definio. Dicam tamen quod vulgus quantitates hasce non aliter quam ex relatione ad sensibilia concipit. Et inde oriuntur præjudicia quædam, quibus tollendis convenit easdem in absolutas et relativas, veras et apparentes, Mathematicas et vulgares distingui.

I. Tempus absolutum verum et Mathematicum in se et natura sua absque relatione ad externum quodvis æquabiliter fluit, alioque nomine dicitur Duratio; relativum apparens et vulgare est sensibilis et externa quævis Durationis ~~mensura~~ per motum mensura (seu accurata seu inæquabilis) qua vulgus vice veri temporis utitur; uti hora, dies, mensis, annus.

II. Spatium absolutum natura sua absque relatione ad externum quodvis semper manet similare et immobile, relativum est spatij hujus mensura seu dimensio quælibet mobilis quæ a sensibus nostris per situm suum ad corpora definitur et a vulgo pro spatio immobili usurpatur: uti dimensio spatij subterranei, aerei vel cælestis definita per situm suum ad Terram. Idem sunt spatium absolutum et relativum specie et magnitudine sed non permanent idem semper numero. Nam si Terra, verbi gratia, movetur, spatium aeris nostri quod relativè et respectu Terræ semper manet idem, nunc erit una pars spatij absoluti in quam aer transit, nunc alia pars ejus, et sic absolute mutabitur perpetuò.

III. Locus est pars spatij quam corpus occupat, estque pro ratione spatij vel absolutus vel relativus. Partem dico spatij, non situm

corporis vel superficiem ambientem. Nam solidorum æqualium 8
æquales semper sunt loci; superficies autem ob dissimilitudinem
figurarum ut plurimum inæquales sunt, et situs vero proprie loquendo quantitatem non
habent, neque tam sunt loca quam ~~sunt~~ affectiones locorum. ~~Adde quod~~ Motus
totius idem est cum summa motuum partium, hoc est, translatio
totius de ipsius loco, idem cum summa translationum partium
de locis suis, adeoque locus totius idem cum summa locorum partium, ~~hoc est, æternus~~ et propterea internus et ~~...~~ in corpore toto.

IV. Motus absolutus est translatio corporis de loco absoluto in
locum absolutum, relativus de relativo in relativum. Sic in navi
quæ velis passis fertur, ~~locus~~ relativus corporis locus est navis regio illa in
qua corpus versatur, seu cavitatis totius pars illa quam corpus im-
plet, quæque adeo movetur una cum navi: Et Quies relativa est
permansio corporis in eadem illa navis regione vel parte cavitatis.
At quies vera est permansio corporis in eadem parte spatij illius
immoti in qua navis ipsa una cum cavitate sua et contentis
universis movetur. Unde si Terra vere quiescit, corpus quod relative quiescit in navi, movebitur verè et absolutè ea cum velocitate qua navis ~~ipsa~~ movetur in Terra. Sin Terra etiam movetur,
orietur verus et absolutus corporis motus partim ex terræ motu
vero in spatio immoto, partim ex navis motu relativo in Terra;
et si corpus etiam movetur relativè in navi, orietur verus ejus
motus partim ex vero motu Terræ in spatio immoto, partim ex
relativis motibus tum navis in Terra, tum corporis in Navi, et
ex his motibus relativis orietur corporis motus relativus in Terra.
Ut si Terræ pars illa ubi navis versatur, moveatur verè in orientem cum velocitate partium 10010, et velis ventoque feratur navis
in occidentem cum velocitate partium decem, nauta autem am-
bulet in navi orientem versus cum velocitatis parte una, movebitur nauta verè et absolutè in spatio immoto cum velocitatis
partibus 10001 in orientem, et relativè in Terra occidentem versus
cum velocitatis partibus novem.

Tempus absolutum a relativo distinguitur in Astronomia per æquationem Temporis vulgi. Inæquales enim sunt dies naturales qui vulgo
tanquam æquales pro mensura temporis habentur. Hanc inæquali-
tatem corrigunt Astronomi ut ex tempore veriore mensurent motus
cælestes. Possibile est ut nullus sit motus æquabilis quo tempus accurate mensuretur. Accelerari et retardari possunt motus omnes
sed fluxus temporis absoluti mutari nequit. Eadem est duratio

seu perseverantia existentiæ rerum, sive motus sint celeres, sive tardi, sive nulli; proinde hæc a mensuris suis sensibilibus merito distinguitur, et ex ijsdem colligitur per Æquationem Astronomicam. Cujus quidem æquationis in determinandis phænomenis necessitas tum per experimentum Horologij oscillatorij, tum etiam per Eclipses Satellitum Jovis evincitur.

Ut partium temporis ordo est immutabilis, sic etiam ordo partium spatij. Moveantur hæ de locis suis, et movebuntur ut ita dicam de seipsis. Nam tempora et spatia sunt sui ipsorum et rerum omnium quasi loca. In tempore quoad ordinem successionis, in spatio quoad ordinem situs locantur universa. De illorum essentia est ut sint loca, et loca primaria moveri absurdum est. Hæc sunt igitur absoluta loca, et solæ translationes de his locis sunt absoluti motus.

Verum quoniam hæ spatij partes videri nequeunt et ab invicem per sensus nostros distingui, earum vice adhibemus mensuras sensibiles. Ex positionibus enim et distantijs rerum a corpore aliquo quod spectamus ut immobile definimus loca universa deinde etiam et omnes motus æstimamus cum respectu ad prædicta loca quatenus corpora ab ijsdem transferri concipimus ~~ex translatione de his locis~~. Sic vice locorum et motuum absolutorum relativis utimur, nec incommode in rebus humanis: in philosophicis autem abstrahendum est a sensibus. Fieri etenim potest ut corpus nullum revera quiescat corpus ad quod loca motusque referantur.

Distinguuntur autem quies et motus absoluti et relativi ab invicem per ~~ab~~ eorum proprietates causas et effectus. Quietis Proprietas est, quod corpora verè quiescentia quiescunt inter se. Ideoque, cum possibile sit ut corpus aliquod in regionibus fixarum aut longe ultra, quiescat absolute, sciri autem non possit ex situ corporum ad invicem in regionibus nostris utrum horum aliquod ad longinquum illud datam positionem servat, quies vera ex horum situ inter se definiri nequit.

Motûs Proprietas est, quod partes quæ datas servant positiones ad tota, participant ~~de motibus~~ motus eorundem totorum. Nam gyrantium partes omnes conantur recedere de axe motus, et progredientium impetus oritur ex conjuncto impetu partium singularum. Igitur motis corporibus ambientibus, moventur quæ in ambientibus relativè quiescunt. Et propterea motus verus et absolutus definiri nequit per translationem de vicinia corporum quæ tanquam quiescentia spectantur. Debent corpora externa non solum tanquam quiescentia spectari sed etiam verè quiescere. Alioquin inclusa omnia præter translationem de vicinia ambientium participabunt etiam ~~de~~ ambientium ~~vero~~ motus veros, et sublata illa translatione non verè quiescent sed tanquam quiescentia solummodo spectabuntur. Sunt enim ambientia ad inclusa ut totius pars exterior ad partem interiorem, vel ut cortex ad nucleum. Moto autem cortice, nucleus, etiam absque translatione de vicinia corticis, ceu pars totius, movetur. 10

Praecedenti proprietati affinis est quod, moto loco movetur una locatum, adeoque corpus quod de loco moto movetur participat etiam loci sui motum. Igitur motus omnes de locis motis sunt partes solummodo motuum integrorum et absolutorum et motus omnis integer componitur ex motu corporis de loco suo primo, et motu loci hujus de loco suo, et sic deinceps usque dum perveniatur ad locum immotum, ut in exemplo Nautae supra memorato. Unde motus integri et absoluti non nisi per loca immota definiri possunt, et propterea hos ad loca immota, relativos ad mobilia supra retuli. Loca autem immota non sunt nisi quae omnia ab infinito in infinitum datas servant positiones ad invicem, atque adeo semper manent immota spatiumque constituunt quod immobile appello.

Causae quibus motus veri et relativi distinguuntur ab invicem sunt vires in corpora impressae ad motum generandum. Motus verus nec generatur nec mutatur nisi per vires in ipsum corpus motum impressas: at motus relativus generari et mutari potest absque viribus impressis in hoc corpus. Sufficit enim ut imprimantur in alia solum corpora ad quae fit relatio, ut iis cedentibus mutetur relatio illa in qua hujus quies vel motus relativus consistit. Rursus motus verus a viribus in corpus motum impressis semper mutatur at motus relativus ab his viribus non mutatur necessario. Nam si eaedem vires in alia etiam corpora ad quae fit relatio, sic imprimantur ut situs relativus conservetur, conservabitur relatio in qua motus relativus consistit. Mutari igitur potest motus omnis relativus ubi verus conservatur et conservari ubi verus mutatur et propterea motus verus in ejusmodi relationibus minime consistit.

Effectus quibus motus absoluti et relativi distinguuntur ab invicem sunt vires recedendi ab axe motus circularis. Nam in motu circulari nude relativo hae vires nullae sunt, in vero autem et absoluto majores vel minores pro quantitate motus. Si pendeat ~~vas~~ situla a filo praelongo, agaturque perpetuo in orbem donec filum ~~rigide~~ a contorsione ~~figeatur~~ admodum rigescat, dein impleatur aqua et una cum aqua quiescat, tum vi aliqua subitanea agatur motu contrario in orbem et filo se relaxante diutius perseveret in hoc motu: ~~diutius~~: Superficies aquae sub initio plana erit quemadmodum ante motum vasis, at postquam vi in aquam paulatim impressa effecit vas, ut haec quoque sensibiliter revolvi incipiat, ~~defluet~~ recedet ipsa paulatim de medio ascendetque ad latera vasis, figuram concavam induens, (ut ipse expertus sum)

11

et incitatione semper motu ascendet magis et magis, donec revolutiones in aequalibus cum vase temporibus peragendo, quiescat in eo relative. Indicat hic ascensus conatum recedendi ab axe motus, et per talem conatum innotescit et mensuratur motus aquae circularis verus et absolutus motuique relativo hic omnino contrarius. Initio ubi maximus erat aquae motus relativus in vase, motus ille nullum excitabat conatum recedendi ab axe. Aqua non petebat circumferentiam ascendendo ad latera vasis sed plana manebat et propterea motus illius circularis verus nondum inceperat. Postea vero ut aquae motus relativus decrevit, ascensus ejus ad latera vasis indicabat conatum recedendi ab axe, atque hic conatus monstrabat motum illius circularem verum perpetuo crescentem, ad tandem maximum factum ubi aqua quiescebat in vase relative. Igitur conatus iste non pendet a translatione aquae respectu corporum ambientium et propterea motus circularis verus per tales translationes definiri nequit. Unicus est corporis cujusque revolventis motus vere circularis conatui unico tanquam proprio et adaequato effectui respondens; motus autem relativi pro variis relationibus ad externa innumeri sunt et relationum instar effectibus veris omnino destituuntur, nisi quatenus de vero illo et unico motu participant. Unde et in Systemate eorum qui caelos nostros infra caelos fixarum in orbem revolvi volunt et Planetas secum deferre, Planetae et singulae caelorum partes qui relative quidem in caelis suis proximis quiescunt, moventur vere. Mutant enim positiones suas ad invicem (secus quam fit in vere quiescentibus) et una cum caelis delati participant eorum motus et ut partes revolventium totorum ab eorum axibus recedere conantur.

Igitur quantitates relativae non sunt eae ipsae quantitates quarum nomina prae se ferunt, sed earum mensurae illae sensibiles (verae an errantes) quibus vulgus loco mensuratarum utitur. At si ex usu definiendae sunt verborum significationes; per nomina illa temporis, spatii, loci et motus proprie intelligendae erunt hae mensurae non ipsae quantitates mensuratae, et sermo erit insolens et pure mathematicus si quantitates mensuratae hic subintelligantur. Proinde vim inferunt sacris literis qui voces hasce de quantitatibus mensuratis ibi interpretantur. Neque minus contaminant Mathesin et Philosophiam qui quantitates veras cum ipsarum relationibus et vulgaribus mensuris confundunt.

Motus quidem veros corporum singulorum cognoscere, et ab apparentibus actu discriminare, difficillimum est, propterea quod partes spatii illius immobilis in quo corpora vere moventur, non incurrunt in sensus. Causa tamen non est prorsus desperata. Nam suppetunt argumenta partim ex motibus apparentibus qui sunt motuum verorum differentiæ, partim ex viribus quæ sunt motuum verorum causæ et effectus. Ut si globi duo ad datam ab invicem distantiam filo intercedente connexi, revolverentur circa commune gravitatis centrum; innotesceret ex tensione fili conatus globorum recedendi ab axe motus, et inde quantitas motus circularis computari posset. Deinde si vires quælibet æquales in alternas globorum facies ad motum circularem augendum vel minuendum simul imprimerentur, innotesceret ex aucta vel diminuta fili tensione augmentum vel decrementum motus; et inde tandem inveniri possent facies globorum in quas vires imprimi deberent ut motus maxime augeretur, id est facies posticæ, sive quæ in motu circulari sequuntur. Cognitis autem faciebus quæ sequuntur et faciebus oppositis quæ præcedunt, cognosceretur determinatio motus. In hunc modum inveniri posset et quantitas et determinatio motus hujus circularis in vacuo quovis immenso ubi nihil extaret externum et sensibile quocum globi conferri possent. Si jam constituerentur in spatio illo corpora aliqua longinqua datam inter se positionem servantia, qualia sunt stellæ fixæ in regionibus nostris: sciri quidem non posset ex relativa globorum translatione inter corpora utrum his an illis tribuendus esset motus. At si attenderetur ad filum et inveniretur tensionem ejus illam ipsam esse quam motus globorum requireret, concludere liceret motum esse globorum, et tum demum ex translatione globorum inter corpora, determinationem hujus motus colligere. Motus autem veros ex eorum causis, effectibus et apparentibus differentijs colligere, et contra ex motibus seu veris seu apparentibus, eorum causas et effectus, docebitur fusius in sequentibus. Hunc enim in finem Tractatum sequentem composui.

13

Axiomata
sive
Leges Motûs

Lex I.

Corpus omne perseverare in statu suo quiescendi vel movendi uniformiter in directum, nisi quatenus a viribus impressis cogitur statum ~~suum~~ illum mutare. Lect. 2

Projectilia perseverant in motibus suis nisi quatenus a resistentia aeris retardantur et vi gravitatis impelluntur deorsum. Trochus, cujus partes cohærendo perpetuo retrahunt sese a motibus rectilineis, non cessat rotari nisi quatenus ab aere retardatur. Majora autem Planetarum et Cometarum corpora motus suos et progressivos et circulares in spatiis minus resistentibus factos conservant diutius.

Lex II.

Mutationem motus proportionalem esse vi motrici impressæ et fieri secundum lineam rectam qua vis illa imprimitur.

Si vis aliqua motum quemvis generet, vis dupla duplum, tripla triplum generabit, sive simul et semel, sive gradatim et successive impressa fuerit. Et hic motus quoniam in eandem semper plagam cum vi generatrice determinatur, si corpus antea movebatur, motui ejus vel conspiranti additur, vel contrario subducitur, vel obliquo oblique adjicitur et cum eo secundum utrinque determinationem componitur.

Lex III.

Actioni contrariam semper et æqualem esse reactionem: sive, Corporum duorum actiones in se mutuo semper esse æquales et in partes contrarias dirigi

Quicquid premit vel trahit alterum tantundem ab eo premitur vel trahitur. Siquis lapidem digito premit, premitur et hujus digitus a lapide. Si equus lapidem funi allegatum trahit, retrahetur etiam et equus æqualiter in lapidem: nam funis utrinque distentus eodem relaxandi se conatu urgebit equum versus lapidem, ac lapidem versus equum, tantumque impediet progressum unius quantum promovet progressum alterius. Si corpus aliquod in corpus aliud impingens, motum ejus vi sua quomodocunque mutaverit, idem quoque vicissim in motu proprio eandem mutationem in partem contrariam vi alterius (ob æqualitatem pressionis mutuæ) subibit. His actionibus æquales

+ Si filo pN perpendiculare esset planum aliquod pQ secans planum alterum pG in linea ad horizontem parallela; et pondus p his planis pQ, pG solummodo incumberet; urgeret illud hæc plana viribus pN, HN perpendiculariter, nimirum planum pQ vi pN et planum pG vi HN. Ideoq si tollatur planum pQ ut pondus tendat filum, quoniam filum sustinendo pondus, jam vicem præstat plani sublati, tendetur illud eadem vi pN qua planum antea urgebatur. Unde tensio fili hujus obliqui erit ad tensionem fili alterius perpendicularis PN, ut pN ad pH. Ideoq si pondus p sit ad pondus A in ratione quæ componitur ex ratione reciproca minimarum distantiarum filorum suorum AM, pN a centro rotæ, et ratione directa pH ad pN; pondera idem valebunt ad rotam movendam, atq adeo se mutuo sustinebunt, ut quilibet experiri potest.

Pondus autem p planis illis duobus obliquis incumbens rationem habet cunei inter corporis fissi facies internas: et inde vires cunei et mallei innotescunt, utpote cum vis qua pondus p urget planum pQ sit ad vim qua idem vel gravitate sua vel ictu mallei impellitur secundum lineam pH in plano ut pN ad pH, atq ad vim qua urget planum alterum pG ut pN ad NH. Sed et vis cochleæ per similem virium divisionem colligitur: Quippe quæ cuneus est a vecte impulsus. Usus igitur Corollarij hujus latissime patet, et late patendo veritatem ejus evincit, cum pendeat ex jam dictis Mechanica tota ab Authoribus diversimode demonstrata. Ex hisce enim facile derivantur vires Machinarum quæ ex rotis, tympanis, trochleis, vectibus, radijs volubilibus, nervis tensis et ponderibus directe vel oblique ascendentibus ac descendentibus, cæterisq potentijs Mechanicis componi solent, ut et vires nervorum ad animalium ossa movenda.

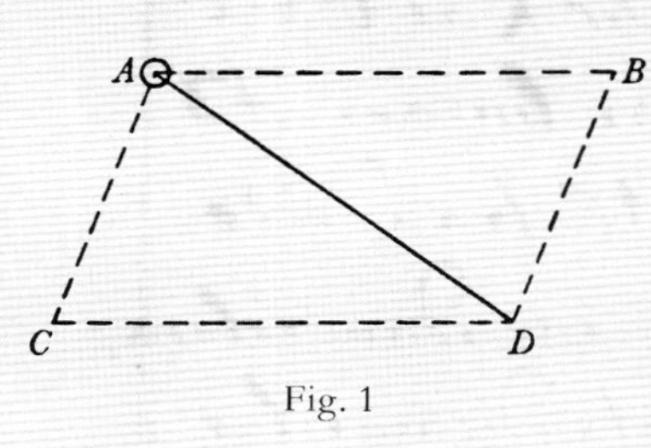

Fig. 1

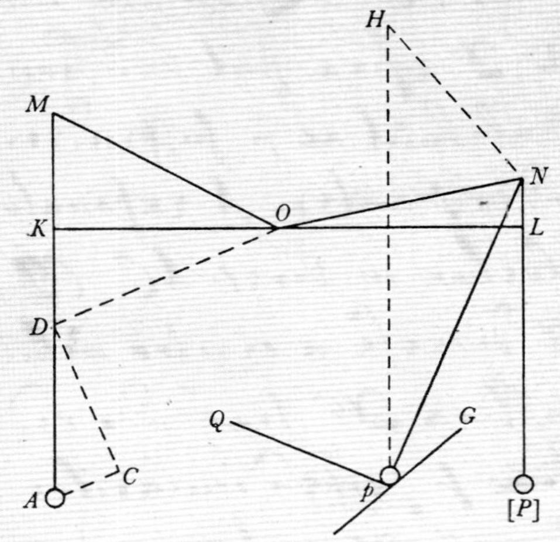

Fig. 2

fiunt mutationes non velocitatum sed motuum (scilicet in corporibus non aliunde impeditis:) Mutationes enim velocitatum, in contrarias itidem partes factae, quia motus aequaliter mutantur, sunt corporibus reciproce proportionales. ~~Haec ita se habent in corporibus quae non aliunde impediuntur.~~

Corol. 1.

Corpus viribus conjunctis diagonalem parallelogrammi eodem tempore describere, quo latera separatis.

Si corpus dato tempore, vi sola M, ferretur ab A ad B et vi sola N ab A ad C; compleatur parallelogrammum ABDC, et vi utraque feretur id eodem tempore ab A ad D. Nam quoniam vis N agit secundum lineam AC ipsi BD parallelam, haec vis nihil mutabit velocitatem accedendi ad lineam illam BD a vi altera genitam. Accedet igitur corpus eodem tempore ad lineam BD sive vis N imprimatur, sive non, atque adeo in fine illius temporis reperietur alicubi in linea illa BD. Eodem argumento in fine temporis ejusdem reperietur alicubi in linea CD, et idcirco in utriusque lineae concursu D reperiri necesse est. Fig. 1

Corol. 2.

Et hinc patet compositio vis directae AD ex viribus quibusvis obliquis AB et BD, et vicissim resolutio vis cujusvis directae AD in obliquas quascunque AB et BD. ~~[illegible]~~ Quae quidem compositio et resolutio abunde confirmatur ex Mechanica. [Fig. 2]

Ut si de rotae alicujus centro O exeuntes radii inaequales OM, ON, filis MA, NP sustineant pondera A et P, et quaerantur vires ponderum ad movendam rotam: per centrum O agatur recta KOL filis perpendiculariter occurrens in K et L centroque O, et intervallorum OK, OL majore OL describatur circulus occurrens filo MA in D: Et actae rectae OD parallela sit AC et perpendicularis DC. Quoniam nihil refert utrum filorum puncta K, L, D affixa sint vel non affixa ad planum rotae, pondera idem valebunt ac si suspenderentur a punctis K et L vel D et L. Ponderis autem A exponatur vis tota per lineam AD. et haec resolvetur in vires AC, CD, quarum AC trahendo radium OD directe a centro nihil valet ad movendam rotam; vis autem altera DC trahendo radium DO perpendiculariter idem valet ac si perpendiculariter traheret radium OL ipsi OD aequalem hoc est idem atque pondus P quod sit ad pondus A ut vis DC ad vim DA id est (ob similia triangula ADC, DOK) ut DO (seu OL) ad OK. Pondera igitur A et P quæ sunt reciproce ut radij in directum positi OK et OL idem pollebunt et sic consistent in æquilibrio (quæ est proprietas notissima Libræ et Vectis et Axis in Peritrochio) sin pondus alterutrum sit majus quam in hac ratione erit vis ejus ad movendam rotam tanto major.

Quod si pondus p ponderi P æquale partim suspendatur filo Np partim incumbat plano obliquo pG: agantur pH, NH, prior horizonti posterior plano pG perpendicularis, et si vis ponderis p deorsum tendens exponatur per lineam pH, resolvetur hæc in vires pN, HN. Pondus autem vi pN trahit filum directe et vi HN urget planum pG huic vi directe oppositum. Unde tensio fili hujus obliqui erit ad tensionem fili alterius perpendicularis PN, ut pN ad pH. Ideoque si pondus p sit ad pondus A in ratione quæ componitur ex ratione reciproca minimarum distantiarum filorum suorum AM, pN a centro rotæ et ratione directa pH ad pN; ~~conjunctim~~; pondera idem valebunt ad rotam movendam, atque adeo se mutuo sustinebunt, ut quilibet experiri potest.

Per similem virium divisionem innotescit vis qua pondus simul urget plana duo obliqua quæ et vis cunei est. Nam erecto ad lineam pN plano perpendiculari pQ, si corpus p planis pQ, pG utrinque incumbat, hoc inter plana illa consideratum rationem habebit cunei inter corporis fissi facies internas: vis autem qua urget planum vel faciem pQ, eadem erit qua, sublato hoc plano, distenderet filum pN, atque adeo est ad vim qua vel pondere suo vel ictu mallei, impellitur secundum lineam Hp in plana, ut pN ad pH, et ad vim qua urget planum alterum pG ut pN ad NH. Sed et vis cochleæ per similem virium divisionem colligitur: quippe quæ cuneus est a vecte impulsus.

Usus igitur Corollarij hujus latissime patet, et late patendo veritatem ejusdem evincit, cum pendeat ex jam dictis Mechanica tota ab Authoribus diversimode demonstrata. Ex hisce enim innotescunt vires Machinarum ~~(ab Authoribus diversimode demonstratæ)~~ quæ ex rotis, tympanis, trochleis, vectibus, radijs volubilibus, nervis tensis & ponderibus directe vel oblique ascendentibus ac descendentibus, cæterisque potentijs Mechanicis componi solent; ut et vires nervorum ~~animalis contractis tensorum~~ ad animalium ossa movenda, quatenus a contractione musculorum tenduntur.

Corol. 3.

Quantitas motus quæ colligitur capiendo summam ~~motuum~~ factorum ad eandem partem et differentiam factorum ad contrarias non mutatur ab actione corporum inter se.

Etenim actio eique contraria reactio æquales sunt per Leg. 3. adeoque per Legem 2. æquales in motibus efficiunt mutationes versus contrarias partes. Ergo si motus fiunt ad eandem partem quicquid additur motui corporis fugientis subducetur motui corporis insequentis sic, ut summa maneat eadem quæ prius. Sin corpora obviam eant, æqualis erit subductio de motu utriusque, adeoque differentia motuum factorum in contrarias partes manebit eadem.

Ut si corpus sphæricum A sit triplo majus corpore sphærico B, habeatque duas velocitatis partes, et B sequatur in eadem recta cum velocitatis partibus decem, adeoque motus ipsius A sit ad motum ipsius B ut sex ad decem: ponantur motus illi esse partium sex et decem et summa erit partium sexdecim. In corporum igitur concursu si corpus A lucretur motûs partes tres vel quatuor vel quinque corpus B amittet partes totidem, adeoque perget Corpus A post reflexionem cum partibus novem vel decem vel undecim et B cum partibus septem vel sex vel quinque existente semper summa partium sexdecim ut prius. Sin corpus A lucretur partes novem vel decem vel undecim vel duodecim, adeoque progrediatur post concursum cum partibus quindecim vel sexdecim vel septendecim vel octodecim, corpus B amittendo tot partes quot A lucratur, vel progredietur cum una parte, amissis partibus novem vel quiescet amisso motu suo omni partium decem, vel regredietur cum parte una, amisso omni suo motu progressivo partium decem et (ut ita dicam) una parte amplius, vel regredietur cum partibus duabus ob detractum motum progressivum partium duodecim. Atque ita summæ motuum conspirantium 15+1 et 16+0, differentiæque contrariorum 17−1 et 18−2 semper erunt partium sexdecim ut ante concursum et reflexionem corporum. Cognitis autem motibus quibuscum corpora post reflexionem pergent, invenietur cujusque velocitas ponendo eam esse ad velocitatem ante reflexionem ut motus post ad motum ante. Ut in casu ultimo ubi corporis A motus erat partium sex ante reflexionem et partium octodecim postea et velocitas partium duarum ante reflexionem, invenietur ejus velocitas partium sex post reflexionem, dicendo, ut motus partes sex ante reflexionem ad motus partes octodecim postea, ita velocitatis partes duæ ante reflexionem ad velocitatis partes sex postea.

Quod si corpora vel non sphærica vel diversis in rectis moventia incidant in se mutuo obliquè et requirantur eorum motus post reflexionem, cognoscendus est situs plani quo corpora concurrentia tanguntur in puncto concursus, dein corporis utriusque motus (per Corol. 2) distinguendus est in duos, unum huic plano perpendicularem, alterum eidem parallelum: motus autem paralleli propterea quod corpora agant 17 in se invicem secundum lineam huic plano perpendicularem, retinendi sunt iidem post reflexionem atque antea, et motibus perpendicularibus mutationes æquales in partes contrarias tribuendæ sunt, sic, ut summa conspirantium et differentia contrariorum maneat eadem quæ prius. Ex hujusmodi reflexionibus oriri etiam solent motus circulares corporum circa centra propria. Sed ~~de~~ hos casus in sequentibus non considero, ~~hic agetur posthac~~ et nimis longum esset omnia huc spectantia demonstrare.

Corol. 4.

Commune gravitatis centrum ab actionibus corporum inter se non mutat statum suum vel motus vel quietis, et propterea corporum omnium in se mutuò agentium (exclusis actionibus et impedimentis externis) commune centrum gravitatis vel quiescit vel movetur uniformiter in directum.

Nam si puncta duo progrediantur uniformi cum motu in lineis rectis et distantia eorum dividatur in ratione data, punctum dividens vel quiescit vel progreditur uniformiter in linea recta. Hoc postea in Lemmate XXI demonstratur in plano et eadem ratione demonstrari potest in loco solido. Ergo si corpora quotcunque moventur uniformiter in lineis rectis, commune centrum gravitatis duorum quorumvis, vel quiescit vel progreditur uniformiter in linea recta, propterea quod linea horum corporum centra in rectis uniformiter progredientia jungens, dividitur ab hoc centro communi in ratione data: similiter et commune centrum horum duorum et tertii cujusvis vel quiescit vel progreditur uniformiter in linea recta, propterea quod ab eo dividitur distantia centri communis corporum duorum et centri corporis tertii in data ratione. Eodem modo et commune centrum horum trium et quarti cujusvis vel quiescit vel progreditur uniformiter in linea recta, propterea quod ab eo dividitur distantia inter centrum commune trium et centrum quarti in data ratione, et sic in infinitum. Igitur in systemate corporum quæ actionibus in se invicem, aliisque omnibus in se extrinsecus impressis, omninò vacant, adeoque moventur singula uniformiter in rectis singulis, commune omnium centrum gravitatis vel quiescit vel movetur uniformiter in directum.

Porrò in systemate duorum corporum in se invicem agentium cum distantiæ centrorum utrinque a communi gravitatis centro sunt reciproce ut corpora, erunt motus relativi corporum eorundem vel accedendi ad centrum illud vel ab eodem recedendi, æquales inter se. Proinde centrum illud a motuum æqualibus mutationibus in partes contrarias factis atque adeo ab actionibus horum corporum inter se nec promovetur nec retardatur nec mutationem patitur in statu suo quoad motum vel quietem. In systemate autem corporum plurium, quoniam duorum quorumvis in se mutuo agentium commune gravitatis centrum ob actionem illam nullatenus mutat statum suum, et reliquorum quibuscum actio illa non intercedit ~~corporum~~ commune gravitatis centrum nihil inde patitur, distantiæ autem horum duorum centrorum dividitur a communi corporum omnium centro in partes summis totalibus corporum quorum sunt centra reciproce proportionales, adeoque centris illis duobus statum suum movendi vel quiescendi servantibus commune omnium centrum servat etiam statum suum, manifestum est quod commune illud omnium centrum ob actiones binorum corporum inter se nunquam mutat statum suum quoad motum et quietem. In tali autem systemate actiones omnes corporum inter se [illegible] vel inter bina sunt corpora vel ab actionibus inter bina compositæ et propterea communi omnium centro mutationem in statu motus ejus vel quietis nunquam inducunt. Quare cum centrum illud ubi corpora non agunt in se invicem vel quiescit vel in recta aliqua progreditur uniformiter, perget idem non obstantibus corporum actionibus inter se vel semper quiescere vel semper progredi uniformiter in directum nisi a viribus in systema extrinsecus impressis deturbetur de hoc statu. Est igitur systematis corporum plurium Lex eadem quæ corporis solitarij quoad perseverantiam in statu motus vel quietis. Motus enim progressivus seu corporis solitarij seu systematis corporum ex motu centri gravitatis æstimari semper debet.

Corol. 5

Corporum dato spatio inclusorum iidem sunt motus inter se, sive spatium illud quiescat, sive moveatur idem uniformiter in directum absque motu circulari.

Nam differentiæ motuum tendentium ad eandem partem, et summæ tendentium ad contrarias eædem sunt sub initio in utroque casu (ex hypothesi) et ex his summis vel differentijs oriuntur congressus et impetus quibus corpora se mutuo feriunt. Ergo per Legem 2 æquales erunt congressuum effectus in utroque casu

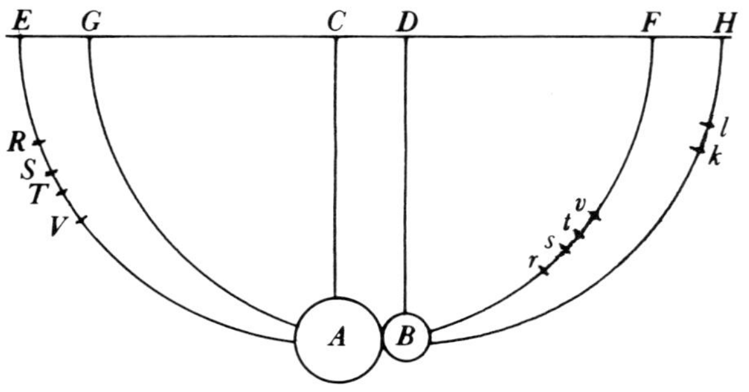

Fig. 3

et propterea manebunt motus inter se in uno casu aequales motibus inter se in altero. Idem comprobatur experimento luculento. Motus omnes eodem modo se habent in navi sive ea quiescat sive moveatur uniformiter in directum. 19

Corol. 6.

Si corpora moveantur quomodocunque inter se et a viribus acceleratricibus aequalibus secundum lineas parallelas urgeantur; pergent omnia eodem modo moveri inter se ac si viribus illis non essent incitata.

Nam vires illae aequaliter (pro quantitatibus movendorum corporum) et secundum lineas parallelas agendo, corpora omnia aequaliter (quoad velocitatem) movebunt (per Legem 2dam) adeoque nunquam mutabunt positiones et motus eorum inter se.

Schol.

Hactenus principia tradidi a Mathematicis recepta et experientia multiplici confirmata. Per Leges duas primas et Corollaria duo prima adinvenit Galilaeus descensum gravium esse in duplicata ratione temporis, et motum projectilium fieri in Parabola, conspirante experientia, nisi quatenus motus illi per aeris resistentiam aliquantulum retardantur. Ab iisdem Legibus et Corollariis pendent demonstrata de temporibus oscillantium Pendulorum, suffragante horologiorum experientia quotidiana. Ex his iisdem et Lege tertia D. Christophorus Wrennus Eques auratus, Johannes Wallisius S.T.D. et D. Christianus Hugenius, hujus aetatis Geometrarum facile Principes, regulas congressuum et reflexionum durorum corporum seorsim adinvenerunt, et eodem fere tempore cum Societate Regia communicarunt inter se (quoad has leges) omnino conspirantes. [et primus quidem D. Wallisius, dein D. Wrennus et Hugenius inventum prodidit.] Sed et veritas comprobata est a D. Wrenno coram Regia Societate experimento pendulorum, quod etiam Clarissimus Mariottus libro integro exponere mox dignatus est. Verum ut hoc experimentum cum Theoriis ex amussim congruat, habenda est ratio tum resistentiae aeris, tum etiam vis Elasticae concurrentium corporum. Pendeant corpora A, B filis parallelis AC, BD a centris C, D. His centris et intervallis describantur semicirculi EAF, GBH radiis CA, DB bisecti. Trahatur corpus A ad arcus EAF punctum quodvis R et (subducto corpore B) demittatur inde, redeatque post unam oscillationem ad punctum V. Est RV retardatio ex resistentia aeris. Hujus RV fiat ST pars quarta sita in medio, et haec exhibebit retardationem in descensu ab S ad A quamproxime. Restituatur corpus B in locum suum. Cadat corpus A de puncto S, et velocitas ejus in loco reflexionis A absque errore sensibili tanta erit ac si

Lect. 3

[Fig. 3]

in vacuo cecidisset de loco T. Exponatur igitur haec velocitas per chordam arcus TA. Nam velocitatem penduli in puncto infimo esse ut chordam arcus quem cadendo descripsit, Propositio est Geometris notissima. Post reflexionem perveniat corpus A ad locum s, et corpus B ad locum k. Tollatur corpus B et inveniatur locus v a quo si corpus A demittatur et post unam oscillationem redeat ad locum r, sit st pars quarta ipsius rv sita in medio, et per chordam arcus tA exponatur velocitas quam corpus A proxime post reflexionem habuit in loco A. Nam t erit locus ille verus et correctus ad quem corpus A, sublata aeris resistentia, ascendere debuisset. Simili methodo corrigendus erit locus A ad quem corpus B ascendit et inveniendus locus l ad quem corpus illud ascendere debuisset in vacuo. Hoc pacto experiri licet omnia perinde ac si in vacuo constituti essemus. Tandem ducendum erit corpus A in chordam arcus TA (quae velocitatem ejus exhibet) ut habeatur motus ejus in loco A proximè ante reflexionem, deinde in chordam arcus tA ut habeatur motus ejus in loco A proxime post reflexionem. Et sic corpus B ducendum erit in chordam arcus Bl, ut habeatur motus ejus proxime post reflexionem. Et simili methodo ubi corpora duo simul demittuntur de locis diversis, inveniendi sunt motus utriusque tam ante quam post reflexionem, et tum demum conferendi sunt motus inter se et colligendi effectus reflexionis. Hoc modo in Pendulis pedum decem rem tentando, idque in corporibus tam inaequalibus quam aequalibus, et faciendo ut corpora de intervallis amplissimis, puta pedum octo, duodecim vel sedecim concurrerent, reperi semper sine errore trium digitorum in mensuris ubi corpora sibi mutuò directè occurrebant, quod eadem in partes contrarias mutatio motus erat corpori utrique illata, atque adeo quod actio et reactio semper erant aequales. Ut si corpus A incidebat in corpus B cum novem partibus motus et amissis septem partibus pergebat post reflexionem cum duabus, corpus B resiliebat cum partibus istis septem. Si corpora obviam ibant, A cum duodecim partibus et B cum sex et redibat A cum duabus, redibat B cum octo, facta detractione partium quatuordecim utrinque. De motu ipsius A subducantur partes duodecim et restabit nihil; subducantur aliae partes duae et fiet motus duarum partium in plagam contrariam. Et sic de motu corporis B partium sex subducendo partes quatuordecim fiunt partes octo in plagam contrariam. Quod si corpora ibant ad eandem plagam A velocius cum partibus quatuordecim et B tardius cum partibus quinque, et post reflexionem pergebat A cum quinque partibus, pergebat B cum quatuordecim, facta translatione partium novem de A in B. Et sic in reliquis. A congressu et collisione corporum nunquam mutabatur quantitas motus quae ex summa motuum conspirantium et differentia contrariorum colligebatur. Namque errorem digiti unius et alterius in mensuris tribuerim difficultati peragendi singula satis accuratè. Difficile erat tum pendula simul demittere sic, ut corpora in se mutuò impingerent in loco infimo AB, tum loca s, k notare ad quae corpora ascendebant post concursum. Sed et in ipsis pilis inaequalis partium densitas et textura alijs de causis irregularis errores inducebant.

21

Porro nequis objiciat Regulam ad quam probandam inventum est hoc experimentum præsupponere corpora vel absolute dura esse, vel saltem perfecte elastica, cujusmodi nulla reperiuntur in compositionibus naturalibus; addo quod experimenta jam descripta succedunt in corporibus mollibus æque ac in duris, nimirum a conditione duritiei nequaquam pendentia. Nam si conditio illa in corporibus non perfecte duris tentanda est, debebit solummodo reflexio minui in certa proportione pro quantitate vis Elasticæ. In Theoria Wrenni et Hugenij corpora absolute dura redeunt ab invicem cum velocitate congressus. Certius id affirmabitur de perfecte Elasticis. In imperfecte Elasticis velocitas reditus minuenda est simul cum vi Elastica propterea quod vis illa, nisi ubi partes corporum ex congressu læduntur, vel extensionem aliqualem quasi sub malleo patiuntur, certa ac determinata sit (quantum sentio) faciatque corpora redire ab invicem cum velocitate relativa quæ sit ad velocitatem relativam concursus in data ratione. Id in pilis ex lana arcte conglomeratæ et fortiter constricta sic tentavi. Primum demittendo pendula et mensurando reflexionem, inveni quantitatem vis Elasticæ; deinde per hanc vim determinavi reflexiones in alijs casibus concursuum; et respondebant experimenta. Redibant semper pilæ ab invicem cum velocitate relativa quæ esset ad velocitatem relativam concursus ut 5 ad 9 circiter. Eadem fere cum velocitate redibant pilæ ex chalybe: aliæ ex subere cum paulo minore. In vitreis autem proportio erat 15 ad 16 circiter. Atque hoc pacto Lex tertia quoad ictus et reflexiones per Theoriam comprobata est quæ cum experientia plane congruit.

In attractionibus rem sic breviter ostendo. Corporibus duobus quibusvis A, B se mutuo trahentibus, concipe ~~[illegible]~~ obstaculum quodvis interponi quo congressus eorum impediatur. Si corpus alterutrum A magis trahitur versus corpus alterum B quam illud alterum B in prius A, obstaculum magis urgebitur pressione corporis A quam pressione corporis B proindeque non manebit in æquilibrio. Prævalebit pressio fortior facietque systema corporum duorum et obstaculi moveri in directum in partes versus B, motuque in spatijs liberis semper accelerato abire in infinitum. Quod est absurdum et Legi primæ contrarium. Nam per Legem primam debebit systema perseverare in statu suo quiescendi vel movendi uniformiter in directum, proindeque corpora æqualiter urgebunt obstaculum, et idcirco æqualiter trahentur in se invicem. Tentavi hoc in Magnete et ferro. Si hæc in vasculis proprijs sese contingentibus seorsim posita, in aqua stagnante juxta fluitent, neutrum propellet alterum sed æqualitate attractionis utrinque sustinebunt conatus in se mutuos, ac tandem in æquilibrio constituta quiescent.

Ut corpora in concursu et reflexione idem pollent quorum velocitates sunt reciproce ut vires insitæ: sic in movendis instrumentis Mechanicis Agentia idem pollent et conatibus contrarijs se mutuo sustinent quorum velocitates secundum determinationem virium æstimatæ, sunt reciproce ut vires. Sic pondera æquipollent ad movenda brachia Libræ quæ oscillante Librâ, sunt reciproce ut eorum velocitates sursum et deorsum: hoc est, pondera si recta ascendunt et descendunt, æquipollent quæ sunt reciproce ut punctorum a quibus suspenduntur distantiæ ab axe Libræ; sin planis obliquis aliisve admotis obstaculis impedita ascendunt vel descendunt oblique, æquipollent quæ sunt ut ascensus et descensus quatenus facti secundum perpendiculum: id adeo ob determinationem gravitatis deorsum. Similiter in Trochlea seu Polyspasto vis manus funem directe trahentis quæ sit ad pondus vel directe vel oblique ascendens ut velocitas ascensus perpendicularis ad velocitatem manus funem trahentis, sustinebit pondus. In horologijs et similibus instrumentis quæ ex rotulis commissis constructa sunt vires contrariæ ad motum rotularum promovendum et impediendum si ~~sint~~ sunt reciproce ut velocitates partium rotularum in quas imprimuntur, sustinebunt se mutuo. Vis Cochleæ ad premendum corpus est ad vim manus manubrium

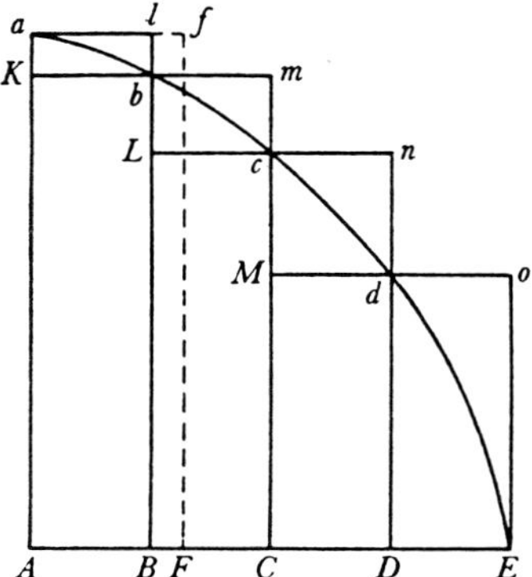

Fig. 4

22

circumagentis, ut circularis velocitas Manubrij ea in parte ubi a manu urgetur, ad velocitatem progressivam Cochleæ versus corpus pressum. Vires quibus cuneus urget partes duas ligni fissi est ad vim mallei in cuneum ut progressus cunei secundum determinationem vis a malleo in ipsum impressæ ad velocitatem qua partes ligni cedunt cuneo secundum lineas faciebus cunei perpendiculares. Et par est ratio Machinarum omnium. Harum efficacia et usus in eo solo consistit ut diminuendo velocitatem augeamus vim, et contra. Unde solvitur in omni aptorum instrumentorum genere Problema, Datum pondus data vi movendi, aliamve datam resistentiam vi data superandi. Nam si Machinæ ita formentur ut velocitates Agentis et Resistentis sint reciprocè ut vires, Agens resistentiam sustinebit, et majori cum velocitatum disparitate, eandem vincet: certè si tanta sit velocitatum disparitas ut vincatur etiam resistentia omnis quæ tam ex contiguorum et inter se labentium corporum attritione, quam ex continuorum et ab invicem separandorum cohæsione et elevandorum ponderibus oriri solet. Superata omni ea resistentia vis redundans accelerationem motus sibi proportionalem, partim in partibus machinæ, partim in corpore resistente producet. Cæterum Mechanicam tractare non est hujus instituti. Hisce volui tantum ostendere quam late pateat, quamque certa sit Lex tertia motus. Nam si æstimetur Agentis actio ex ejus vi et velocitate conjunctim, et Resistentis reactio ex ejus partium singularum velocitatibus et viribus resistendi ab earum attritione cohæsione pondere et acceleratione oriundis; erunt actio et reactio, in omni instrumentorum usu, sibi invicem semper ~~proportionales~~ æquales. Et quatenus actio propagatur per instrumentum et ultimo imprimitur in corpus omne resistens, ejus ultima determinatio determinationi reactionis semper erit contraria.

De Motu Corporum Liber primus.

ARTIC. I.

~~continens~~

De Methodo Rationum primarum et ultimarum cujus ope sequentia demonstrantur.

Lemma I.

Quantitates, ut et quantitatum rationes, quæ ad æqualitatem dato tempore constanter tendunt et eo pacto propius ad invicem accedere possunt quam pro data quavis differentia; fiunt ultimò æquales.

Si negas sit earum ultima differentia D. Ergo nequeunt propius ad æqualitatem accedere quam pro data differentia D, contra hypothesin.

Lemma II.

Si in figura quavis AacE rectis Aa, AE, et curva acE comprehensa, inscribantur parallelogramma quotcunque Ab, Bc, Cd &c sub basibus AB, BC, CD &c æqualibus

[Fig. 4]

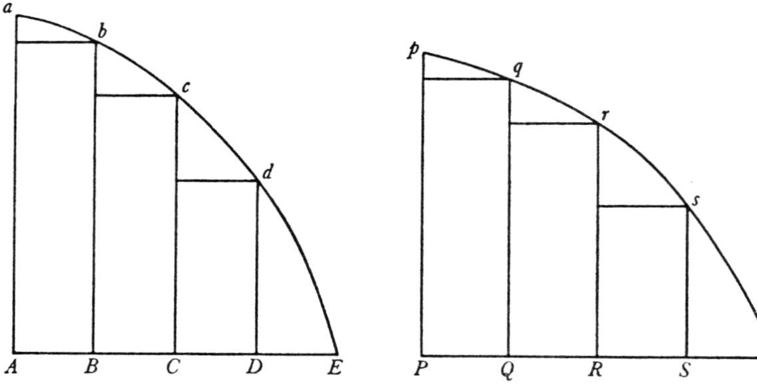

Fig. 4 bis

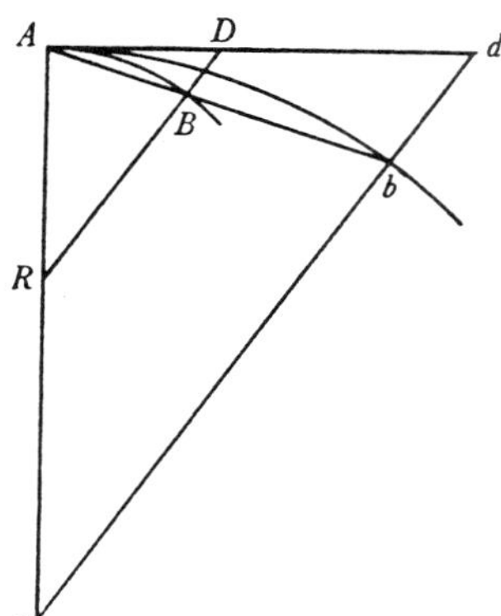

Fig. 5

lateribus Bb, Cc, Dd &c figuræ lateri Aa parallelis contenta, et compleantur parallelogramma aKbl, bLcm, cMdn &c, dein horum parallelogrammorum latitudo minuatur et numerus augeatur in infinitum: dico quod ultimæ rationes quas habent ad se invicem figura inscripta AKbLcMdD, circumscripta AalbmcndoE et curvilinea AabcdE, sunt rationes æqualitatis.

Nam figuræ inscriptæ et circumscriptæ differentia est summa parallelogrammorum Kl+Lm+Mn+Do, hoc est (ob æquales omnium bases) rectangulum sub unius basi Kb et altitudinum summa Aa, id est rectangulum ABla. Sed hoc rectangulum, eò quod latitudo ejus AB in infinitum minuitur, fit minus quovis dato. Ergo per Lemma I, figura inscripta et circumscripta et multò magis figura curvilinea intermedia fiunt ultimò æquales. Q. E. D.

Lemma III.

Eædem rationes ultimæ sunt etiam æqualitatis, ubi parallelogrammorum latitudines AB, BC, CD &c sunt inæquales, et omnes minuuntur in infinitum.

Sit enim AF æqualis latitudini maximæ et compleatur parallelogrammum FAaf. Hoc erit majus quam differentia figuræ inscriptæ et figuræ circumscriptæ et latitudine sua AF in infinitum diminuta, minus fiet quam datum quodvis rectangulum.

Corol. 1. Hinc summa ultima parallelogrammorum evanescentium coincidit omni ex parte cum figura curvilinea.

Corol. 2 Et multo magis figura rectilinea quæ chordis evanescentium arcuum ab, bc, cd &c comprehenditur coincidit ultimò cum figura curvilinea.

Corol. 3. Ut et figura rectilinea quæ tangentibus eorundem arcuum circumscribitur.

Corol. 4. Et propterea hæ figuræ ultimæ (quoad perimetros acE) non sunt rectilineæ, sed rectilinearum limites curvilinei.

Lemma IV.

Si in duabus figuris AacE, PprT inscribantur (ut supra) duæ parallelogrammorum series, sitque idem amborum numerus et ubi latitudines in infinitum diminuuntur, rationes ultimæ parallelogrammorum in una figura ad parallelogramma in altera, singulorum ad singula, sint eædem, dico quod figuræ duæ AacE, PprT sunt ad invicem in eadem illa ratione. [Fig. 4]

Etenim ut sunt parallelogramma singula ad singula, ita (componendo) fit summa omnium ad summam omnium, et ita figura ad figuram, existente nimirum figura priore (per Lemma III) ad summam priorem et posteriore figura ad summam posteriorem in ratione æqualitatis.

Corol. Hinc si duæ cujuscunque generis quantitates in eundem partium numerum utcunque dividantur, et partes illæ ubi numerus earum augetur et magnitudo diminuitur in infinitum datam obtineant rationem ad invicem, prima ad primam secunda ad secundam cæteræque suo ordine ad cæteras: erunt tota ad invicem in eadem illa data ratione. Nam si in Lemmatis hujus figuris sumantur parallelogramma inter se ut partes, summæ partium semper erunt ut summæ parallelogrammorum: atque adeò, ubi partium et parallelogrammorum numerus augetur et magnitudo diminuitur in infinitum, in ultima ratione parallelogrammi ad parallelogrammum, id est (per Hypothesin) in ultima ratione partis ad partem.

Lemma V.

Similium figurarum latera omnia quæ sibi mutuo respondent, sunt proportionalia, tam curvilinea quam rectilinea, et areæ sunt in duplicata ratione laterum. Lect 4

Lemma VI.

Si arcus quilibet positione datus AB subtendatur chordâ AB et in puncto aliquo A in medio curvaturæ continuæ, tangatur à recta utrinque producta AD, dein puncta A, B ad invicem accedant et coeant; dico quod angulus BAD sub chorda et tangente contentus minuetur in infinitum et ultimò evanescet. [Fig. 5]

Nam producatur AB ad b et AD ad d, et punctis A, B coeuntibus, nullaque adeò ipsius Ab parte AB jacente amplius intra curvam, manifestum est quod hæc recta Ab vel coincidet cum tangente Ad vel ducetur inter tangentem et curvam. Sed casus posterior est contra naturam curvaturæ, ergo prior obtinet. Q. E. D.

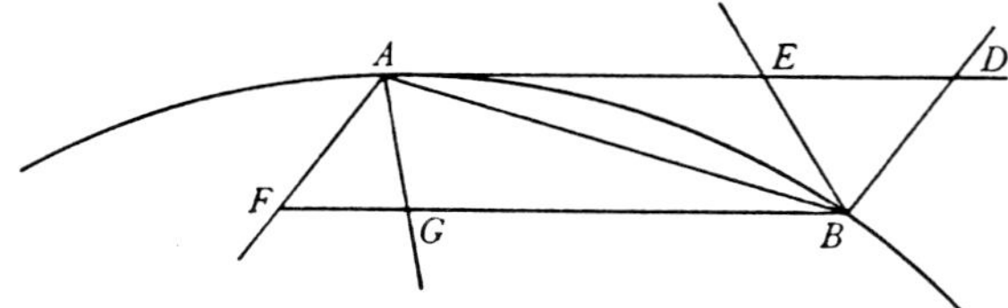

Fig. 6

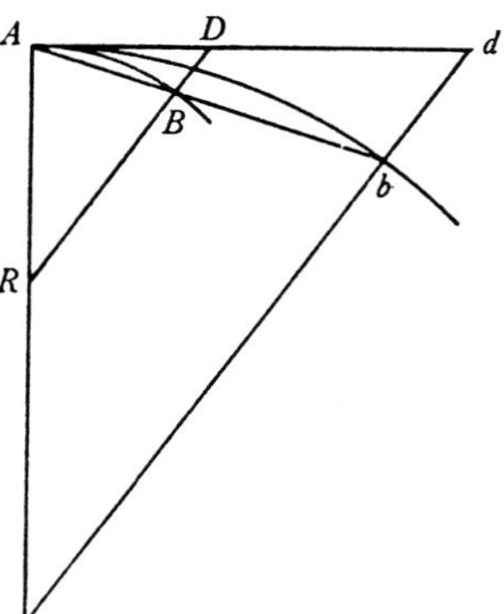

Fig. 5

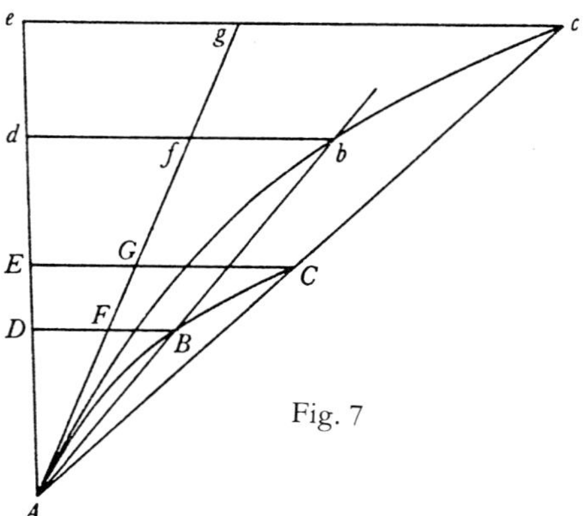

Fig. 7

Lemma VII

Iisdem positis dico quod ultima ratio arcus chordæ et tangentis ad invicem est ratio æqualitatis

Nam producantur AB & AD ad b et d et secanti BD parallela agatur bd. Sitq arcus Ab similis arcui AB. Et punctis A, B coeuntibus, angulus dAb per Lemma superius evanescet, adeoq ~~lineæ~~ rectæ Ab, Ad ~~una cum~~ & arcus intermedius Ab coincident et propterea æquales erunt. Unde et hisce semper proportionales rectæ AB, AD, et arcus intermedius AB rationem ultimam habebunt æqualitatis. Q. E. D.

Corol. 1. Unde si per B ducatur tangenti parallela BF rectam quamvis AF per A transeuntem perpetuo secans in F, hæc ultimo ad arcum evanescentem AB rationem habebit æqualitatis, eò quod completo parallelogrammo AFBD rationem semper habet æqualitatis ad AD. Fig 6

Coroll. 2 Et si per B et A ducantur plures rectæ BE, BD AF, AG secantes tangentem AD et ipsius parallelam BF. ratio ultima abscissarum omnium AD, AE, BF, BG chordæq et arcus AB ad invicem erit ratio æqualitatis.

Corol. 3. Et propterea hæ omnes lineæ in omni de rationibus ultimis argumentatione pro se invicem usurpari possunt.

Lemma VIII

Si rectæ datæ AR, BR cum arcu AB, chorda AB et tangente AD triangula tria ARB, ARB, ARD constituunt, deinde puncta A, B, R accedunt ad invicem: dico quod ultima forma triangulorum evanescentium est similitudinis et ultima ratio æqualitatis. Fig 5

Nam producantur AB, AD, AR ad b, d et r. Ipsi RD agatur parallela rbd et arcui AB similis ducatur arcus Ab. Coeuntibus punctis A, B, angulus bAd evanescet et propterea triangula tria rAb, rAb, rAd coincident, suntq eo nomine similia et æqualia. Unde et hisce semper similia et proportionalia RAB, RAB, RAD fient ultimò sibi invicem similia & æqualia. Q. E. D.

Corol. Et hinc triangula illa in omni de rationibus ultimis argumentatione pro se invicem usurpari possunt.

Lemma IX

Si recta AE et curva AC positione datæ se mutuò secent in angulo dato A, et ad rectam illam in alio dato angulo ordinatim applicentur DB, EC curvæ occurrentes in B, C; dein puncta B, C accedant ad punctum A: dico quod Fig 7

* Coroll. 1. Et hinc facile colligitur quod corporum similes similium figurarum partes temporibus proportionalibus describentium errores qui viribus aequalibus temporibus in partibus istis ad quae corpora similiter applicatis generantur, et mensurantur a locis ad quae corpora aequalibus temporibus pervenirent, sunt ut quadrata temporum in quibus generantur quamproxime.

Coroll 2 Errores autem qui viribus proportionalibus similiter applicatis generantur sunt ut vires et quadrata temporum conjunctim.

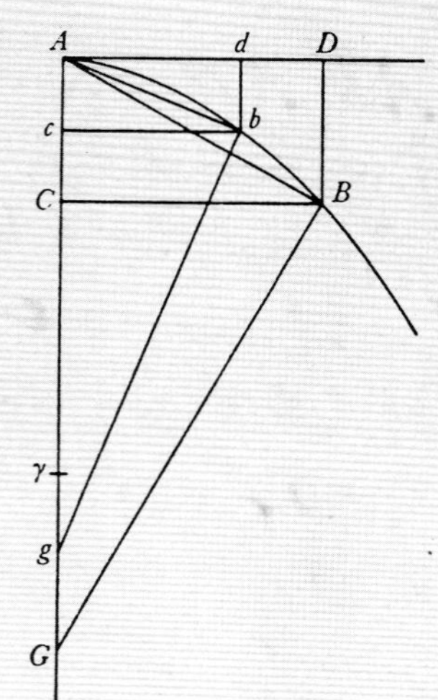

Fig. 8

areæ triangulorum ADB AEC erunt ultimò ad invicem in duplicata ratione laterum.

Etenim in AD producta capiantur Ad, Ae ipsis AD, AE proportionales, et erigantur ordinatæ db, ec ordinatis DB, EC parallelæ et proportionales. Producatur AC ad c, ducatur curva Abc ipsi ABC similis, et recta Ag tangatur curva utraqꝫ in A et secentur ~~ordinatæ~~ applicatæ in F, G, f, g. Tum coeant puncta B, C cum puncto A, et angulo cAg per Lemma V, evanescente, coincident areæ curvilineæ Abd, Acc ~~coincedent~~ cum rectilineis Afd, Age, adeoqꝫ erunt in duplicata ratione laterum Ad Ae. Sed his areis proportionales semper sunt areæ ABD, ACE et his lateribus latera AD, AE. Ergo et areæ ABD, ACE sunt ultimò in duplicata ratione laterum AD, AE. Q.E.D.

Lemma X

Spatia quæ corpus urgente quacunqꝫ vi regulari ~~centripeta~~ describit, sunt ipso motus initio in duplicata ratione temporum.

Exponantur tempora per lineas AD, AE et velocitates genitæ per ordinatas DB, EC, et spatia ~~prima~~ his velocitatibus descripta erunt ut areæ ~~prima~~ ABD, ACE. his ordinatis descriptæ, hoc est ipso motus initio (per Lemma IX) in duplicata ratione temporum AD, AE. Q.E.D.

* Corol. 1. et hinc

Lemma XI

Subtensa evanescens anguli contactus est ultimò in ratione duplicata subtensæ arcus contermini.

Cas. 1 Sit arcus ille AB, tangens ejus AD, subtensa anguli contactus ad tangentem perpendicularis BD, subtensa arcus AB. Huic subtensæ AB et tangenti AD perpendiculares erigantur ~~perpendicu-~~ ~~lares~~ AG, BG concurrentes in G, dem accedant puncta D, B, G ad puncta d, b, g, sitqꝫ J intersectio linearum BG, AG ultimò facta ubi puncta D, B accedunt usqꝫ ad A. Manifestum est quod distantia GJ minor esse potest quàm assignata quævis. Est autem (ex natura circulorum per puncta ABG, Abg transeuntium) AB^q æqualis $AG \times BD$ et Ab^q æqualis $Ag \times bd$, adeoqꝫ ratio AB^q ad Ab^q componitur ex rationibus AG ad Ag et BD ad bd. Sed quoniam GJ assumi potest minor longitudine quavis assignata, fieri potest ut ratio AG ad Ag minus differat a ratione æqualitatis quàm differentia quavis assignata, adeoqꝫ ~~ut proinde~~ ut ratio AB^q ad Ab^q minus differat a ratione BD ad bd quàm pro differentia quavis assignata. Est ergo, per Lemma I, ratio ultima AB^q ad Ab^q æqualis rationi ultimæ BD ad bd. Q.E.D.

Fig. 8.

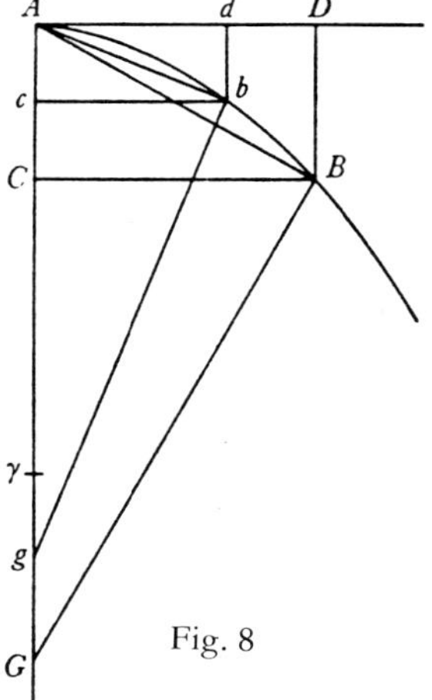

Fig. 8

11

26

[Fig. 8]

Cas. 2. Inclinetur jam BD ad AD in angulo quovis dato, et eadem semper erit ratio ultima BD ad bd quæ prius adeoque eadem ac AD^q ad Ad^q. Q.E.D.

Cas. 3. Et quamvis angulus D non detur, tamen anguli D, d ad æqualitatem semper vergent & propius accedent ad invicem quàm pro differentiâ quâvis assignatâ, adeoque ultimò æquales erunt, per Lemma 1 et propterea lineæ BD, bd in eadem ratione ad invicem ac prius. Q.E.D.

Corol. 1 Unde cùm tangentes AD, Ad, arcus AB, Ab et eorum sinus BC, bc fiunt ultimò chordis AB, Ab æquales; erunt etiam illorum quadrata ultimò ut subtensæ BD, bd.

Corol. 2. Triangula rectilinea ADB, Adb sunt ultimò in triplicata ratione laterum AD, Ad, inque sesquiplicata laterum DB, db: utpote in composita ratione laterum AD & DB, Ad & db existentia. Sic et triangula ABC, Abc sunt ultimò in triplicata ratione laterum BC, bc.

Corol 3. Et quoniam DB, db sunt ultimò parallelæ et in duplicata ratione ipsarum AD, Ad; erunt areæ ultimæ curvilineæ ADB, Adb (ex natura Parabolæ) duæ tertiæ partes triangulorum rectilineorum ADB, Adb, et segmenta AB, Ab partes tertiæ eorundem triangulorum. Et inde hæ areæ et hæc segmenta erunt in triplica ratione tum tangentium AD, Ad tum chordarum et arcuum AB, Ab.

Scholium.

Cæterum in his omnibus ~~intelligimus~~ supponimus angulum contactus nec infinitè majorem esse ~~nec infinitè minorem~~ angulis contactuum quos circuli continent cum tangentibus suis, nec iisdem infinitè minorem, hoc est curvaturam ad punctum A, nec infinitè parvam esse nec infinitè magnam, seu intervallum AJ finitæ esse magnitudinis. Capi enim potest DB ut AD^3: quo in casu circulus nullus per punctum A inter tangentem AD et curvam AB duci potest, ~~&~~ proinde angulus contactus erit infinitè minor circularibus. Et simili argumento si fiat DB successivè ut AD^4, AD^5, AD^6, AD^7 &c habebitur series angulorum contactus pergens in infinitum, quorum quilibet posterior est infinitè minor priore. Et si fiat DB successivè ut AD^2, $AD^{\frac{3}{2}}$, $AD^{\frac{4}{3}}$, $AD^{\frac{5}{4}}$ $AD^{\frac{6}{5}}$, $AD^{\frac{7}{6}}$ &c habebitur alia series infinita angulorum contactus quorum primus est ejusdem generis cum circularibus, secundus infinitè major, et quilibet posterior infinitè major priore. Sed et inter duos quovis ex his angulis potest series utrinque in infinitum pergens

angulorum intermediorum inseri quorum quilibet posterior erit infinitè major priore. Ut si inter terminos AD^2 et AD^3 inseratur series $AD^{\frac{13}{6}}$. $AD^{\frac{11}{5}}$. $AD^{\frac{9}{4}}$. $AD^{\frac{7}{3}}$. $AD^{\frac{5}{2}}$. $AD^{\frac{8}{3}}$. $AD^{\frac{11}{4}}$. $AD^{\frac{14}{5}}$. $AD^{\frac{17}{6}}$ &c. Et rursus inter binos quosvis angulos hujus seriei inseri potest series nova angulorum intermediorum ab invicem infinitis intervallis differentium. Neqꝫ novit natura limitem.

Quæ de curvis lineis deqꝫ superficiebus comprehensis demonstrata sunt facile applicantur ad solidorum superficies curvas et contenta. Præmisi vero hæc Lemmata ut effugerem tædium deducendi perplexas demonstrationes more veterum Geometrarum ad absurdum. Contractiores enim redduntur demonstrationes per methodum indivisibilium. Sed quoniam durior est indivisibilium Hypothesis, et propterea methodus illa minus Geometrica censetur, malui demonstrationes rerum sequentium ad ultimas quantitatum evanescentium summas & rationes primasqꝫ nascentium id est ad limites summarum & rationum deducere et propterea limitum illorum demonstrationes quam potui breviter præmittere. His enim idem præstatur quod per methodum indivisibilium et principiis demonstratis jam tutius utemur. Proinde in sequentibus siquando quantitates tanquam ex particulis constantes consideravero, vel si pro rectis usurpavero lineolas curvas, nolim indivisibilia sed evanescentia divisibilia, non summas et rationes partium determinatarum sed summarum & rationum limites semper intelligi; et vim talium demonstrationum ad methodum præcedentium Lemmatum semper revocari. ~~quamvis brevitatis gratia id non semper exprimatur~~

Objectio est, ~~sed [illegible]~~ quod quantitatum evanescentium nulla est ultima proportio; quippe quæ, antequam evanuerunt, non est ultima, ubi evanuerunt nulla est. Sed et eodem argumento ~~dici potest~~ æqua contendi posset nullam esse corporis ad certum locum pergentis velocitatem ultimam. Hanc enim antequam corpus attingit locum non esse ultimam, ubi attigit nullam esse. Et Responsio facilis est. Per velocitatem ultimam intelligi eam qua corpus movetur neqꝫ antequam attingit locum ultimum et motus cessat, neqꝫ postea, sed tunc cum attingit, id est illam ipsam velocitatem quacum corpus attingit locum ultimum & quacum motus cessat. Et similiter per ultimam rationem quantitatum evanescentium intelligendam esse rationem ~~esse ratio~~ quantitatum non antequam evanescunt, non postea, sed quacum evanescunt. Pariter et ratio prima nascentium est ratio quacum nascuntur. Et summa prima et

* Contendi etiam potest quod si dentur ultimæ quantitatum evanescentium rationes, dabuntur et ultimæ magnitudines; et sic quantitas omnis constabit ex indivisibilibus, contra quam Euclides de incommensurabilibus in libro decimo Elementorum ~~de incommensurabilibus~~ demonstravit ~~[illegible]~~. Verum ~~innititur~~ hæc objectio falsæ innititur hypothesi. ~~Rationes~~ Ultimæ rationes illæ quibuscum quantitates evanescunt, ~~si rigide loquamur~~ revera non sunt rationes quantitatum ultimarum sed limites ad quos quantitatum sine limite decrescentium rationes semper appropinquant, et quas propius assequi possunt quam pro data quavis differentia, nunquam vero transgredi, neque prius attingere quam quantitates diminuuntur in infinitum. Res clarius intelligetur in infinite magnis. Si quantitates duæ quarum data est differentia augeantur in infinitum, dabitur harum ultima ~~ratio~~ ratio ~~[illegible]~~, nimirum ratio æqualitatis, nec tamen ideò dabuntur quantitates ultimæ seu maximæ quarum ista sit ratio. Igitur in sequentibus, siquando facili rerum imaginationi consulens, dixero quantitates quam minimas vel evanescentes vel ultimas, cave intelligas quantitates magnitudine determinatas sed cogita semper diminuendas sine limite.

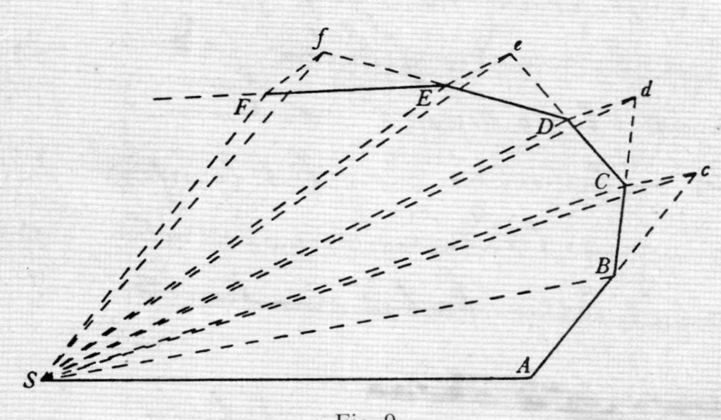

Fig. 9

* et componendo, sunt arearum summæ quævis SADS, SAFS ~~[illegible]~~ inter se ut sunt tempora descriptionum. Augeatur jam numerus et minuatur latitudo triangulorum in infinitum, et eorum ultima perimeter ADF, per Corollarium ~~[illegible]~~ quartum Lemmatis tertij, erit linea curva, adeoque vis centripeta qua corpus de tangente hujus curvæ perpetuò retrahitur, aget indesinenter, areæ vero quævis descriptæ SADS, SAFS temporibus descriptionum semper proportionales, erunt iisdem temporibus in hoc casu proportionales. Q. E. D.

Coroll. 1. In medijs non resistentibus si areæ non sunt temporibus proportionales vires ultima est quacum esse (vel augeri et minui) incipiunt et cessant. Extat limes quem velocitas in fine motus attingere potest non autem transgredi. Hæc est velocitas ultima. Et par est ratio limitis quantitatum et proportionum omnium incipientium et cessantium. Cumque hic limes sit certus et definitus, Problema est verè Geometricum eundem determinare. Geometrica verò omnia in alijs Geometricis determinandis ac demonstrandis legitimè usurpantur.

Contendi etiam potest *

Artic. II

De Inventione Virium ~~centralium~~ Centripetarum.

~~Propositiones De motu corporum in spatijs non resistentibus.~~

Prop. 1 Theorema 1.

Lect 5

Areas, quas corpora in gyros acta radijs ad immobile centrum virium ductis describunt, et in planis immobilibus consistere et esse temporibus proportionales.

Fig. 9

Dividatur tempus in partes æquales, et prima temporis parte describat corpus vi insita rectam AB. Idem secunda temporis parte si nil impediret [a] rectà pergeret ad c describens lineam Bc æqualem ipsi AB, adeo ut radijs AS, BS, cS ad centrum actis confectæ forent æquales areæ ASB, BSc. Verùm ubi corpus venit ad B agat vis centripeta impulsu unico sed magno, faciatque corpus a recta Bc deflectere et pergere in recta BC. Ipsi BS parallela agatur cC occurrens BC in C, et completa secunda temporis parte corpus [b] reperietur in C in eodem plano cum triangulo ASB. Junge SC & triangulum SBC ob parallelas SB, Cc æquale erit triangulo SBc atque adeo etiam triangulo SAB. Simili argumento si vis centripeta successivè agat in C, D, E &c faciens ut corpus singulis temporis particulis singulas describat rectas CD, DE, EF &c jacebunt hæ in eodem plano, et triangulum SCD triangulo SBC et SDE ipsi SCD et SEF ipsi SDE æquale erit. Æqualibus igitur temporibus æquales areæ in plano immoto describuntur. * ~~Sunto jam hæc triangula numero infinita et infinitè~~ parva, sic, ut singulis temporis momentis singula respondeant triangula, agente vi centripeta sine intermissione, ~~et constabit propositio~~. utque area SAF sit summa ultima triangulorum evanescentium

[a] Lex 1.

[b] Legum Cor. 1

vires non tendunt ad concursum radiorum.

Coroll 2. In Medijs omnibus ~~vires non tendunt ad concursum~~ si arearum descriptio acceleratur vires non tendunt ad concursum radiorum, sed magis declinant in consequentia.

~~et per Corollarium quartum Lemmatis tertij constabit propositio. Q.E.D.~~

Prop. II. Theorema II.

Corpus omne quod, cum movetur in linea aliqua curva et radio ad punctum ducto vel immobile, vel motu rectilineo uniformiter progrediens, ~~ducto~~, describit areas circa punctum illud temporibus proportionales, urgetur a vi centripeta tendente ad idem punctum.

Cas. 1. Nam corpus omne quod movetur in linea curva, detorquetur de cursu rectilineo per vim aliquam in ipsum agentem (per Leg. 1.) et vis illa qua corpus de cursu rectilineo detorquetur et cogitur triangula quam minima SAB, SBC, SCD &c circa punctum immobile S, temporibus æqualibus æqualia describere, agit [a] in loco B secundum lineam parallelam ipsi cC hoc est secundum lineam BS et in loco C secundum lineam ipsi dD parallelam hoc est secundum lineam CS &c. Agit ergo semper secundum lineas tendentes ad punctum illud immobile S. Q.E.D.

[a] per prop. 39 Lib. 1. Elem et Legem 2

Cas. 2. Et per Legum Corollarium quintum perinde est sive quiescat superficies, in qua corpus describit figuram curvilineam, ~~quiescat~~, sive moveatur eadem una cum corpore, figura descripta et puncto suo S, ~~moveatur~~ uniformiter in directum.

Schol.

Urgeri potest corpus vi centripeta composita ex pluribus viribus. In hoc casu sensus Propositionis est quod vis illa quæ ex omnibus componitur, tendit ad punctum S. Porro si vis aliqua agat secundum lineam superficiei descriptæ perpendicularem, hæc faciet corpus deflectere a plano sui motus, sed quantitatem superficiei descriptæ nec augebit nec minuet, et propterea in compositione virium negligenda est.

Prop. III. Theor. III.

Corpus omne quod radio ad centrum corporis alterius ~~corporis~~ utcunque moti, ducto, describit areas circa centrum illud temporibus proportionales, urgetur vi composita ex vi centripeta tendente ad corpus alterum et ex vi omni acceleratrice qua corpus alterum ~~[illegible]~~ urgetur.

Nam per Legum Coroll. 6. si vi nova quæ æqualis et contraria sit illi qua corpus alterum urgetur, urgeatur corpus utrumque secundum lineas parallelas, perget corpus primum describere circa corpus alterum areas easdem ac prius: vis autem qua corpus alterum urgebatur jam destruetur per vim sibi æqualem et contrariam et propterea (per Leg. 1.) corpus illud alterum vel quiescet vel movebitur uniformiter in directum, et corpus primum urgente differentia

Coroll. 1 Hinc si corpus unum radio ad alterum ducto describit areas temporibus proportionales; atque de vi tota (sive simplici sive ex viribus pluribus ~~secundum~~ juxta Legum Corollarium secundum composita) qua corpus prius urgetur, subducatur (per idem Legum Corollarium) vis tota acceleratrix qua corpus alterum ~~[illegible]~~ urgetur: vis omnis reliqua qua corpus prius urget tendet ad corpus alterum ut centrum.

Coroll 2. Et si areæ illæ sunt temporibus quamproximè proportionales, vis reliqua tendet ad corpus alterum quamproximè.

Coroll 3. Et vice versa si vis reliqua tendit quamproximè ad corpus alterum, erunt areæ illæ temporibus quamproximè proportionales.

virium perget areas temporibus proportionales circa corpus alterum describere. Tendit igitur (per Theor. 2) differentia virium ad corpus illud alterum ut centrum. Q.E.D.

*Coroll. 1. Hinc si corpus unum radio ad alterum ducto describit areas temporibus proportionales, urgetur hoc corpus nulla alia vi præter compositam illam ex vi centripeta ad corpus alterum tendente, et ex vi omni quæ agit in corpus alterum et in utrumqȝ æqualiter (pro mole corporum) et secundum lineas parallelas agere intelligitur. Namqȝ additio et subductio virium in hoc Theoremate fit secundum situm linearum, ut in Legum Coroll. 1. exponitur.

Corol. 2. Et ijsdem positis si areæ sint temporibus quamproximè proportionales: vis illa communis aut æqualiter agit in corpus utrumqȝ quamproximè, aut agit secundum lineas quamproximè parallelas, aut perquam exigua est si cum vi centripeta ad corpus alterum tendente conferatur.

Corol. 3. Et vice versa si hæc tria contingunt, corpus radio ad alterum corpus ducto describet areas quamproximè proportionales temporibus.

Corol. 4. ~~Rec~~ Si corpus radio ad alterum corpus ducto describit areas quæ cum temporibus collatæ sunt valde inæquabiles, et corpus illud alterum vel quiescit vel movetur uniformiter in directum actio vis totius centripetæ ad corpus illud alterum tendentis vel nulla est vel miscetur & componitur cum actionibus admodum ~~pot~~ potentibus aliarum virium, vis tota, ex omnibus ~~composita~~ si plures sunt viribus composita, ad aliud (sive immobile sive mobile) centrum dirigitur circum quod æquabilis est arearum descriptio. Idem obtinet ubi corpus alterum motu quocunqȝ movetur, si modo vis centripeta sumatur quæ restat post subductionem vis ~~omnis~~ totius agentis in corpus illud alterum.

Schol.

Quoniam æquabilis arearum descriptio index est centri ~~cujus~~ quod vis ~~centripeta~~ illa respicit qua corpus maximè afficitur, corpus autem vi ad hoc centrum tendente retinetur in orbita sua, et motus omnis circularis rectè dicitur circa centrum illud fieri cujus vi corpus retrahitur de motu rectilineo et retinetur in orbita: quidni usurpemus in sequentibus æquabilem arearum descriptionem ut indicem centri circum quod motus omnis circularis in spatijs liberis ~~(non consentit his materialibus) circumlatio peragitur~~ peragitur

Corporum quæ diversos circulos æquabili motu describunt, vires centripe ad centra eorundem circulorum tendere, et esse inter se ut arcuum sim descriptorum quadrata applicata ad circulorum radios.

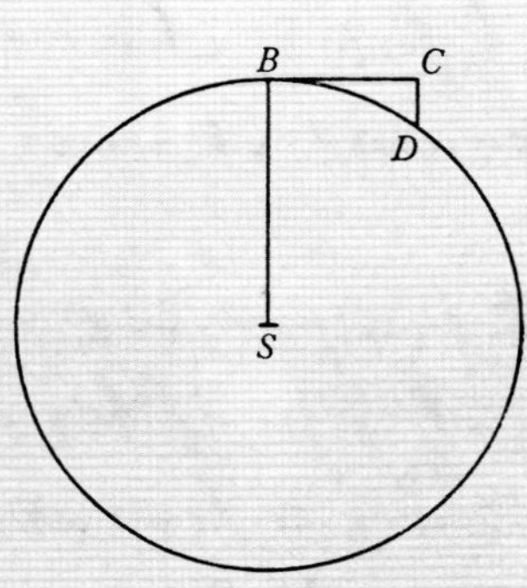

Fig. 10

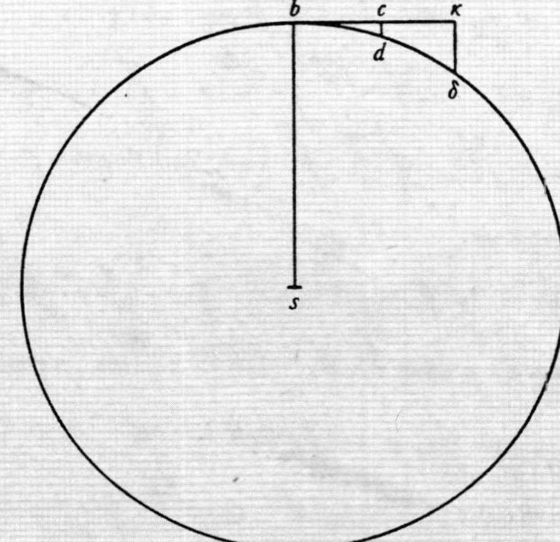

Fig. 11

Corol 3. Unde si tempora periodica sunt æqualia, vires centripetæ & velocitat sunt ut radij, et vice versa.

16

31

~~Theor 2. Corporibus in circumferentijs circulorum.~~

Prop IV. Theor. IV.

Corporibus quæ circulos æquabili motu describentibus, tendere ad centra eorundem circulorum et esse inter se, vires centripetas ut arcuum simul descriptorum quadrata applicata ad circulorum radios.

Fig. 10, 11.

Corpora B, b in circumferentijs circulorum BD, bd gyrantia, simul describant arcus BD, bd. Quoniam sola vi insita describerent tangentes BC, bc his arcubus æquales: manifestum est quod vires centripetæ sunt quæ perpetuo retrahunt corpora de tangentibus ad circumferentias circulorum, atque adeo hæ sunt ad invicem in ratione prima spatiorum nascentium CD, cd: tendunt vero ad centra circulorum per Theor. 2, propterea quod areæ radijs descriptæ ponuntur temporibus proportionales. Fiat figura dkb figuræ DCB similis, et per Lemma 5, lineola CD erit ad lineolam cd ut arcus BD ad arcum bd, necnon per Lemma XI lineola nascens dk ad lineolam nascentem dc ut bd quad ad bd quad, et ex æquo lineola nascens DC ad lineolam nascentem dc ut BD×bd ad bd quad. Sunt ergo vires centripetæ ut BD×bd ad bd quad, seu quod perinde est, ut $\frac{BD\times bd}{Sb}$ ad $\frac{bd^q}{Sb}$ adeoque (ob æquales rationes $\frac{bd}{Sb}$ et $\frac{BD}{SB}$) ut $\frac{BD^q}{SB}$ ad $\frac{bd^q}{Sb}$. Q.E.D.

Corol. 1. Hinc vires centripetæ sunt ut velocitatum quadrata applicata ad radios circulorum.

Corol. 2. Et reciprocè ut quadrata temporum periodicorum applicata ad radios, ita sunt hæ vires inter se. Id est (ut cum Geometris loquar) hæ vires sunt in ratione composita ex duplicata ratione velocitatum directè et ratione simplici radiorum inversè: necnon in ratione composita ex ratione simplici radiorum directè et ratione duplicata temporum periodicorum inversè.

Corol. 3. Unde si tempora periodica æquantur, erunt tum vires centripetæ tum velocitates ut radij, et vice versa.

Corol. 4. Si quadrata temporum periodicorum sunt ut radij, vires centripetæ sunt æquales, et velocitates in dimidiata ratione radiorum: Et vice versa.

Corol. 5. Si quadrata temporum periodicorum sunt ut quadrata radiorum, vires centripetæ sunt reciprocè ut radij, et velocitates æquales: Et vice versa.

Corol. 6. Si quadrata temporum periodicorum sunt ut cubi radiorum, vires centripetæ sunt reciprocè ut quadrata radiorum, velocitates autem in radiorum dimidiata ratione: Et vice versa.

Corol. 7. Eadem omnia de temporibus velocitatibus et viribus quibus corpora similes figurarum quarumcunque similium centrisque similiter positis habentium partes describunt, consequuntur ex Demonstratione præcedentium ad hosce casus applicata.

*

Prop. V. Prob. 1.

Data quibuscunque in locis velocitate, qua corpus figuram datam viribus ad commune aliquod centrum tendentibus describit, centrum illud invenire.

Fig. 12. Figuram descriptam tangant rectæ tres PT, TQV, VR in punctis totidem P, Q, R, concurrentes in T et V. Ad tangentes erigantur perpendicula PA, QB, RC velocitatibus corporis in punctis illis P, Q, R quibus eriguntur reciprocè proportionalia; id est ita ut sit PA ad QB ut velocitas in Q ad velocitatem in P et QB ad RC ut velocitas in R ad velocitatem in Q. Per perpendiculorum terminos A, B, C ad angulos rectos ducantur AD, DBE, EC concurrentia in D et E: et actæ TD, VE concurrent in centro quæsito S.

Nam cum corpus in P et Q radijs ad centrum ductis areas describat temporibus proportionales, sintque areæ illæ simul descriptæ ut velocitates in P et Q ductæ respectivè in perpendicula a centro in tangentes PT, QT demissa: erunt perpendicula illa ut velocitates reciprocè, adeoque ut perpendicula AP, BQ directè, id est ut perpendicula a puncto D in tangentes demissa. Unde facile colligitur quod puncta S, D, T sunt in una recta. Eodem argumento puncta S, E, V sunt etiam in una recta, et propterea centrum S in concursu rectarum TD, VE versatur. Q. E. D.

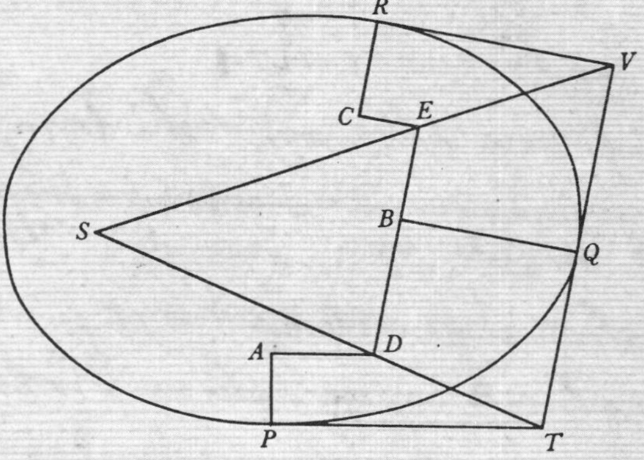

Fig. 12

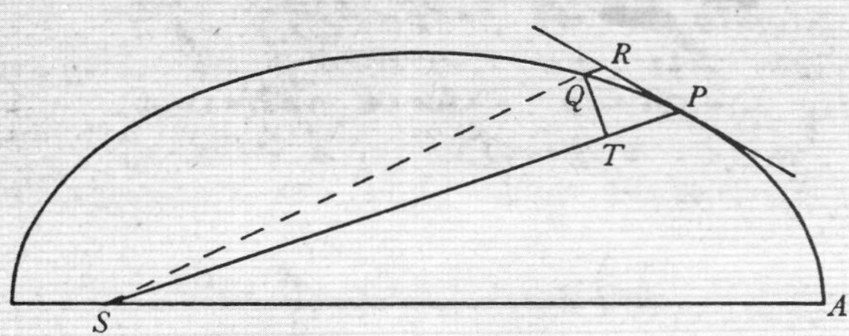

Fig. 13

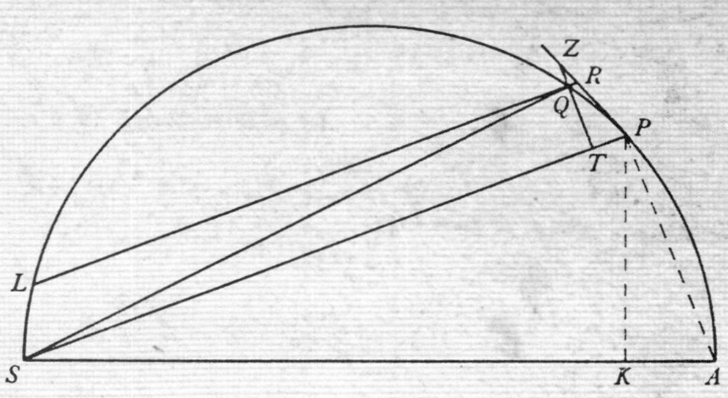

Fig. 14

17
29

Schol.

Casus Corollarii sexti obtinet in corporibus Celestibus. ~~Illorum tempora periodica sunt in sesquiplicata ratione distantiarum~~ et propterea quæ spectant ad vim centripetam decrescentem in duplicata ratione distantiarũ à centris, decrevi fusius in sequentibus exponere.

~~Prop V. Prob. I.~~ *

Prop VI. Theor. V

Si corpus P revolvendo circa centrum S, describat lineam quamvis curvam APQ, tangat vero recta ZPR curvam illam in puncto quovis P et ad tangentem ab alio quovis curvæ puncto Q agatur QR distantiæ SP parallela ac demittatur QT perpendicularis ad distantiam SP: dico quod vis centripeta sit reciprocè ut solidum $\frac{SP\,quad \times QT\,quad}{QR}$, si modò solidi illius ea semper sumatur quantitas quæ ultimò fit ubi coeunt puncta P et Q. Fig. 13.

Namque in figura indefinitè parva QRPT lineola nascens QR dato tempore est ut[a] vis centripeta, et data vi ut[b] quadratum temporis, atque adeo neutro dato ut vis centripeta et quadratum temporis conjunctim, adeoque vis centripeta ut lineola QR directè et quadratum temporis inversè. Est autem tempus ut area SPQ, ejusve dupla SP × QT, adeoque vis centripeta ut QR directè atque $SP\,quad \times QT\,quad$ inversè, id est ut $\frac{SP\,quad \times QT\,quad}{QR}$ inversè. ~~et area temporis proportionalis ... hoc est vis centripeta reciprocè ut $\frac{SPq \times QTq}{QR}$~~ [a] Leg. 2 [b] Lem. 10.

Corol. Hinc si detur figura quævis, et in ea punctum ad quod vis centripeta dirigitur, inveniri potest lex vis centripetæ quæ corpus in figuræ illius perimetro gyrari faciet. Nimirum computandum est solidum $\frac{SPq \times QTq}{QR}$ huic vi reciprocè proportionale. Ejus rei dabimus exempla in problematis sequentibus.

Prop. VII. Prob. II.

Gyretur corpus in circumferentia circuli, requiritur lex vis centripetæ tendentis ad punctum aliquod in circumferentia datum.

Esto circuli circumferentia SQPA, centrum vis centripetæ S, corpus in circumferentia latum P, locus proximus in quem movebitur Q. Ad diametrum SA et rectam SP demitte perpendicula PK, QT et per Q ipsi SP parallelam age LR occurrentem circulo in L et tangenti PR in R, et coeant TQ, PR in Z. Ob similitudinem triangulorum ZQR, ZTP, SPA erit RPq (hoc est QRL) ad QTq ut SAq ad SPq. Ergo $\frac{QRL \times SPq}{SAq}$ æquatur QTq. Ducantur hæc æqualia in $\frac{SPq}{QR}$ et punctis P et Q coeuntibus Fig. 14

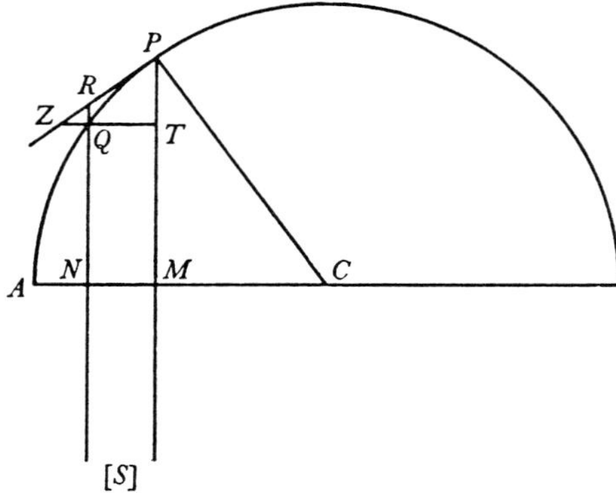

Fig. 15

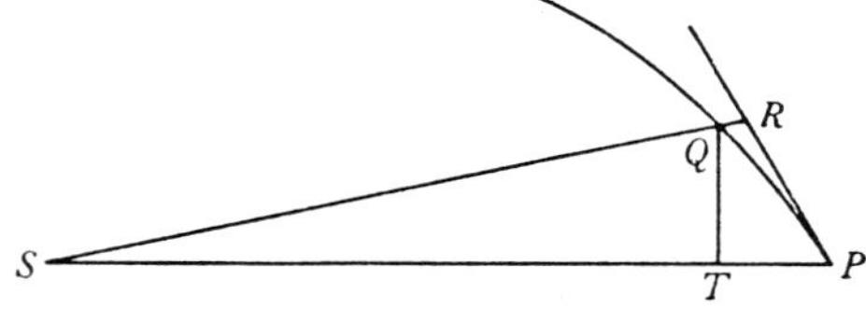

Fig. 16

18

65

Scribatur SP pro RL. Sic fiet $\frac{SP^{qc}}{SA^q}$ æquale $\frac{QT^q \times SP^q}{2R}$. Ergo (per Coroll. Theor. V) vis centripeta reciprocè est ut $\frac{SP^{qc}}{SA^q}$, id est (ob datum SA^q) ut quadrato-cubus distantiæ SP. Quod erat inveniendum.

Prop VIII. Prob. III

Moveatur corpus in circulo PQA: ad hunc effectum requiritur lex vis centripetæ tendentis ad punctum adeo longinquum ut lineæ omnes PS, RS ad id ductæ, pro parallelis haberi possint. A circuli centro C agatur semidiameter CA parallelas istas perpendiculariter secans in M et N, et jungatur CP. Ob similia triangula CPM, et TPZ, a vel PZT vel b ... est CP^q ad PM^q ut PR^q ad QT^q et ex natura circuli rectangulum $QR \times \overline{RN+QN}$ æquale est PR quadrato. Coeuntibus autem punctis P, Q fit RN + QN æqualis 2PM. Ergo est CP^q ad PM^q ut $QR \times 2PM$ ad QT^q, adeoque $\frac{QT^q}{QR}$ æquale $\frac{2PM^{cub}}{CP^q}$, et $\frac{QT^q \times SP^q}{QR}$ æquale $\frac{2PM^{cub} \times SP^q}{CP^q}$. Est ergo (per Corol. Theor. V) vis centripeta reciprocè ut $\frac{2PM^{cub} \times SP^q}{CP^q}$ hoc est (neglecta ratione determinata $\frac{2SP^q}{CP^q}$) reciprocè ut PM^{cub}. Q. E. I.

a Lem VIII.

b

Schol.

Et simili argumento corpus movebitur in Ellipsi (vel etiam in Hyperbola vel Parabola) vi centripeta quæ sit reciprocè ut cubus ~~ordinatæ~~ ordinatim applicatæ ad centrum virium maximè longinquum tendentis.

Prop IX. Prob. IV.

Gyretur corpus in spirali PQS secante radios omnes SP, SQ &c in angulo dato: requiritur lex vis centripetæ tendentis ad centrum spiralis. ~~[struck through line]~~ Detur angulus indefinite parvus PSQ et ob datos omnes angulos dabitur specie figura SPQRT. Ergo datur ratio $\frac{QT}{QR}$ estque $\frac{QT^q}{QR}$ ut QT hoc est ut SP. Mutetur jam utcunque angulus PSQ et recta QR angulum contactus QPR subtendens mutabitur (per Lemma XI.) in duplicata ratione ipsius PR vel QT. Ergo manebit $\frac{QT^q}{QR}$, eadem quæ prius, hoc est ut SP. Quare $\frac{QT^q \times SP^q}{QR}$ est ut SP^{cub}, id est, a vis centripeta reciprocè ut cubus distantiæ SP. Q. E. I.

Fig 15

Fig 16

a Cor. Theor. V.

Lemma XII

Parallelogramma omnia circa datam Ellipsin descripta esse inter se æqualia. Idem intellige de Parallelogrammis in Hyperbola ~~descriptis~~ circum diametros ejus descriptis ~~figuras~~. Constat utrumque ex Conicis.

Prop X Prob. V

Gyretur corpus in Ellipsi ~~[struck]~~: requiritur lex vis centripetæ tendentis ad centrum Ellipseos.

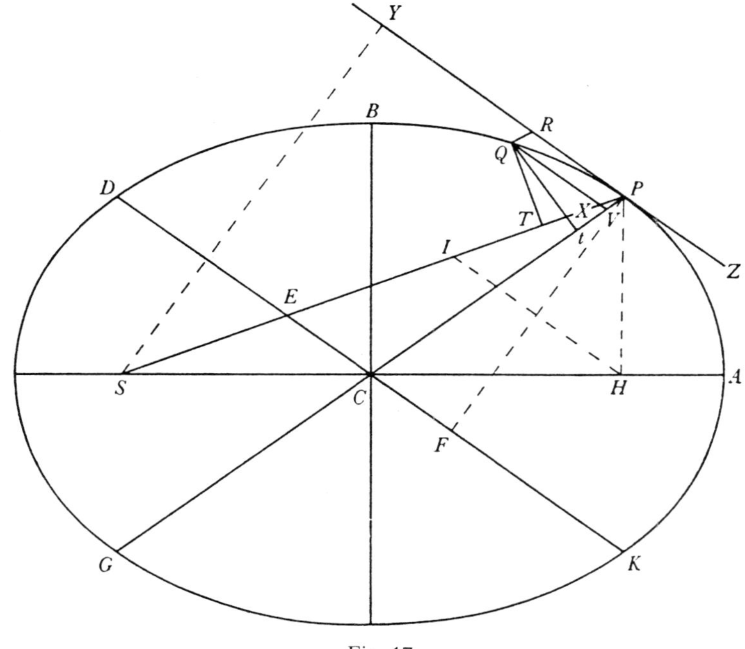

Fig. 17

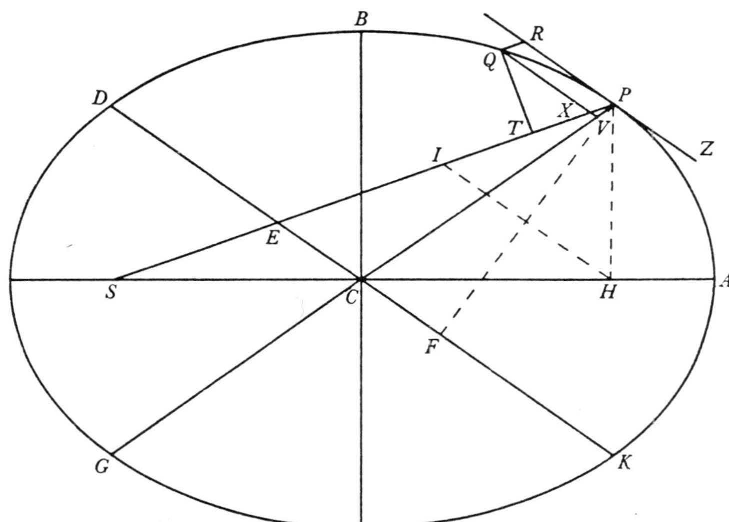

Fig. 17 bis

19

Sunto CA, CB semi-axes Ellipseos, GP, DK diametri conjugatæ, PF, Qt perpendicula ad diametros, Qv ordinatim applicata ad diametrum GP, et si compleatur ~~QvPR~~ parallelogrammum QvPR, ~~Hic applicatis~~ erit (ex Conicis) PvG ad Qv^q ut PC^q ad CD^q et (ob similia triangula QvT PCF) Qv^q ad Qt^q ut PC^q ad PF^q et conjunctis rationibus PvG ad Qt^q ut PC^q ad CD^q et PC^q ad PF^q, id est vG ad $\frac{Qt^q}{Pv}$ ut PC^q ad $\frac{CD^q \times PF^q}{PC^q}$. Scribe QR pro Pv et [a] $BC \times CA$ pro $CD \times PF$, nec non (punctis P et Q coeuntibus) $2PC$ pro vG et ductis extremis & medijs in se mutuo fiet $\frac{Qt^q \times PC^q}{QR}$ æquale $\frac{2BC^q \times CA^q}{PC}$. Est ergo[b] vis centripeta reciproce ut $\frac{2BC^q \times CA^q}{PC}$ id est (ob datum $2BC^q \times CA^q$) ut $\frac{1}{PC}$, hoc est directe ut distantia PC. Q.E.I. Fig. 17. 66

a Lem. XII

b Cor. Theor. V.

Corol. Unde vicissim si vis sit ut distantia, movebitur corpus in Ellipsi centrum habente in centro virium aut forte in circulo in quem Ellipsis ~~in circulum~~ migrare potest.

Schol.

Si Ellipsis, centro in infinitum abeunte, vertatur in Parabolam, corpus movebitur in hac Parabola, et vis ad centrum infinite distans jam tendens, evadet æquabilis. Hoc est Theorema Galilæi. Et si Conisectio Parabolica, inclinatione plani ad conum secantem mutata, vertatur in Hyperbolam, movebitur corpus in hujus perimetro vi centripeta in centrifugam versa.

De motu corporum in Conicis sectionibus excentricis.

Artic. III

Prop. XI. Prob. VI

Lect 6

Revolvatur ~~Gyretur~~ corpus in Ellipsi: requiritur lex vis centripetæ tendentis ad umbilicum Ellipseos.

Esto Ellipseos superioris umbilicus S. Agatur SP secans Ellipseos diametrum DK in E, et ordinatim applicatam ~~lineam~~ Qv in x et compleatur parallelogrammum QxPR. Patet EP æqualem esse semi-axi majori AC eò quod actâ ab altero Ellipseos umbilico H lineâ HI ipsi EC parallelâ (ob æquales CS, CH) æquentur ES, EI, adeo ut EP semisumma sit ipsarum ~~PS, PH~~ PS, PI, id est (ob parallelas HI, PR et angulos æquales IPR, HPZ) ipsarum PS, PH, quæ conjunctim axem totum 2AC adæquant. Ad SP demittatur perpendicularis QT, et Ellipseos latere recto principali (seu $\frac{2BC^q}{AC}$) dicto L, erit $L \times QR$ ad $L \times Pv$ ut QR ad Pv id est ut PE (seu AC) ad PC, et $L \times Pv$ ad GvP ut L ad Gv, et GvP ad Qv^q ut CP^q ad CD^q, et Qv^q ad Qx^q punctis Q et P coeuntibus[a] est ratio æqualitatis, et Qx^q seu Qv^q est

[Fig. 17]

a Lem. VIII

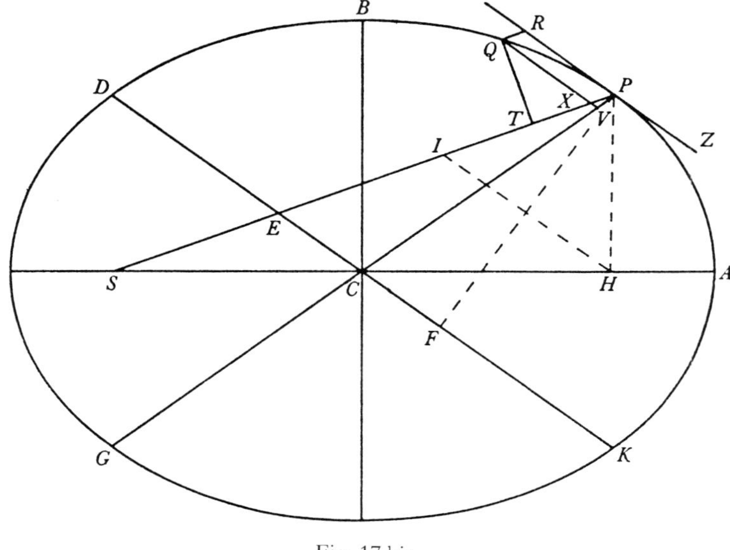

Fig. 17 bis

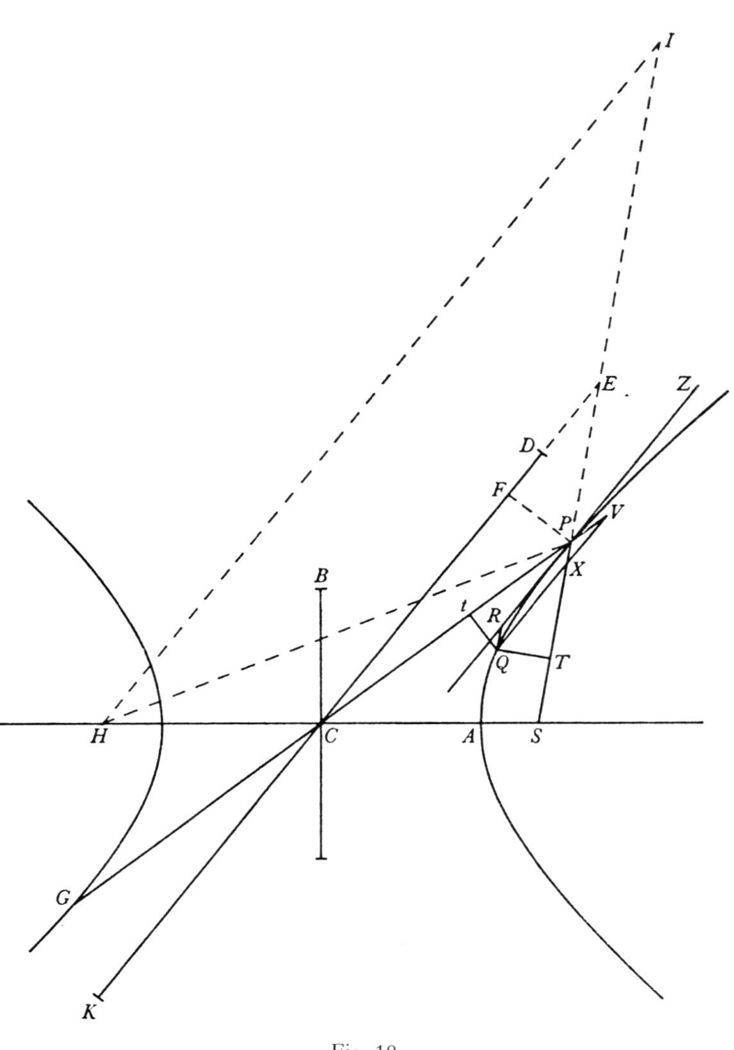

Fig. 18

20

ad QT^q ut EP^q ad PF^q id est ut CA^q ad PF^q sive[b] ut CD^q ad CB^q. Et conjunctis his omnibus rationibus, $L\times QR$ fit ad QT^q ut AC ad $PC+L$ ad $GV+CP^q$ ad CD^q+CD^q ad CB^q, id est ut $AC\times L$ (seu $2CB^q$) ad $PC\times GV+CP^q$ ad CB^q, sive ut $2PC$ ad GV. Sed punctis Q et R coeuntibus aequantur $2PC$ & GV. Ergo et his proportionalia $L\times QR$ et QT^q aequantur. Ducantur haec aequalia in $\frac{SP^q}{QR}$ et fiet $L\times SP^q$ aequale $\frac{SP^q\times QT^q}{QR}$. Ergo[c] vis centripeta reciproce est ut $L\times SP^q$ id est reciproce in ratione duplicata distantiae SP. Q.E.I.

b Lem XII

67

[Fig. 17]

c Cor. Theor. V.

Eadem brevitate qua traduximus Problema quintum ad Parabolam, et Hyperbolam, liceret idem hic facere. Verum ob dignitatem Problematis & usum ejus in sequentibus, non pigebit casus caeteros demonstratione confirmare.

Prop XII. Prob. VII

Movetur corpus in Hyperbola, requiritur Lex vis centripetae tendentis ad umbilicum figurae.

Fig 18

Sunto CA CB semi-axes Hyperbolae, GP, DK diametri conjugatae; PF, Qt perpendicula ad diametros, & QV ordinatim applicata ad diametrum GP. Agatur SP secans tum diametrum DK in E, tum ordinatim applicatam QV in x et compleatur parallelogrammum QRPx. Patet EP aequalem esse semiaxi transverso AC eo, quod acta ab altero Ellipseos umbilico H linea HI ipsi EC parallela, ob aequales CS, CH aequentur ES, EI adeo ut EP semidifferentia sit ipsarum PS, PI, id est (ob parallelas HI, PR et angulos aequales IPR, HPZ) ipsarum PI, PH quae conjunctim axem totum 2AC adaequant. Ad SP demittatur perpendicularis QT. Et Hyperbolae latere recto principali (seu $\frac{2BC^q}{AC}$) dicto L, erit $L\times QR$ ad $L\times PV$ ut QR ad PV id est ut PE (seu AC) ad PC. Et $L\times PV$ ad GVP ut L ad GV et GVP ad QV^q ut CP^q ad CD^q, et QV^q ad Qx^q punctis Q et P coeuntibus[a] fit ratio aequalitatis et Qx^q seu QV^q est ad QT^q ut EP^q ad PF^q id est ut CA^q ad PF^q sive[a] ut CD^q ad CB^q et conjunctis his omnibus rationibus $L\times QR$ fit ad QT^q ut AC ad $PC+L$ ad $GV+CP^q$ ad CD^q + CD^q ad CB^q id est ut $AC\times L$ (seu $2BC^q$) ad $PC\times GV+CP^q$ ad CB^q sive ut $2PC$ ad GV sed punctis Q et R coeuntibus aequantur $2PC$ et GV Ergo et

a Lem. VIII

b Lem XII

Lemma XIII

Latus rectum Parabolæ ad verticem quemvis pertinens, est quadruplum distantiæ verticis illius ab umbilico figuræ. Patet ex C

Lemma XIV.

Perpendiculum quod ab umbilico Parabolæ ad tangentem ejus demittitur, medium est proportionale inter distantias umbilici a puncto contactus et a vertice principali figuræ.

Fig. 19

Sit enim APQ Parabola, S umbilicus ejus, A vertex principalis, P punctum contactus, PO ordinatim applicata ad diametrum principalem, PM tangens diametro principali occurrens in M, & SN linea perpendicularis ab umbilico in tangentem. Jungatur AN, et ob æquales MS et SP, MN et NP, MA et AO parallelæ erunt rectæ AN et OP, et inde triangulum SAN rectangulum erit ad A et simile triangulis æqualibus SMN, SPN. Ergo PS est ad SN ut SN ad SA. Q. E. D.

Corol. 1 PSq est ad SNq ut PS ad SA.

Corol. 2. Et ob datam SA, est SNq ut PS.

Corol. 3. Et concursus tangentis cujusvis PM cum recta SN quæ ab umbilico in ipsam perpendicularis est, incidit in rectam AN quæ Parabolam tangit in vertice principali.

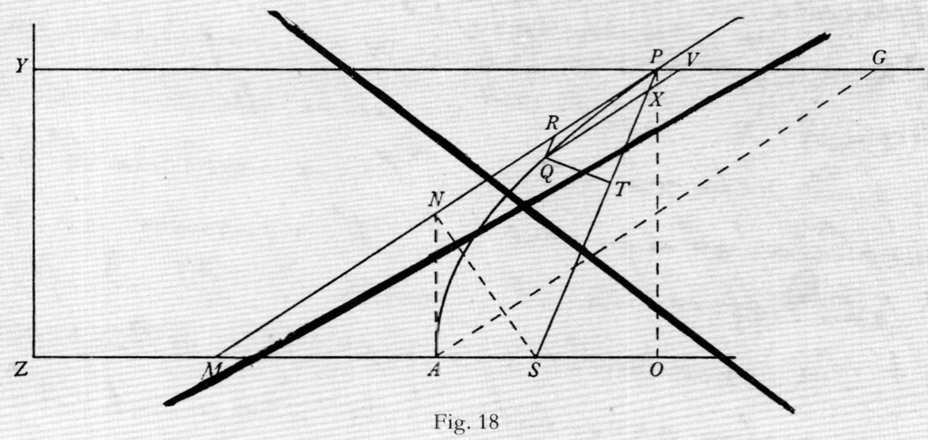

Fig. 18

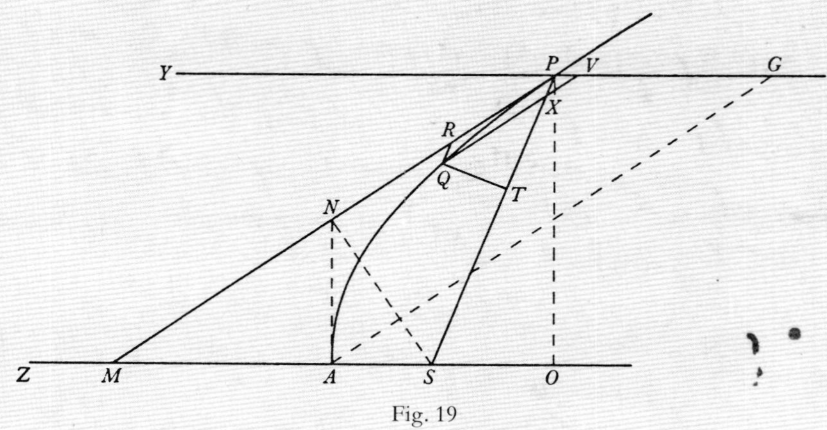

Fig. 19

sunt proportionalia $L \times QR$ & QT^q. Ducantur hæc æqualia in $\frac{SP^q}{QR}$ et fiet $L \times SP^q$ æquale $\frac{SP^q \times QT^q}{QR}$. Ergo[b] vis centripeta reciprocè est ut $L \times SP^q$ id est in ratione duplicata distantiæ SP. Q.E.I. [b Cor. Th. V]

Eodem modo demonstratur quod corpus hac vi centripeta in centrifugam versa movebitur in Hyperbola conjugata.

68

Lemma XIII

Quadratum perpendiculi quod ab umbilico Parabolæ ad tangentem ejus demittitur æquale est rectangulo sub quarta parte lateris recti principalis et distantia inter umbilicum et punctum contactus ~~est ad quadratum intervalli inter umbilicum et punctum contactus ut latus rectum principale ad latus rectum quod pertinet ad diametrum transeuntem per punctum contactus~~.

Sit ALP Parabola, S umbilicus ejus, A vertex principalis, P punctum contactus, PM tangens diametro principali occurrens in M, et SN linea perpendicularis ab umbilico in tangentem. [Fig 18.] Jungatur AN et ex natura Parabolæ erit AS pars quarta lateris recti principalis et PS pars quarta lateris recti pertinentis ad diametrum quæ transit per punctum contactus P. Dico igitur quod sit SN^q æquale $AS \times SP$. ~~Produc SA ad Z ut sit AZ latus rectum principale. Hunc AZ erige perpendicularem ZY, cui occurrat PY ipsi AZ parallela et erit hæc PY latus rectum pertinens ad diametrum transeuntem per punctum contactus P. Id ex Conicis patet~~ Dico igitur quod sit PS^q ad SN^q ut PY ad AZ. Nam completis parallelogrammis AGPM, ZYPO, ob æqualia triangula PSN, MSN, et similia MSN, MPO, est PS^q ad SN^q ut PM^q seu AG^q ad PO^q, hoc est (ex natura Parabolæ) ut rectangulum YPG ad rectangulum ZAO, id est, ob æquales PG, AM, AO, ut PY ad AZ. Q.E.D.

Prop. XIII. Prob. VIII.

Moveatur corpus in perimetro Parabolæ, requiritur Lex vis centripetæ tendentis ad umbilicum hujus figuræ.

Maneat constructio Lemmatis, sitque P corpus in perimetro Parabolæ; et a loco Q in quem corpus proxime movetur, age ipsi SP parallelam QR et perpendicularem QT, nec non QV tangenti parallelam et occurrentem tum diametro YPG in V, tum distantiæ SP in x. [Fig 19] Jam ob similia triangula PxV, MSP et æqualia unius latera SM, SP, æqualia sunt alterius latera Px seu QR et PV. Sed ex Conicis[a] quadratum ordinatæ QV æquale est rectangulo sub latere recto id est (per Lemma XIII) rectangulo $4PS \times PV$, seu $4PS \times QR$ et segmento diametri PV, et punctis P et Q coeuntibus[b] ratio QV ad Qx fit æqualitatis. Ergo Qx^q eo casu æquale est rectangulo $4PS \times QR$. Est autem[c] Qx^q ad QT^q (ob æquales angulos QxT, MPS, PMO) ut PS^q ad SN^q hoc est ut 4PS ad 4AS id est ut $4PS \times QR$ [a Lem XIII] [b Lem VIII] [c Cor. 1. Lem XIV.]

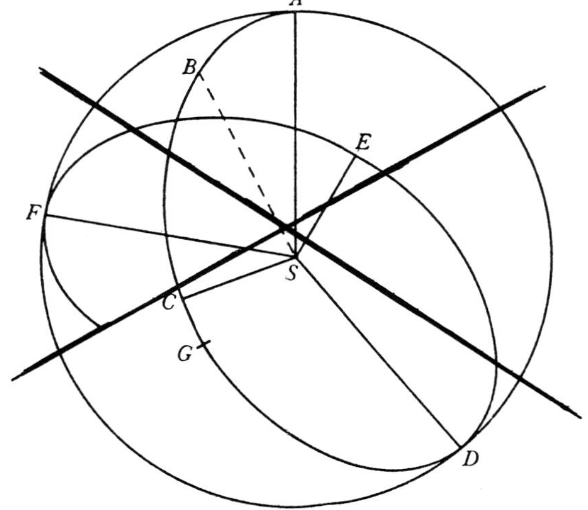

Fig. 19

ad $4AS \times QR$, et inde[d] QT^q et $4AS \times QR$ æquantur. Ducantur hæc æqualia in $\frac{SP^q}{QR}$ et fiet $\frac{SP^q \times QT^q}{QR}$ æquale $SP^q \times 4AS$. ~~Quare per Theor.~~ Et propterea[e] vis centripeta est reciprocè ut $SP^q \times 4AS$ id est, ob datam $4AS$, reciprocè in duplicata ratione distantiæ SP. Q.E.I.

[d] Prop. 9. lib. V. Elem
69
[e] Cor. Theor. V

Corol. 1. Ex tribus novissimis Propositionibus consequens est quod si corpus quodvis P secundum lineam quamvis rectam PR quacunque cum velocitate, exeat de loco P, et vi centripeta, quæ sit reciprocè proportionalis quadrato distantiæ a centro, simul ~~corripiatur~~ agitetur, movebitur hoc corpus in aliquâ Sectionum Conicarum.

Corol. 2. Et si velocitas, quâcum corpus exit de loco suo P, ea sit, quâ lineola PR in minima aliqua temporis particula describi possit, et vis centripeta potis sit eodem tempore corpus idem movere per spatium QR: movebitur hoc corpus in Conica aliqua sectione cujus latus rectum est quantitas illa $\frac{QT^q}{QR}$ quæ ultimò fit ubi lineolæ PR, QR in infinitum diminuuntur. Circulum in his Corollarijs refero ad Ellipsin, et casum excipio ubi corpus rectà descendit ad centrum.

Schol.

Si vis centripeta agerent in omnibus distantijs æqualiter, ~~ageret~~, corpus autem hac vi urgente describeret curvam $ABCGE$ et in A longissimè distaret a centro S, perveniret idem corpus ad minimam a centro distantiam in C ubi angulus ASC est 110 graduum circiter, deinde ad Augem seu maximam a centro distantiam in D ubi angulus CSD est æqualis angulo ASC, postea ad minimam a centro distantiam in E ubi angulus DSE est æqualis angulo CSD et sic infinitum. Quod si vis centripeta reciprocè proportionalis esset distantiæ a centro, corpus de loco maximæ sui a centro distantiæ A descenderet ad locum minimæ a centro distantiæ, puta ad G, ubi angulus ASG est quasi 136 vel 140 graduum, dein hoc angulo repetito ascenderet ~~rursus~~ ad maximam a centro distantiam et sic per vices in infinitum. Et Universaliter, si vis centripeta decresceret in majore quam duplicata ~~et minore quam triplicata ratione corpus prius~~ minori quam duplicata ratione

Fig 19

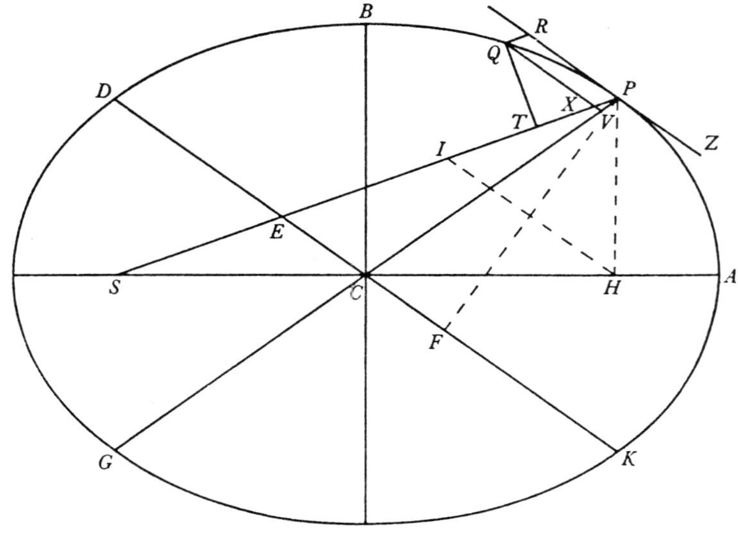

Fig. 17 bis

23

70

distantia a centro corpus ad ~~maximam a centro distantiam~~ Augem prius rediret quam compleret circulum, sin vis illa decresceret in majore quam duplicata et minore quam triplicata ratione corpus prius compleret circulum quam rediret ad ~~maximam a centro distantiam~~ Augem. At si vis eadem decresceret in triplicata vel plusquam triplicata ratione distantiæ a centro, et corpus inciperet moveri in curva quæ in principio motus secaret radium AS perpendiculariter, hoc si semel inciperet descendere, pergeret semper descendere usque ad centrum, si semel inciperet ascendere abiret in infinitum. ~~Artic. III~~ ~~continuus~~,

Prop. XIV. Theorema VI.

Si corpora plura revolvantur circa centrum commune ~~circa commune centrum revolvantur~~ et vis centripeta decrescit in duplicata ratione distantiarum a centro; dico quod Orbium Latera recta ~~orbitarum~~ sunt in duplicata ratione arearum quas corpora radijs ad centrum ductis eodem tempore describunt.

Nam per Cor. 2. Prob. VIII latus rectum L ~~[illegible]~~ æquale est quantitati $\frac{QT^q}{QR}$ quæ ultimò fit ubi coeunt puncta P et Q. Sed linea minima QR dato tempore est ut vis centripeta generans, hoc est[a] reciprocè ut SP^q. Ergo $\frac{QT^q}{QR}$ est ut $QT^q \times SP^q$, hoc est, latus rectum L in duplicata ratione areæ $QT \times SP$. Q.E.D. [Fig. 17]

a Hypoth.

Corol. Hinc Ellipseos area tota, eique proportionale rectangulum sub axibus, est in ratione composita ex dimidiata ratione lateris recti & integra ratione temporis periodici.

Prop. XV. Theorema VII.

Iisdem positis dico quod tempora periodica in Ellipsibus sunt in ratione sesquiplicata transversorum axium.

Namque axis minor est medius proportionalis inter axem majorem (quem transversum appello) et latus rectum, atque adeo rectangulum sub axibus est in ratione composita ex dimidiata ratione lateris recti et sesquiplicata ratione axis transversi. Sed hoc rectangulum per Corollarium Theorematis sexti est in ratione composita ex dimidiata ratione lateris recti et integra ratione periodici temporis. Dematur utrobique dimidiata ratio lateris recti et manebit sesquiplicata ratio axis transversi æqualis rationi

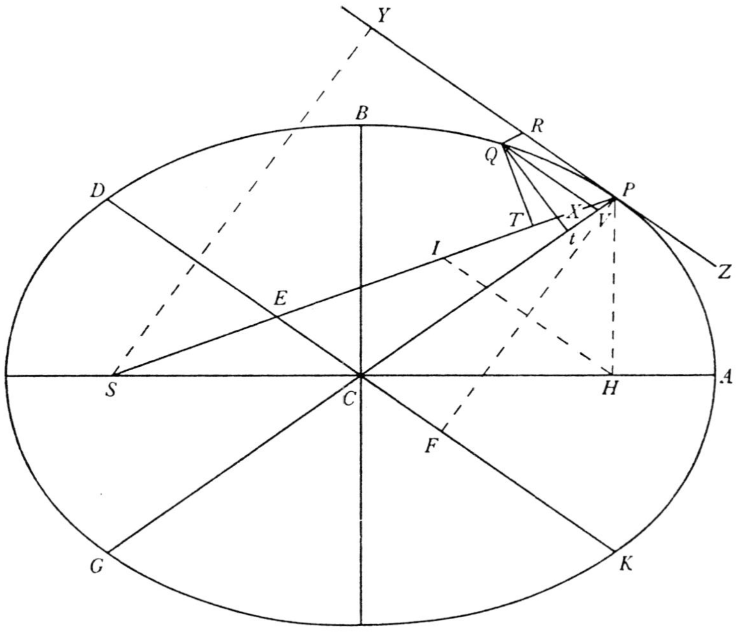

Fig. 17

periodici temporis. Q.E.D.

Corol. Sunt igitur tempora periodica in Ellipsibus eadem ac in circulis quorum diametri æquantur majoribus axibus Ellipseôn

Prop XVI Theorema VIII.

Iisdem positis et actis ad corpora lineis rectis quæ ibidē tangant orbitas, demissisq ab umbilico communi ad has tangentes lineis perpendicularibus: dico quod velocitates corporū sunt in ratione composita ex ratione perpendiculorum inversè et dimidiata ratione laterum rectorum directè. Lect 7

Ab umbilico S ad tangentem PR demitte perpendiculū SY et velocitas corporis P erit reciprocè in dimidiata ratione quantitatis $\frac{SY^q}{L}$. Nam velocitas illa est ut arcus quàm minimus PQ in data temporis particula descriptus, hoc est[a] ut tangens PR, id est, ut $\frac{SP \times QT}{SY}$ sive ut SY reciprocè et SP×QT directè; estq SP×QT ut area dato tempore descripta, id est per Theor. VI in dimidiata ratione ~~temporis~~ lateris recti. Q.E.D. Fig. 17.

proportionales PR ad QT & SP ad SY

a Lem VII

Corol. 1. Latera recta sunt in ratione composita ex duplicata ratione perpendiculorum et duplicata ratione velocitatum.

Corol. 2 Velocitates corporum in maximis et minimis ab umbilico communi distantijs sunt in ratione composita ex ratione distantiarum inversè et dimidiata ratione laterū rectorum directè. Nam perpendicula jam sunt ipsæ distantiæ.

Corol. 3. Ideoq velocitas in Conica sectione in minima ab umbilico distantia est ad velocitatem in circulo in eadem a centro distantia, in dimidiata ratione lateris recti ad distantiam illam duplicatam.

Corol. 4. Corporum in Ellipsibus gyrantium velocitates in mediocribus distantijs ab umbilico communi sunt eædem quæ corporum gyrantium in circulis ad easdem distantias, hoc est[a] reciprocè in dimidiata ratione distantiarum. Nam perpendicula jam sunt semiaxes minores, et hi sunt ut mediæ proportionales inter distantias & latera recta. Componatur hæc ratio inversè cum dimidiata ratione laterum rectorum directè et fiet ratio dimidiata distantiarum inversè.

a Cor. 6. Theor. IV.

Corol. 5. In eadem vel æqualibus figuris, vel etiam in figuris inæqualibus quarum latera recta sunt æqualia velocitas corporis est reciprocè ut perpendiculum demissum ab umbilico ad tangentem. ~~Idem obtinet in figuris inæqualibus quarum æqualia sunt latera recta~~

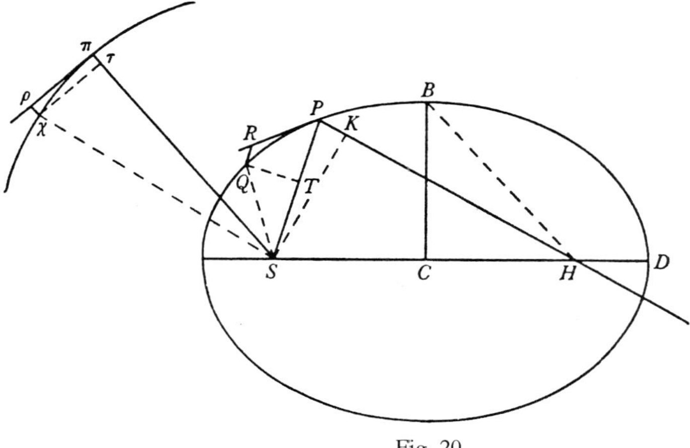

Fig. 20

25
37

Corol. 6. In Parabola velocitas est reciproce in dimidiata ratione distantiæ corporis ab umbilico figuræ, in Ellipsi minor est, in Hyperbola major. Nam (per Cor. 2 Lem. XIV) perpendiculum demissum ab umbilico ad tangentem Parabolæ, est in dimidiata ratione distantiæ.

Corol. 7. In Parabola velocitas ubiq est ad velocitatem corporis revolventis in circulo ad eandem distantiam, in dimidiata ratione numeri binarij ad unitatem, in Ellipsi minor est, in Hyperbola major. Nam per hujus Corollarium secundum velocitas in vertice Parabolæ est in hac ratione, et per Corollaria sexta hujus et Theorematis quarti, servatur eadem proportio in omnibus distantijs. Hinc etiam in Parabola velocitas ubiq æqualis est velocitati corporis revolventis in circulo ad dimidiam distantiam, in Ellipsi minor est, in Hyperbola major.

Corol. 8. Velocitas gyrantis in sectione quavis Conica est ad velocitatem gyrantis in circulo in distantia dimidij lateris recti sectionis; ut distantia illa ad perpendiculum ab umbilico in tangentem sectionis demissum. Patet per Corollarium quintum.

Corol. 9. Unde cum (per Corol 6 Theor IV) velocitas gyrantis in hoc circulo sit ad velocitatem gyrantis in circulo quovis alio, reciproce in dimidiata ratione distantiarum; fiet ex æquo, velocitas gyrantis in Conica-sectione ad velocitatem gyrantis in circulo in eadem distantia, ut media proportionalis inter distantiam illam communem, et semissem lateris recti sectionis, ad perpendiculum ab umbilico communi in tangentem sectionis demissum.

Prop. XVI. Prob. VIII.

Posito quod vis centripeta sit reciproce proportionalis quadrato distantiæ a centro et cognita vis illius quantitate; requiritur linea quam corpus describet, de loco dato cum data velocitate secundum datam rectam migrans.

Vis centripeta tendens ad punctum S ea sit quæ corpus ϖ in orbita quavis data πχ gyrari faciat et cognoscatur hujus velocitas in loco ϖ. De loco P secundum lineam PR emittatur corpus P cum data velocitate et mox inde cogente vi centripeta deflectat in Conisectionem PQ. Hanc igitur recta PR tanget in P. Tangat itidem recta aliqua ϖρ orbitam πχ in π, et si ab S ad has tangentes demitti intelligantur perpendicula, erit per Cor. 1. Theor. VIII latus rectum Conisectionis ad latus rectum orbitæ datam rationem composita ex duplicata ratione perpendiculorum, et duplicata ratione velocitatum, — Fig 20

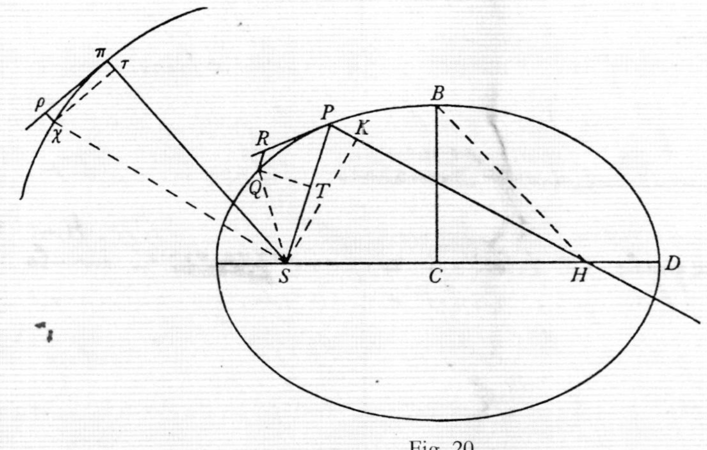

Fig. 20

Coroll. 3. Hinc etiam si corpus moveatur in sectione quacunque Conica et ex orbe suo impulsu quocunque exturbetur, cognosci potest orbis in quo postea cursum suum peraget. Nam componendo proprium corporis motum cum motu illo quem impulsus solus generaret habebitur motus quocum corpus de dato impulsus loco secundum rectam positione datam exibit.

Coroll: 4. Et si corpus illud vi aliqua extrinsecus impressa continuo perturbetur, innotescet cursus quamproxime, colligendo mutationes quas vis illa in punctis quibusdam inducit, et ex seriei analogia mutationes continuas in locis intermedijs aestimando.

57

atque adeo datur. Sit istud L. Datur praeterea Conisectionis umbilicus S. Anguli RPS complementum ad duos rectos fiat angulus RPH et dabitur positione linea PH in qua umbilicus alter H locatur. Demisso ad PH perpendiculo SK et erecto semiaxe conjugato BC, est[a] $SP^q - 2KPH + PH^q = SH^q = 4CH^q = 4BH^q - 4BC^q = \overline{SP+PH}^{quad.} - L \times \overline{SP+PH} = SP^q + 2SPH + PH^q - L \times \overline{SP+PH}$. Addantur utrobique $2KPH + L \times \overline{SP+PH} - SP^q - PH^q$ et fiet $L \times \overline{SP+PH} = 2SPH + 2KPH$, seu $SP+PH$ ad PH ut $2SP+2KP$ ad L. Unde datur ~~longitudo~~ PH tam longitudine quam ~~lat~~ positione. Nimirum si ea sit corporis in P velocitas, ut latus rectum L minus fuerit quam $2SP+2KP$, jacebit PH ad eandem partem tangentis PR cum linea PS, adeoque figura erit Ellipsis, et ex datis umbilicis S, H et axe principali $SP+PH$ dabitur. Sin tanta sit corporis velocitas ut latus rectum L aequale fuerit $2SP+2KP$ longitudo PH infinita erit et propterea figura erit Parabola axem habens SH parallelum lineae PK, et inde dabitur. Quod si corpus majori adhuc cum velocitate de loco suo P emittatur, capienda erit longitudo PH ad alteram partem tangentis, adeoque tangente inter umbilicos transeunte ~~pergente~~ figura erit Hyperbola axem habens principalem aequalem differentiae linearum SP & PH, et inde dabitur. Q. E. I.

a Prop 13. lib. 2 Elem.

[Fig. 20]

Corol. 1. Hinc in omni Conisectione ex dato vertice principali D latere recto L et umbilico S datur umbilicus alter H capiendo DH ad DS ut est latus rectum ad differentiam inter latus rectum et 4DS. Nam proportio ~~[illegible]~~ $SP+PH$ ad PH ut $2SP+2KP$ ad L, in casu hujus corollarii fit $DS+DH$ ad DH ut $4DS$ ad L, et divisim DS ad DH ut $4DS-L$ ad L.

Corol. 2. Unde si datur corporis velocitas in vertice principali D, invenietur Orbita expedite, capiendo scilicet Latus rectum ejus ad duplam distantiam DS, in duplicata ratione velocitatis hujus datae ad velocitatem corporis in circulo ad distantiam DS gyrantis (per Corol. 3 Theor VIII,) dein DH ad DS ut Latus rectum ad differentiam inter latus rectum et 4DS.

Corol. 3. Hinc etiam *

Prop XVII. Prob. IX.

Datis axibus transversis et umbilicis describere Trajectorias Ellipticas et Hyperbolicas quae transibunt per puncta data, et rectas positione datas contingent.

Sit S communis umbilicus figurarum, AB longitudo axis transversi ~~axis principalis~~ Fig 21

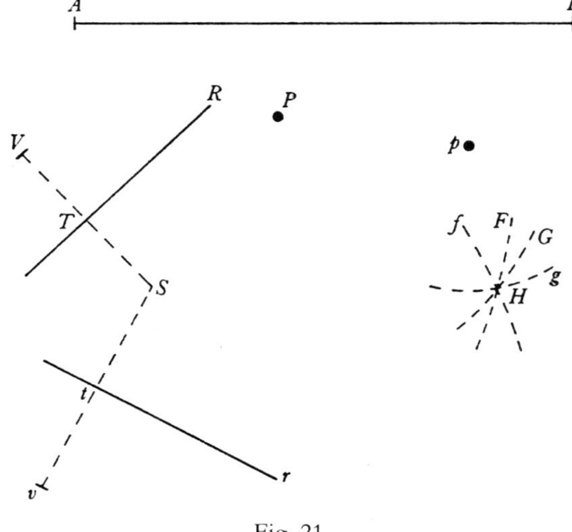

Fig. 21

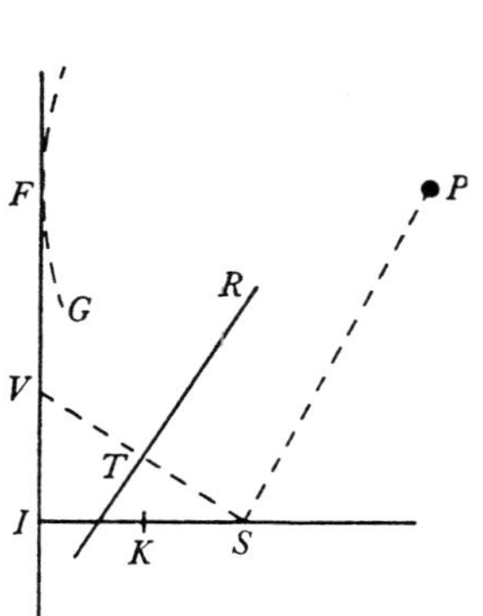

Fig. 22

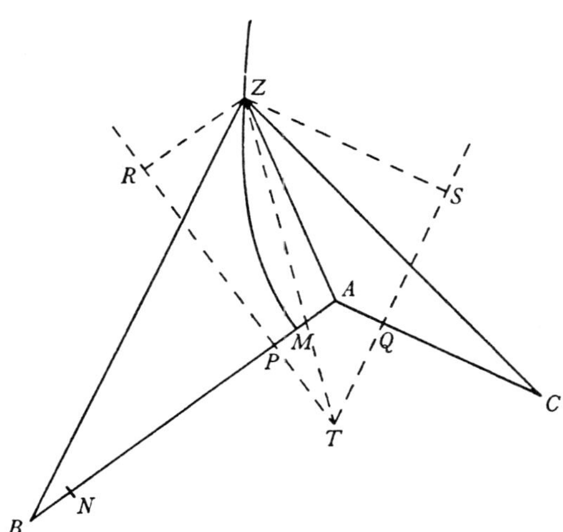

Fig. 23

~~orbitæ~~ Trajectoriæ cujusvis, P punctum per quod debet transire, et TR recta quam debet tangere. Centro P intervallo AB−SP si orbita sit Elliptica vel AB+SP si ea sit Hyperbolica, describatur circulus HG. In hoc circulo locabitur umbilicus alter. Ad tangentem TR demittatur perpendicularis ST et producatur ea ad V ut sit TV æqualis ST. Centro V intervallo AB ~~si orbita sit Elliptica vel AB−SV si ea sit Hyperbolica~~ describatur circulus FH. In hoc circulo locabitur etiam umbilicus ille alter. Hac methodo, sive dantur duo puncta P, p, sive duæ tangentes TR, tr sive punctum P et tangens TR describendi sunt circuli duo et in eorum intersectione communi H reperietur umbilicus quæsitus. Datis autem umbilicis et axe principali datur Trajectoria. Q.E.I.

Prop. XVIII. Prob. X

Circa datum umbilicum Trajectoriam Parabolicam describere quæ transibit per puncta data et rectas positione datas continget.

Sit S umbilicus, P punctum et TR tangens trajectoriæ describendæ. Centro P, intervallo PS describe circulum FG. Ab umbilico ad tangentem demitte perpendicularem ST, et produc eam ad V, ut sit TV æqualis ST. Eodem modo describendus est alter circulus fg si datur alterum punctum p, vel inveniendum alterum punctum v si datur altera tangens tr. Dein ducenda recta IF quæ tangat duos circulos FG, fg si dantur duo puncta P, p, vel transeat per duo puncta V, v si dantur duæ tangentes TR, tr, vel tangat circulum FG et transeat per punctum V si datur punctum P et tangens TR. Ad FI demitte perpendicularem SI, eamque biseca in K et erit K vertex principalis et SK axis Parabolæ Q.E.I. Demonstrationes hujus et præcedentis ut nimis obvias non adjungo. Fig. 22.

Lemma XV

A datis tribus punctis ad quartum non datum, inflectere tres rectas quarum differentiæ vel dantur vel nullæ sunt. Lect. 8

Cas. 1. Sunto puncta illa data A, B, C et punctum quartum Z quod invenire oportet. Ob datam differentiam linearum AZ, BZ locabitur punctum Z in Hyperbola cujus umbilici sunt A et B et axis transversus differentia illa data. Sit axis ille MN. Cape PM ad MA ut est MN ad AB et erecto PL perpendiculari ad AB demissaque ZR perpendiculari ad Fig. 23

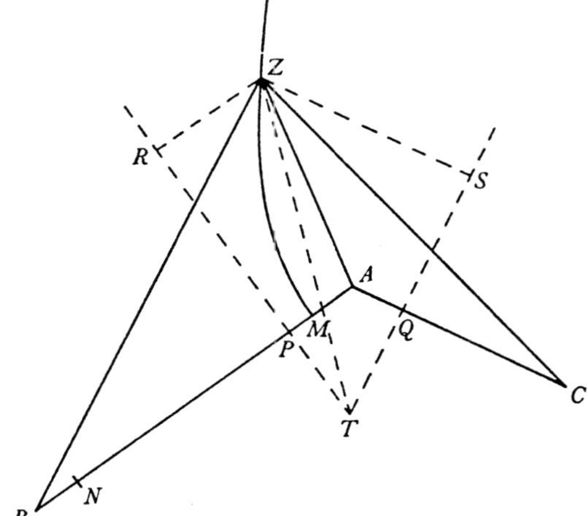

Fig. 23

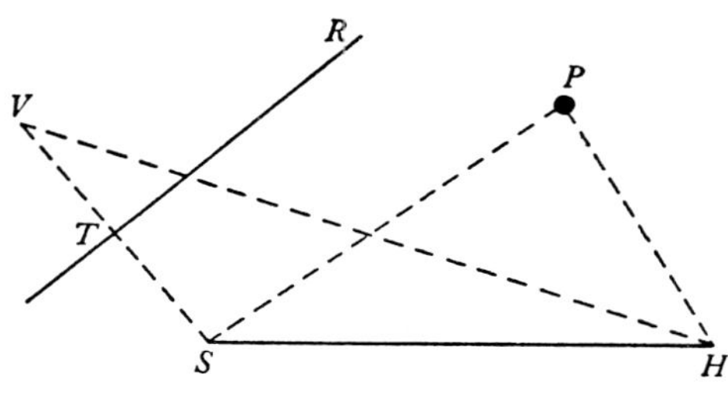

Fig. 24

PR erit ex natura hujus Hyperbolæ ZR ad AZ ut est ~~AB ad~~ MN ad AB. Simili discursu punctum Z locabitur in alia Hyperbola cujus umbilici sunt A, C et axis transversus differentia inter AZ et CZ duciq; potest QS ipsi AC perpendicularis ad quam si ab Hyperbolæ hujus puncto quovis Z demittatur normalis ZS, hæc fuerit ad AZ ut est differentia inter AZ et CZ ad AC. Dantur ergo rationes ipsarum ZR et ZS ad AZ et ~~primo~~ idcirco datur earundem ZR, ZS ratio ad invicem, adeoq; rectis RP, SQ concurrentibus in T, locabitur punctum Z in recta TZ positione data. Eadem methodo per Hyperbolam tertiam cujus umbilici sunt B et C et axis transversus differentia rectarum BZ, CZ, inveniri potest alia recta in qua punctum Z locatur. Habitis autem duobus locis rectilineis, habetur punctum quæsitum Z in earum intersectione Q.E.I. 28 59 [Fig. 23]

Cas. 2. Si duæ ex tribus lineis, puta AZ et BZ, æquantur, punctum Z locabitur in perpendiculo bisecante distantiam AB, et locus alius rectilineus invenietur ut supra. Q.E.I.

Cas. 3 Si omnes tres æquantur, locabitur punctum Z in centro circuli per puncta A, B, C transeuntis Q.E.I.

Solvitur etiam hoc Lemma problematicum per librum Tactionum Apollonij a Vieta restitutum.

Prop. XIX. Prob. XI

Trajectoriam circa datum umbilicum describere quæ transibit per puncta data et rectas positione datas continget.

Detur umbilicus S, punctum P, et tangens TR, et inveniendus sit umbilicus alter H. Fig 24. Ad tangentem demitte perpendiculum ST et produc idem ad V ut sit TV æqualis ST, et erit VH æqualis axi transverso. Junge SP, HP et erit SP differentia inter HP et axem transversum. Hoc modo si dentur plures tangentes TR vel plura puncta P devenietur semper ad lineas totidem VH, vel PH a datis punctis V vel P ad umbilicum ~~ductas~~ H ductas quæ vel æquantur axibus vel datis longitudinibus SP differunt ab ijsdem, atq; adeo quæ vel æquantur sibi invicem vel datas habent differentias, & inde per Lemma superius datur umbilicus ille alter H. Habitis autem umbilicis una cum axis longitudine (quæ vel est VH, vel si trajectoria Ellipsis est PH+SP, sin Hyperbola PH−SP) habetur Trajectoria Q.E.I.

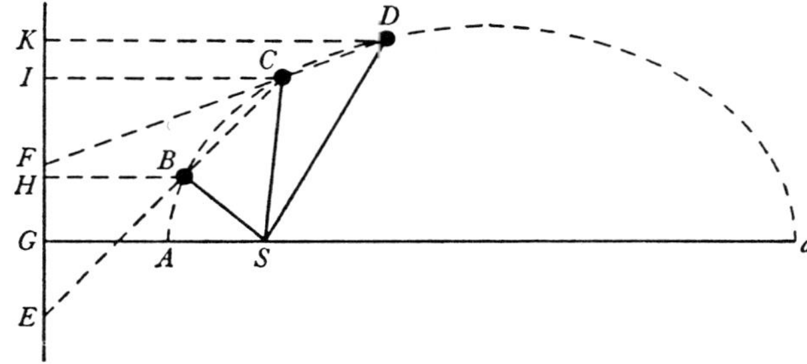

Fig. 25

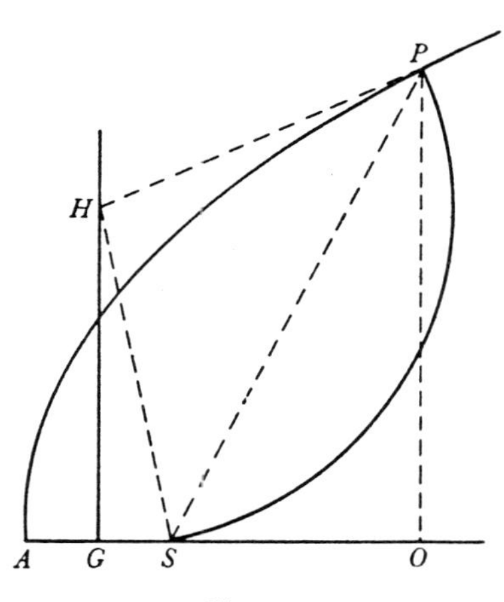

Fig. 26

29 60

Scholium

Casus ubi dantur tria puncta sic solvitur expeditius. Dentur puncta B, C, D. Junctas BC, CD produc ad E, F ut sit EB ad EC ut SB ad SC et FC ad FD ut SC ad SD. Fig 25
Ad EF ductam & productam demitte normales SG, BH ~~et secta SG in A~~ inque GS producta cape GA ad AS et Ga ad aS ut est HB ad BS et erit A vertex et Aa axis transversus trajectoriæ quæsitæ: quæ perinde ut GA minor æqualis vel major fuerit quam AS, erit Ellipsis Parabola vel Hyperbola; puncto a, in primo casu cadente ad eandem partem lineæ GK cum puncto A, in secundo casu abeunte in infinitum, in tertio cadente ad contrariam partem lineæ GK. Nam si demittantur ad GF ~~...~~ perpendicula CI, DK erit IC ad HB ut EC ad EB hoc est ut SC ad SB et vicissim IC ad SC ut HB ad SB seu GA ad SA. Et simili argumento probabitur esse KD ad SD in eadem ratione. Jacent ergo puncta B, C, D in conisectione circa umbilicum S descripta, ea lege ut rectæ omnes ab umbilico S ad singula sectionis puncta ductæ sint ad perpendicula punctis ijsdem ad rectam GK demissa in data illa ratione.

Prop. XX. Prob. XII.

Corporis in data trajectoria Parabolica moventis, invenire locum ad tempus assignatum.

Sit S umbilicus & A vertex principalis Parabolæ, et $4AS \times M$ area Parabolica APS quæ radio SP vel post excessum corporis de vertice descripta fuit vel ante appulsum ejus ad verticem describenda est. Innotescit area illa ex tempore ipsi proportionali. Biseca AS in G; Erigeque perpendiculum GH æquale $3M$; & circulus centro H intervallo HS descriptus secabit Parabolam in loco quæsito P. Nam demissa ad axem perpendiculari PO, est $HG^q + GS^q$ $(= HS^q = HP^q = GO^q + \overline{HG - PO}^q)$ $= GO^q + HG^q - 2HG \times PO + PO^q$. Et deleto utrinque HG^q fiet $GS^q = GO^q$ $- 2HG \times PO + PO^q$, seu $2HG \times PO$ $(= GO^q + PO^q - GS^q = AO^q - 2GAO + PO^q)$ $= AO^q + \frac{3}{4}PO^q$. Pro AO^q scribe $AO \times \frac{PO^q}{4AS}$, et applicatis terminis omnibus ad $3PO$ ductisque in $2AS$ fiet $\frac{4}{3}HG \times AS$ $(= \frac{1}{6}AO \times PO$ $+ \frac{1}{2}AS \times PO = \frac{AO + 3AS}{6}PO = \frac{4AO - 3SO}{6}PO =$ area $APO - SPO)$ $=$ area APS. Sed $\frac{4}{3}HG \times AS$ est $4AS \times M$ ergo area APS æqualis est $4AS \times M$. Q. E. D. Fig. 26.

Schol.

Problema novissimum in Ellipsi et Hyperbola constructionem

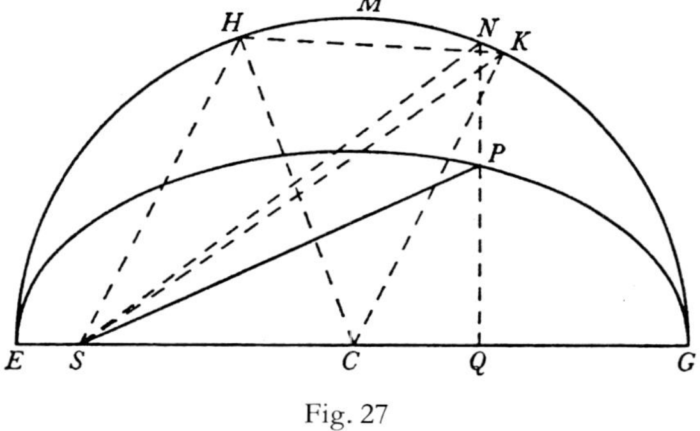

Fig. 27

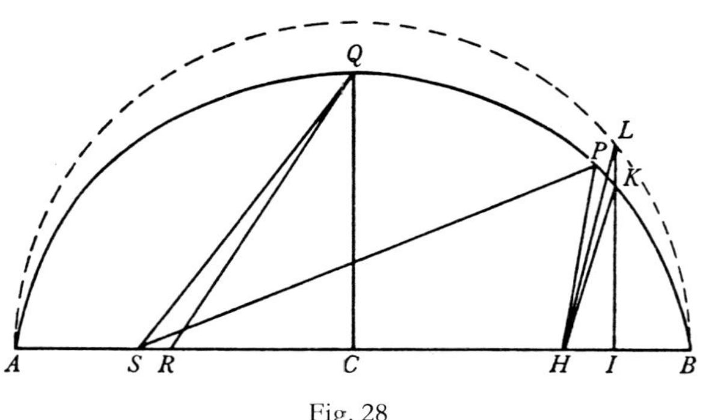

Fig. 28

30 61

Geometricam non admittit, conficitur verò quamproxime in
Ellipsi ut sequitur. Super Ellipseos axe majore EG describa- Fig 27
tur semicirculus EHG. Sumatur angulus ECH tempori pro
portionalis. Agatur SH eiq; parallela CK circulo occurrens
in K. Jungatur HK et circuli segmento HKM (per tabulam
segmentorum vel secus) æquale fiat triangulum SKR. Ad
EG demittatur perpendiculum RQ, et in eo capiatur PQ ad
RQ ut est Ellipseos axis minor ad axem majorem et erit
punctum P in Ellipsi atq; acta recta SP abscindet aream
Ellipseos EPS tempori proportionalem. Namq; area HSRM
triangulo SRK aucta et huic æquali segmento HKM diminuta fit triangulo HSK, id est triangulo HSC æqualis.
Hæc æqualia addita areæ ESH, facient areas æquales
EHRS et EHC. Cum igitur sector EHC tempori proportionalis sit et area EPS areæ EHRS, erit etiam area EPS
tempori proportionalis.

Insistendo vestigijs eorum quæ viri celeberrimi Dr Fig. 28.
Sethus Wardus nunc Episcopus Sarum mihi plurimum colendus
et Ismael Bullialdus admonuerunt, idem sic porrò conficimus.
Existentibus S, H umbilicis et AC, CB, CQ semiaxibus Ellipseos, junge SQ et quære angulum CQR qui sit ad angulum
rectum ut est umbilicorum distantia SH ad perimetrum circuli descripti diametro AC. Hoc invento, cape angulum BHK
proportionalem tempori, angulumq; BHL cujus tangens sit ad tangentem
anguli BHK ut est Ellipseos axis major ad axem minorem
et angulum LHP qui sit ad angulum SQR ut est quadratum sinus
anguli BHL ad quadratum radij. Jaceat HP inter HL
et HA occurrens Ellipsi in P et acta SP, abscindet area
ASP tempori proportionalem quamproxime.

Hactenus de motu corporum in
lineis curvis. Fieri autem potest ut mobile recta descendat vel recta ascendat,
et quæ ad istiusmodi motus spectant,
pergo jam exponere.

Prop. XXI. Prob. XIII.

Posito quod vis centripeta sit reciproce proportionalis Lect 9
quadrato distantiæ a centro, spatia definire quæ corpus recta
cadendo datis temporibus describit.

Cas. 1. Si corpus non cadit perpendiculariter describet id
sectionem aliquam Conicam cujus umbilicus inferior congruet cum centro. Id ex modo demonstratis constat. Sit sectio
illa Conica ARPB et umbilicus inferior S. Et primo si Figura Fig 29

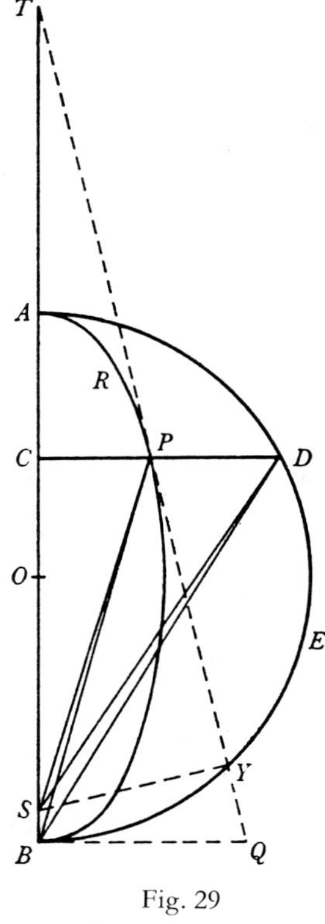

Fig. 29

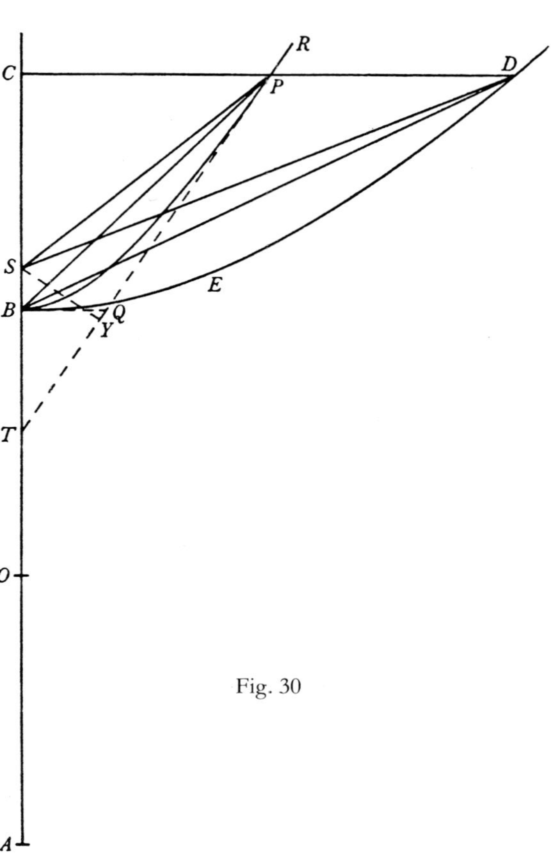

Fig. 30

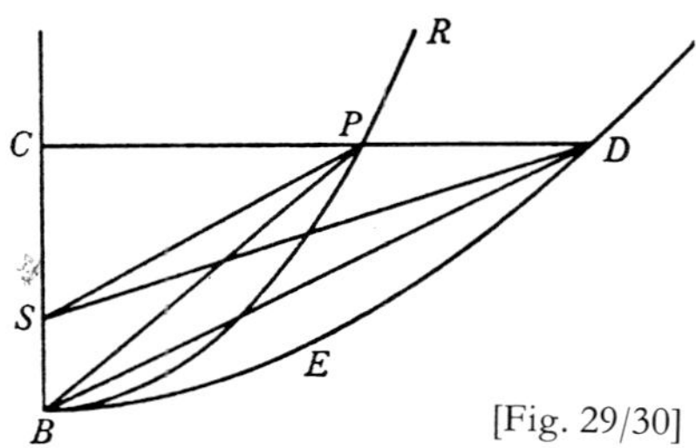

[Fig. 29/30]

illa Ellipsis est, super hujus axe majore AB ~~perpendicularis~~ ~~Q. E. I.~~ describatur semicirculus ADB et per corpus decidens ~~Cas. 2. Si~~ transeat recta DPC perpendicularis ad axem, actisque DS, PS, erit area ASD areæ ASP atque adeo etiam tempori proportionalis. Manente axe AB minuatur perpetuò latitudo Ellipseos, et semper manebit area ASD tempori proportionalis. Minuatur latitudo illa in infinitum et orbe APB jam coincidente cum axe AB et umbilico S cum axis termino B descendet corpus in recta AC et area ABD evadet tempori proportionalis. Definietur itaque spatium AC quod corpus de loco A perpendiculariter cadendo tempore dato describit si modò tempori proportionalis capiatur area ABD et a puncto D ad rectam AB demittatur perpendicularis DC. Q. E. F.

Cas. 2. Sin figura superior RPB Hyperbola est, describatur ~~super~~ ad eandem diametrum principalem AB ~~describatur~~ Hyperbola rectangula BD, et quoniam areæ CSP, CBP, SPB sunt ad areas CSD, CBD, SDB singulæ ad singulas in data ratione altitudinum CP, CD, et area SPB proportionalis est tempori ~~proportionalis~~ quo corpus P movebitur per arcum PB, erit etiam area SDB eidem tempori proportionalis. Minuatur latus rectum Hyperbolæ RBP in infinitum manente latere transverso et coibit arcus PB cum recta CB & umbilicus S cum vertice B et recta SD cum recta BD. Proinde Area BDE proportionalis erit tempori quo Corpus C recto descensu describit lineam CB. Q. E. I. Fig 30

Cas. 3. Et simili argumento si figura RPB parabola est et eodem vertice principali B describatur alia Parabola BED quæ semper maneat data interea dum parabola prior in cujus perimetro Corpus P movetur, diminuto et in nihilum redacto ejus latere recto, conveniat cum linea CB, fiet segmentum Parabolicum BDE proportionale tempori quo corpus illud P vel C descendet ad centrum B. Q. E. I. Fig 29 vel 30.

Prop. XXII. Theor. IX.

Positis jam inventis, dico quod corporis cadentis velocitas in loco quovis C est ad velocitatem corporis centro B intervallo BC circulum describentis, in dimidiata ratione quam CA distantia corporis a circuli vel Hyperbolæ vertice ulteriore A habet ad figuræ semidiametrum $\frac{1}{2}AB$.

Namque ob proportionales CD, CP communis est utriusque figuræ RPB, DEB diameter AB. Bisecetur hæc in O et rectâ PT tangatur figura RPB in P et secetur diameter (si opus est producta) in T, sitque SY ad hanc rectam & BQ ad hanc Fig 29 & 30

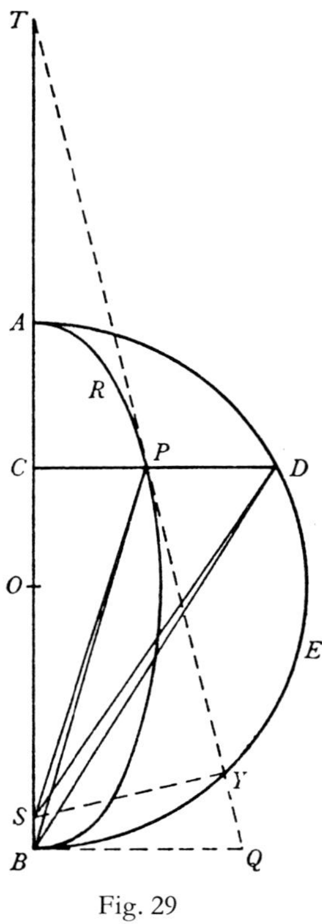

Fig. 29

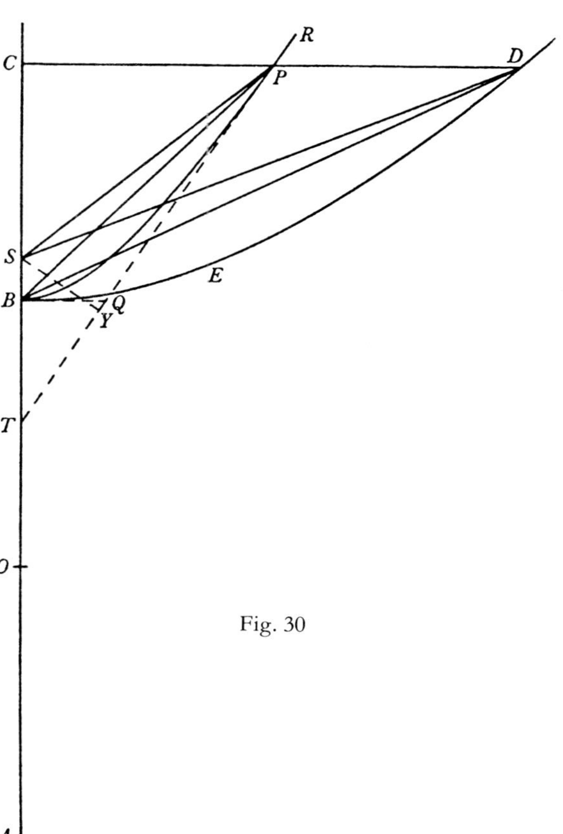

Fig. 30

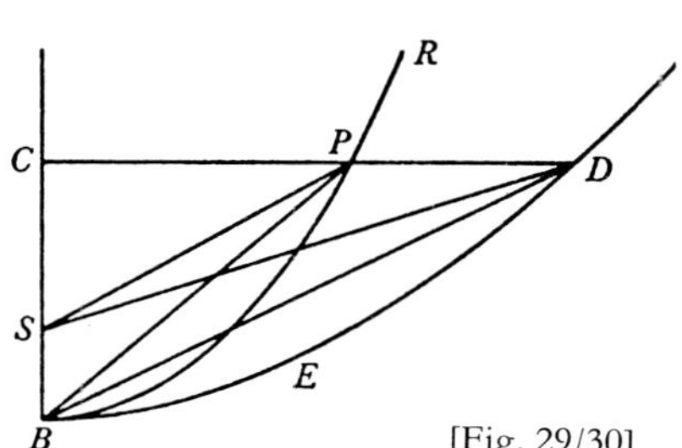

[Fig. 29/30]

32

diametrum perpendicularis, atque figuræ RPB latus rectum ponatur L. Constat per Cor. 9 Theor. VIII, quod corporis in linea RPB circa centrum S moventis velocitas in loco quovis P sit ad velocitatem corporis intervallo SP circulum circa centrum idem describentis in dimidiata ratione rectanguli $\frac{1}{2}L \times SP$ ad SY quadratum. [Fig. 29 & 30] Est autem ex Conicis ACB ad CP^q ut 2AO ad L adeoque $\frac{2CP^q \times AO}{ACB} = L$. Ergo velocitates illæ sunt in dimidiata ratione $\frac{CP^q \times AO \times SP}{ACB}$ ad SY^q. Porro ex conicis est CO ad BO ut BO ad TO et composite vel divisim ut CB ad BT. Unde dividendo vel componendo fit BO – vel + CO ad BO ut CT ad BT id est AC ad AO ut CP ad BQ indeque $\frac{CP^q \times AO \times SP}{ACB} = \frac{BQ^q \times AC \times SP}{AO \times BC}$. Minuatur jam in infinitum figuræ RPB latitudo CP sic ut punctum P coeat cum puncto C et punctum S cum puncto B et linea SP cum linea BC lineaque SY cum linea BQ, et corporis jam rectà descendentis in linea CB, velocitas fiet ad velocitatem corporis centro B intervallo BC circulum describentis, in dimidiata ratione $\frac{BQ^q \times AC \times SP}{AO \times BC}$ ad SY^q, hoc est (neglectis æqualitatis rationibus SP ad BC et BQ^q ad SY^q) in dimidiata ratione AC ad AO. Q.E.D.

Corol. Punctis B et S coeuntibus, fit TC ad ST ut AC ad AO.

Prop XXIII Theor. X

Si figura BED Parabola est, dico quod corporis cadentis velocitas in loco quovis C æqualis est velocitati qua corpus centro B dimidio intervalli sui BC circulum uniformiter describere potest.

Nam corporis Parabolam RPB circa centrum S describentis velocitas in loco quovis S (per Cor. 7 Theor. VIII) æqualis est velocitati corporis dimidio intervalli SP circulum circa idem S uniformiter describentis. Minuatur Parabolæ latitudo CP in infinitum donec tandem arcus Parabolicus CP cum recta CB, centrum S cum vertice B, et intervallum SP cum intervallo CP coincidat, et constabit Propositio. Q.E.D.

Prop. XXIV. Theor XI

Iisdem positis dico quod area figuræ DES radio SD descripta, æqualis sit areæ quam corpus radio dimidium lateris recti figuræ DES æquante, circa centrum S uniformiter gyrando, eodem tempore describere potest.

Nam concipe corpus C quam minima temporis particula lineolam Cc cadendo describere, et interea corpus aliud K, uniformiter in circulo OKk circa centrum S gyrando, arcum Kk Fig 31 et 32

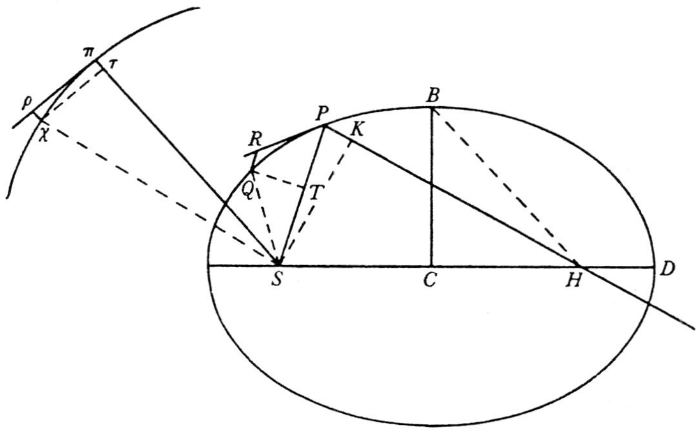

Fig. 20

Corol. 6. In Parabola velocitas est reciproce in dimidiata ratione distantiæ corporis ab umbilico figuræ, in Ellipsi minor est in Hyperbola major quam in hac ratione. Nam (per Corol. 2 Lem. XIV) perpendiculum demissum ab umbilico ad tangentem Parabolæ est in dimidiata ratione distantiæ.

Coroll. 7. In Parabola velocitas ~~ubique~~ ubique est ad velocitatem corporis revolventis in circulo ad eandem distantiam in dimidiata ratione numeri binarij ad unitatem in Ellipsi minor est, in Hyperbola major quam in hac ratione. Nam per hujus Corollarium secundum velocitas in vertice Parabolæ est in hac ratione et per Corollaria sexta hujus et Theorematis quarti, servatur eadem proportio in omnibus distantijs. Hinc etiam in Parabola velocitas ubique æqualis est velocitati corporis revolventis in circulo ad dimidiam distantiam, in Ellipsi minor est in Hyperbola major.

Coroll. 8. Velocitas gyrantis in sectione quavis Conica est ad velocitatem gyrantis in circulo in distantia dimidij lateris recti sectionis, ut distantia illa ad perpendiculum ab umbilico in tangentem sectionis demissum. Patet per Corollarium quintum.

Coroll. 9. Unde cum (per Coroll. 6. Theor. IV.) velocitas gyrantis in hoc circulo sit ad velocitatem gyrantis in circulo quovis alio, reciproce in dimidiata ratione distantiarum; fiet ex æquo, velocitas gyrantis in Conica sectione ad velocitatem gyrantis in circulo in eadem distantia, ut media proportionalis inter distantiam illam communem, et semissem lateris recti sectionis, ad perpendiculum ab umbilico communi in tangentem sectionis demissum.

Prop. XVII. Prob. ~~IX~~ IX.

Posito quod vis centripeta sit reciproce proportionalis quadrato distantiæ a centro et ~~cognita~~ quod vis illius absoluta quantitas sit cognita, requiritur linea quam corpus describit, de loco dato cum data velocitate secundum datam rectam egrediens ~~emissum~~.

Vis centripeta tendens ad punctum S ea sit quæ corpus ϖ in orbita quavis data πχ gyrare faciat et cognoscatur hujus velocitas in loco ϖ. De loco P secundum lineam PR exeat ~~emittatur~~ corpus P cum data velocitate et mox inde, cogente vi centripeta, deflectat illud in Conisectionem PQ. Hanc igitur recta PR tanget in P. Tangat itidem recta aliqua ϖρ orbitam πχ in π, et si ab S ad has tangentes demitti intelligantur perpendicula, erit (per Cor. 1. Theor. VIII) latus rectum Conisectionis ad latus rectum orbitæ datæ, in ratione composita ex duplicata ratione perpendiculorum et duplicata ratione velocitatum, atque adeo datur. Sit istud L. Datur præterea Conisectionis umbilicus S. Anguli RPS complementum ad duos rectos fiat angulus RPH, et dabitur positione linea PH in qua umbilicus alter H locatur. Demisso ad PH perpendiculo SK, et erecto semiaxe conjugato BC, est $SPq - 2KPH + PHq = SHq = 4CHq = 4BHq - 4BCq = \overline{SP+PH}\,quad - L \times \overline{SP+PH} = SPq + 2SPH + PHq - L \times \overline{SP+PH}$. Addantur utrobique $2KPH + L \times \overline{SP+PH} - SPq - PHq$ et fiet $L \times \overline{SP+PH} = 2SPH + 2KPH$, seu $SP+PH$ ad PH ut $2SP + 2KP$ ad L. Unde datur PH tam longitudine quam positione. Nimirum si ea sit corporis in P velocitas ut latus rectum L minus fuerit quam $2SP+2KP$, jacebit PH ad eandem partem tangentis PR cum linea PS, adeoque figura erit Ellipsis, et ex datis umbilicis S, H et axe principali $SP+PH$ dabitur. Sin tanta sit corporis velocitas ut latus rectum L æquale fuerit $2SP+2KP$, longitudo PH infinita erit, et propterea figura erit Parabola axem habens SH parallelum lineæ PK, et inde dabitur. Quod si corpus majori adhuc cum velocitate de loco suo P emittatur exeat, capienda erit longitudo PH ad alteram partem tangentis, adeoque tangente inter umbilicos pergente, figura erit Hyperbola axem habens

~~Fig. 20~~ Fig. 20

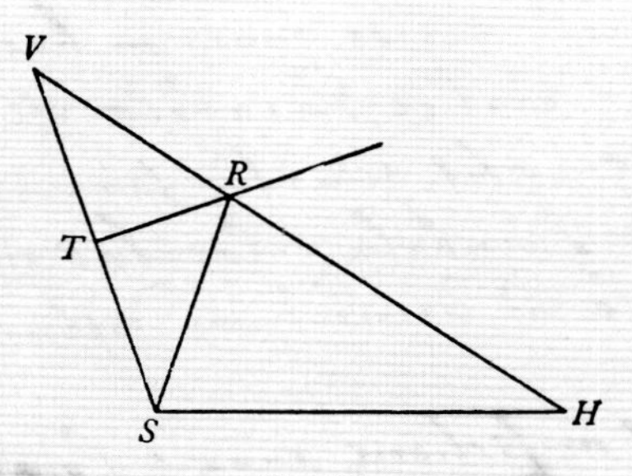

Fig. 21

Artic. IV.

De Inventione Orbium ~~continens~~ Ellipticorum, Parabolicorum et Hyperbolicorum ex ~~conditionibus datis~~ umbilico dato

Lemma XV

Fig. 21. * Si ab Ellipseos vel Hyperbolæ cujusvis umbilicis duobus S, H ad punctum ~~[illegible]~~ quodvis tertium V inflectantur rectæ duæ SV, HV quarum una HV æqualis sit axi transverso figuræ, altera SV a perpendiculo TR ~~[illegible]~~ in se demisso bisecetur in T; perpendiculum illud TR Sectionem Conicam alicubi tanget: et contra, si tangit, erit VH æqualis axi figuræ.

Secet enim VH Sectionem conicam in R, et jungatur SR. Ob æquales rectas TS, TV, æquales erunt anguli TRS, TRV. Bisecat ergo RT angulum VRS et propterea figuram tangit: et contra. Q.E.D.

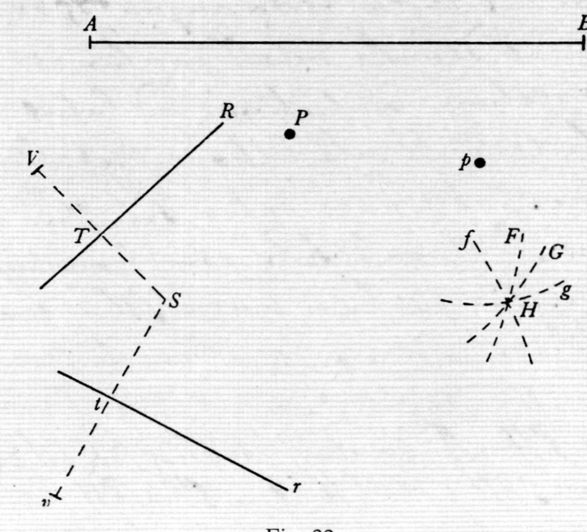

Fig. 22

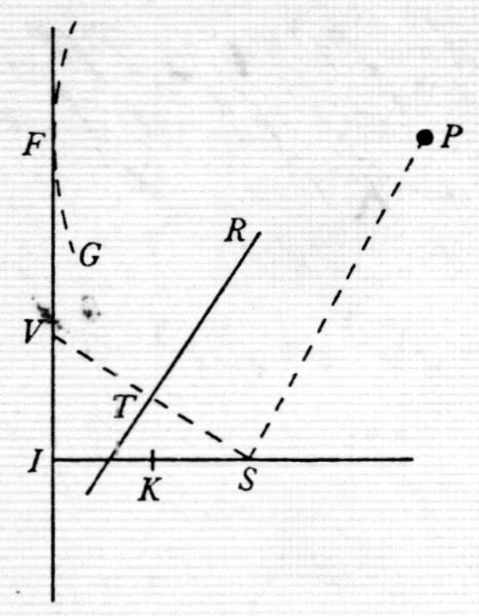

Fig. 23

principalem æqualem differentiæ linearum SP et PH, et inde dabitur Q.E.I.

Coroll. 1. Hinc in omni Conisectione ex dato vertice principali D, latere recto L, et umbilico S, datur umbilicus alter H capiendo DH ad DS ut est latus rectum ad differentiam inter latus rectum et 4DS. Nam proportio SP+PH ad PH ut 2SP+2KP ad L, in casu hujus corollarij, fit DS+DH ad DH ut 4DS ad L, et divisim DS ad DH ut 4DS−L ad L.

Coroll. 2. Unde si datur corporis velocitas in vertice principali D, invenietur Orbita expedite, capiendo scilicet latus rectum ejus ad duplam distantiam DS, in duplicata ratione velocitatis hujus datæ ad velocitatem corporis in circulo ad distantiam DS gyrantis (per Coroll. 3. Theor. VIII) dein DH ad DS ut latus rectum ad differentiam inter latus rectum et 4DS.

Coroll. 3. Hinc etiam si corpus moveatur in sectione quacunque conica et ex orbe suo impulsu quocunque exturbetur, cognosci potest orbis in quo postea cursum suum peraget. Nam componendo proprium corporis motum cum motu illo quem impulsus solus generaret, habebitur motus quocum corpus de dato impulsus loco secundum rectam positione datam exibit.

Coroll. 4. Et si corpus illud vi aliqua extrinsecus impressa continuo perturbetur, innotescet cursus quamproxime colligendo mutationes quas vis illa in punctis quibusdam inducit, et ex seriei analogia mutationes continuas in locis intermediis æstimando.

Artic. IV. De ...

Lemma XV.

Si ab Ellipseos vel Hyperbolæ cujusvis umbilicis duobus S, H ad punctum *

Prop. XVIII. Prob. X.

Datis umbilico et axibus transversis describere Trajectorias Ellipticas et Hyperbolicas quæ transibunt per puncta data, et rectas positione datas contingent.

Sit S communis umbilicus figurarum, AB longitudo axis transversi Trajectoriæ cujusvis, P punctum per quod Trajectoria debet transire, et TR recta quam debet tangere. Centro P intervallo AB−SP si orbita sit Ellipsis, vel AB+SP si ea sit Hyperbola, describatur circulus HG. Ad tangentem TR demittatur perpendiculum ST, et producatur ea ad V ut sit TV æqualis ST. Centroque V et intervallo AB describatur circulus FH. Hac methodo, sive dentur duo puncta P, p, sive duæ tangentes TR, tr, sive punctum P et tangens TR, describendi sunt circuli duo. Sit H eorum intersectio communis et umbilicis S, H, axe illo dato describatur Trajectoria. Dico factum. Nam Trajectoria descripta, eo quod PH+SP in Ellipsi, et PH−SP in Hyperbola æquatur axi, transibit per punctum P et per Lemma superius tangit rectam TR. Et eodem argumento et transibit eadem per puncta duo P, p, vel tanget rectas duas TR, tr. Q.E.F.

Prop. XIX. Prob. XI.

Circa datum umbilicum Trajectoriam Parabolicam describere quæ transibit per puncta data et rectas positione datas continget.

Sit S umbilicus, P punctum et TR tangens trajectoriæ describendæ. Centro P, intervallo PS describe circulum FG. Ab umbilico ad tangentem demitte perpendicularem ST et produc eam ad V, ut sit TV æqualis ST. Eodem modo describendus est alter circulus fg si datur alterum punctum p; vel inveniendum alterum punctum v si datur altera tangens tr; dein ducenda recta IF quæ tangat Fig 22 Fig 23

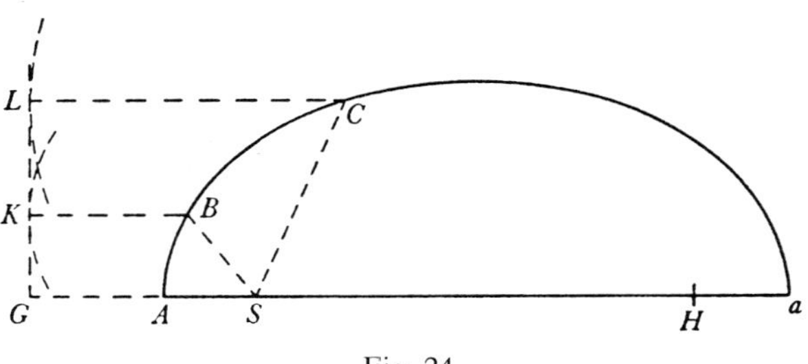

Fig. 24

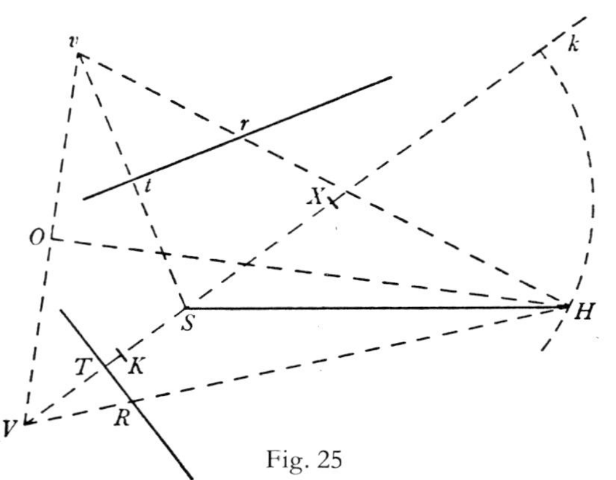

Fig. 25

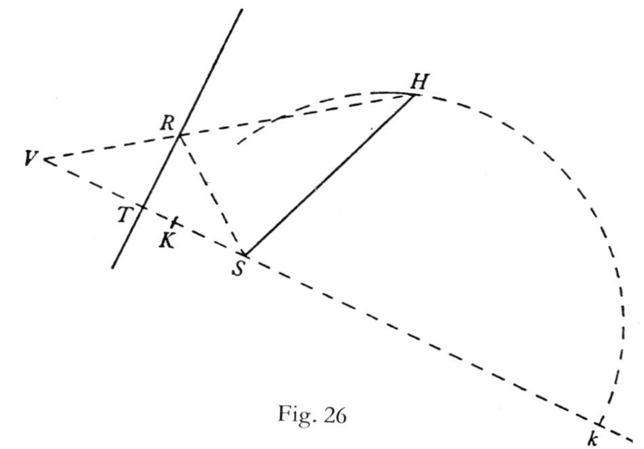

Fig. 26

duos circulos FG, fg si dantur duo puncta P, p, vel transeat per duo puncta V, v si dantur duæ tangentes TR, tr vel tangat circulum FG et transeat per punctum V si datur punctum P et tangens TR. Ad FI demitte perpendicularem SI, eamqꝫ biseca in K, et axe SK vertice principali K describatur Parabola. Dico factum. Nam Parabola ob æquales SK, IK, et SP, FP transibit per punctum P et (per Lemmatis XIV Corol. 3) ob æquales ST, TV et angulum rectum STR, tanget rectam TR. Q.E.F.

Prop. XIX. Prob. XII.

Circa datum umbilicum Trajectoriam quamvis specie datam describere quæ per data puncta transibit et rectas tanget positione datas.

Cas. 1. Dato umbilico S describenda sit Trajectoria ABC per puncta duo B, C. Quoniam trajectoria datur specie, dabitur ratio axis transversi ad distantiam umbilicorum. In ea ratione cape KB ad BS et LC ad CS. Centris B, C intervallis BK, CL describe circulos duos et ad rectam KL quæ tangat eosdem in K et L demitte perpendiculum SG, idemqꝫ seca in A et a ita ut sit SA ad AG et Sa ad aG ut est SB ad BK, et axe Aa, verticibus A, a describatur Trajectoria. Dico factum. Sit enim H umbilicus alter figuræ descriptæ et cum sit SA ad AG ut Sa ad aG erit divisim Sa − SA seu SH ad aG − AG seu Aa in eadem ratione adeoqꝫ in ratione quam habet axis transversus figuræ describendæ ad distantiam umbilicorum ejus, et propterea figura descripta est ejusdem speciei cum describenda. Cumqꝫ sint KB ad BS et LC ad CS in eadem ratione transibit hæc figura per puncta B, C, ut ex Conicis manifestum est. Fig 24

Cas. 2. Dato umbilico S describenda sit Trajectoria quæ rectas duas TR, tr alicubi contingat. Ab umbilico in tangentes demitte perpendicula ST, St et produc eadem ad V, v ut sint TV, tv æquales TS, ts. Biseca Vv in O et erige perpendiculum infinitum OH, rectamqꝫ VS infinite productam seca in K et k ita ut sit VK ad KS et Vk ad kS ut est Trajectoriæ describendæ axis transversus ad umbilicorum distantiam. Super diametro Kk describatur circulus secans rectam OH in H; et umbilicis S, H, axe transverso ipsam VH æquante, describatur Trajectoria. Dico factum. Nam biseca Kk in X, et junge HX, HS, HV, Hv. Quoniam est VK ad KS ut Vk ad kS et composite ut VK + Vk ad KS + kS, divisimqꝫ ut Vk − VK ad kS − KS id est ut 2VX ad 2KX et 2KX ad 2SX adeoqꝫ ut VX ad HX et HX ad SX similia erunt triangula VXH, HXS, et propterea VH erit ad SH ut VX ad XH, adeoqꝫ ut VK ad KS. Habet igitur Trajectoria descripta axis transversus VH eam rationem ad ipsius umbilicorum distantiam SH quam habet Trajectoriæ describendæ axis transversus ad ipsius umbilicorum distantiam et propterea ejusdem est speciei. Insuper cum VH, vH æquentur axi transverso et VS, vS a rectis TR, tr perpendiculariter bisecentur, liquet ex Lemmate XV rectas illas Trajectoriam descriptam tangere. Q.E.F. Fig 25

Cas. 3. Dato umbilico S describenda sit Trajectoria quæ rectam TR tangat in puncto dato R. In rectam TR demitte perpendicularem ST et Fig 26

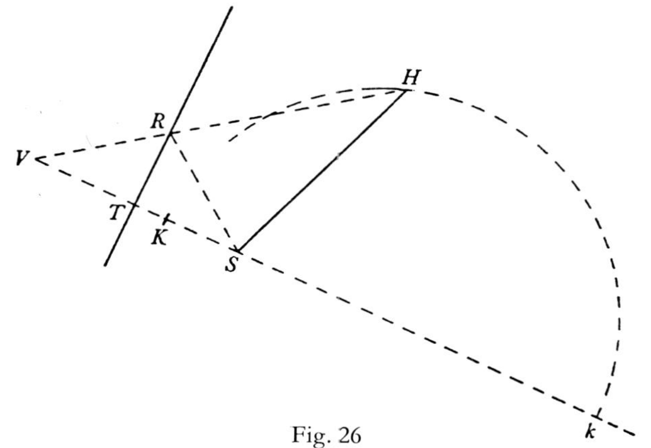

Fig. 26

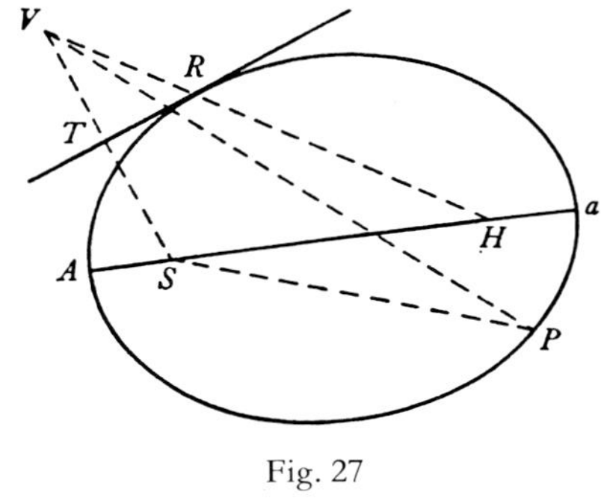

Fig. 27

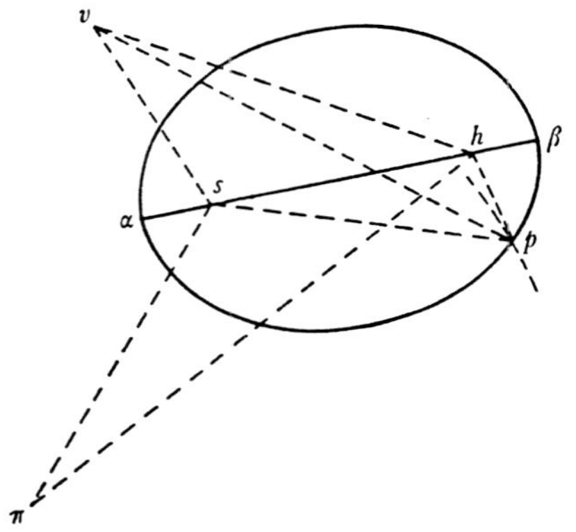

Fig. 28

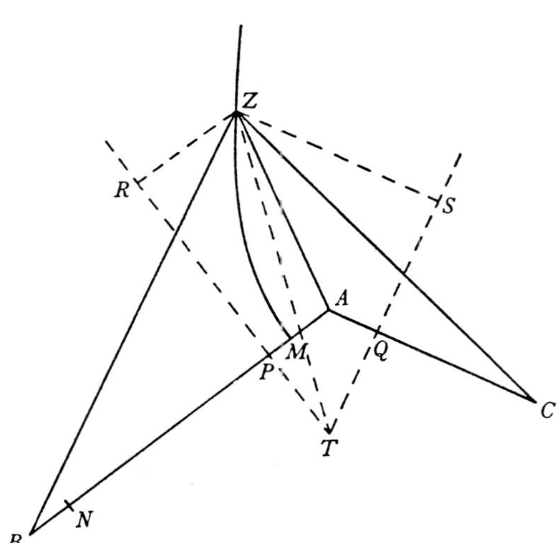

Fig. 29

51

produc eandem ad V ut sit TV æqualis ST. Junge VR, et rectam VS infinite productam seca in K et k, ita ut sit VK ad SK et Vk ad Sk ut Ellipseos describendæ axis transversus ad distantiam umbilicorum; circuloque super diametro Kk descripto, secetur producta recta VR in H, et umbilicis S, H, axe transverso rectam VH æquante describatur trajectoria. Dico factum. Namque VH esse ad SH ut VK ad SK atque adeo ut axis transversus Trajectoriæ describendæ ad distantiam umbilicorum ejus, patet ex demonstratis in Casu 2do, et propterea Trajectoriam descriptam ejusdem esse speciei cum describenda: rectam verò TR qua angulus VRS bisecatur, tangere trajectoriam in puncto R patet ex conicis. Q.E.F. [Fig. 26]

Cas. 4. Circa umbilicum S describenda jam sit Trajectoria APQ quæ tangat rectam TR transeatque per punctum quodvis P extra tangentem datum, quæque similis sit figuræ $\alpha p \beta$ axe transverso $\alpha\beta$ et umbilicis s, h descriptæ. In tangentem TR demitte perpendiculum ST et produc idem ad V ut sit TV æqualis ST. Angulis autem VSP, SVP fac angulos $hs\varpi$, $sh\varpi$ æquales, Centroque ϖ et intervallo quod sit ad $\alpha\beta$ ut SP ad VS describe circulum secantem figuram $\alpha p \beta$ in p. Junge sp, et age SH quæ sit ad sh ut est SP ad sp, quæque angulum PSH angulo psh et angulum VSH angulo $ps\varpi$ æquales constituat. Denique umbilicis S, H axe distantiam VH æquante describatur sectio conica. Dico factum. Nam si agatur sv quæ sit ad sp ut est sh ad $s\varpi$, quæque constituat angulum vsp angulo $hs\varpi$ et angulum vsh angulo $ps\varpi$ æquales, triangula svh, $sp\varpi$ erunt similia, et propterea vh erit ad $p\varpi$ ut est sh ad $s\varpi$ id est (ob similia triangula VSP, $hs\varpi$) ut est VS ad SP seu $\alpha\beta$ ad $p\varpi$. Æquantur ergo vh et $\alpha\beta$. Porrò ob similia triangula VSH, vsh, est VH ad SH ut vh ad sh, id est, axis conicæ sectionis jam descriptæ ad illius umbilicorum intervallum ut axis $\alpha\beta$ ad umbilicorum intervallum sh, et propterea figura jam descripta similis est figuræ $\alpha p \beta$. Transit autem hæc figura per punctum P eò, quod triangulum PSH simile sit triangulo psh; et quia VH æquatur ipsius axi et VS bisecatur perpendiculariter a recta TR, tangit eadem rectam TR. Q.E.F. Fig 27 & 28

Lemma XVI

A datis tribus punctis ad quartum non datum inflectere tres rectas quarum differentiæ vel dantur vel nullæ sunt.

Cas. 1. Sunto puncta illa data A, B, C et punctum quartum Z quod invenire oportet. Ob datam differentiam linearum AZ, BZ, locabitur punctum Z in Hyperbola cujus umbilici sunt A et B et axis transversus differentia illa data. Sit axis ille MN. Cape PM ad MA ut est MN ad AB, et erecto PR perpendiculari ad AB, demissoque ZR perpendiculari ad PR, erit ex natura hujus Hyperbolæ ZR ad AZ ut est MN ad AB. Simili discursu punctum Z locabitur in alia Hyperbola cujus umbilici sunt A, C et axis transversus differentia inter AZ et CZ, ducique potest QS ipsi AC perpendicularis ad Fig 29

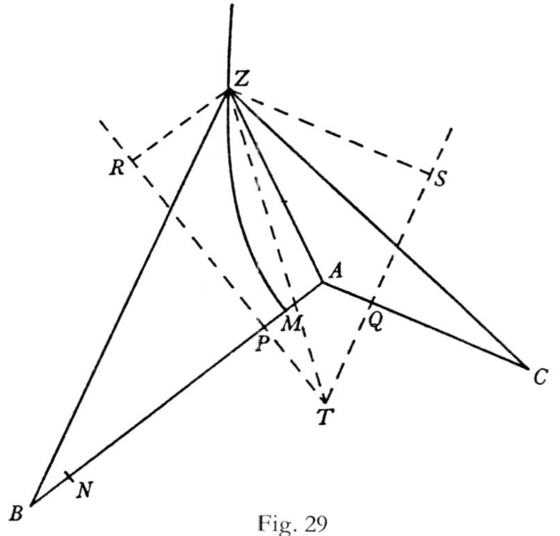

Fig. 29

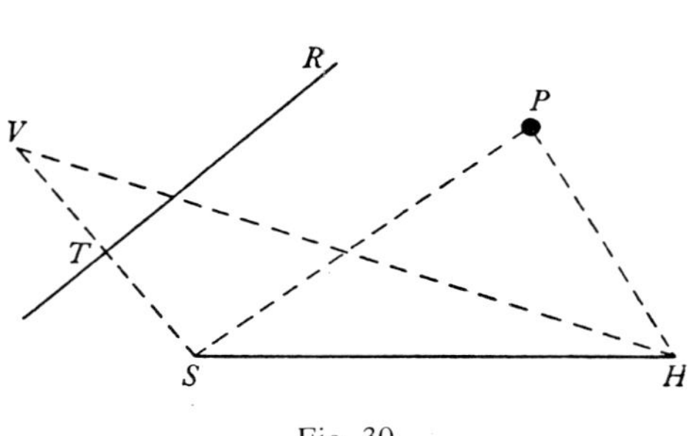

Fig. 30

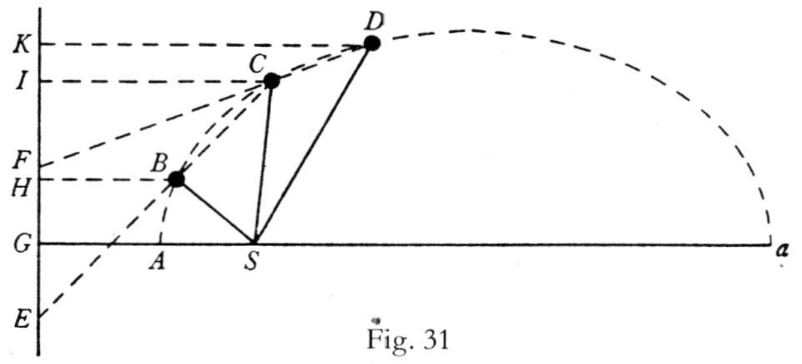

Fig. 31

52

quam si ab Hyperbolæ hujus puncto quovis Z demittatur normalis ZS, hæc fuerit ad AZ ut est differentia inter AZ et CZ ad AC. Dantur ergo rationes ipsarum ZR et ZS ad AZ et idcirco datur earundem ZR, ZS ratio ad invicem, ideoqz rectis RP, SQ concurrentibus in T, locabitur punctum Z in recta TZ positione data. [Fig. 29] Eadem methodo per Hyperbolam tertiam, cujus umbilici sunt B et C et axis transversus differentia rectarum BZ, CZ, inveniri potest alia recta in qua punctum Z locatur. Habitis autem duobus locis rectilineis, habetur punctum quæsitum Z in earum intersectione. Q.E.I.

Cas. 2. Si duæ ex tribus lineis, puta AZ et BZ æquantur, punctum Z locabitur in perpendiculo bisecante distantiam AB, et locus alius rectilineus invenietur ut supra Q.E.I.

Cas. 3. Si omnes tres æquantur, locabitur punctum Z in centro circuli per puncta A, B, C transeuntis. Q.E.I.

Solvitur etiam hoc Lemma problematicum per librum Tactionum Apollonii a Vieta restitutum.

Prop. XXI. Prob. XIII.

Trajectoriam circa datum umbilicum describere quæ transibit per puncta data et rectas positione datas continget.

Detur umbilicus S, punctum P, et tangens TR, et inveniendus sit umbilicus alter H. Fig. 30 Ad tangentem demitte perpendiculum ST et produc idem ad V ut sit TV æqualis ST, et erit VH æqualis axi transverso. Junge SP, HP et erit SP differentia inter HP et axem transversum. Hoc modo si dentur plures tangentes TR vel plura puncta P devenietur semper ad lineas totidem VH, vel PH, a datis punctis V vel P ad umbilicum H ductas, quæ vel æquantur axibus, vel datis longitudinibus SP differunt ab iisdem; atqz adeo, quæ vel æquantur sibi invicem vel datas habent differentias; et inde per Lemma superius datur umbilicus ille alter H. Habitis autem umbilicis unà cum axis longitudine (quæ vel est VH, vel si trajectoria Ellipsis est PH+SP, sin Hyperbola PH−SP) habetur Trajectoria. Q.E.I.

Scholium.

Casus ubi dantur tria puncta sic solvitur expeditius. Dentur puncta B, C, D. Fig 31 Junctas BC, CD produc ad E, F ut sit EB ad EC ut SB ad SC et FC ad FD ut SC ad SD. Ad EF ductam et productam demitte normales SG, BH, inqz GS infinite producta cape GA ad AS et Ga ad aS ut est HB ad BS et erit A vertex ut Aa axis transversus trajectoriæ quæsitæ: quæ, perinde ut GA minor æqualis vel major fuerit quam AS, erit Ellipsis Parabola vel

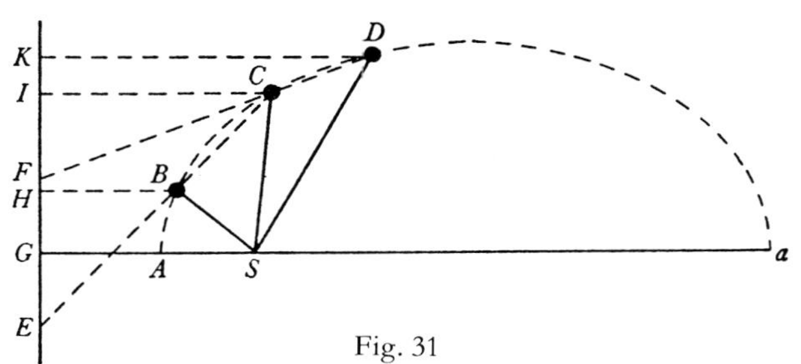

Fig. 31

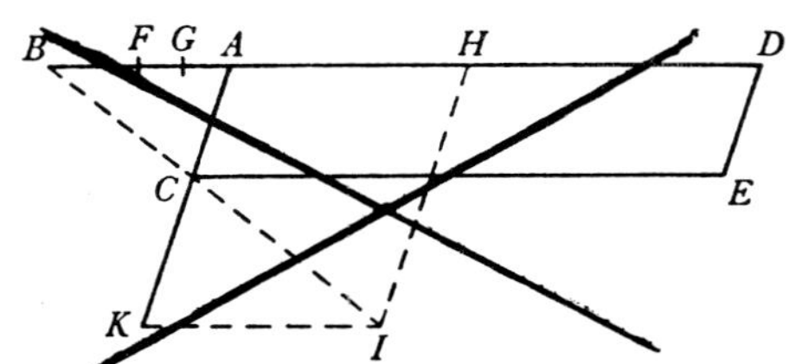

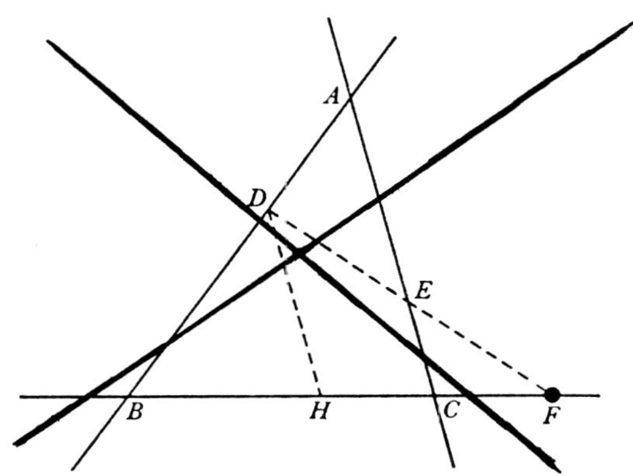

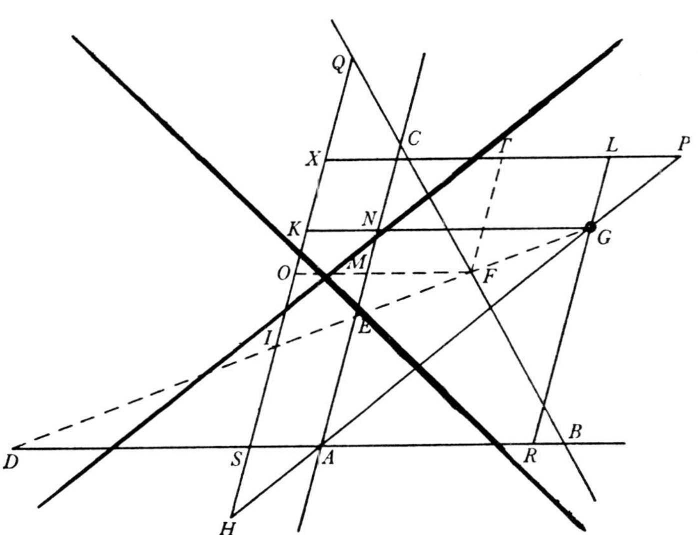

53

Hyperbola; puncto a in primo casu cadente ad eandem partem lineæ GK cum puncto A, in secundo casu abeunte in infinitum, in tertio cadente ad contrariam partem lineæ GK. Nam si demittantur ad GF perpendicula CI, DK, erit IC ad HB ut EC ad EB, hoc est, ut SC ad SB, et vicissim IC ad SC ut HB ad SB seu GA ad SA. Et simili argumento probabitur esse KB ad SD in eadem ratione. Jacent ergo puncta B, C, D in conisectione circa umbilicum S illa descripta, ~~ea lege~~ ut rectæ omnes ab umbilico S ad singula sectionis puncta ductæ sint ad perpendicula a punctis iisdem ad rectam GK demissa in data illa ratione.

Lemma

In angulo dato Parallelogrammum magnitudine datum constituere quod angulo suo opposito rectam positione datam continget.

Docuit Euclides constructionem hujus Problematis in Prop. 28 et 29 libri sexti Elementorum. Utere constructione vel Euclidea vel ea quam subjungimus.

Sit CAD angulus in quo Parallelogrammum constituendum est et CB recta positione data secans anguli latera in B et C. Sitque CADE parallelogrammum in angulo illo super AC constitutum cui parallelogrammum constituendum æquari debet. Biseca AB in F et AF in G et inter AB ac GD cape FH medium proportionale. Age HI occurrentem BC in I et comple parallelogrammum AHIK. Dico factum.

Namque rectangulum DG in AB æquatur FH quadrato et rectangulum AG in AB æquatur FG quadrato indeque rectangulum DAB (id est DG − AG in AB seu FH quad. − FA quad.) æquatur rectangulo AHB, estque DA ad AH ut HB ad AB adeoque ut HI ad AC, et propterea parallelogramma ADEC, AHIK sibi invicem æquantur. Q.E.D.

Lemma

~~Triangulum constituere cujus anguli contingant rectas positione datas latera duo cum recta~~

Rectam lineam per datum punctum ducere cujus partes rectis tribus positione datis interjectæ datam habebunt rationem ad invicem.

Dentur positione tres rectæ AB, AC, BC et per datum punctum ~~F~~ ducenda sit recta quarta DF cujus partes DE, EF prioribus rectis interjectæ sint ad invicem in ratione data M ad N.

Cas. 1. Primo jaceat punctum datum in aliqua rectarum positione datarum puta in BC sitque illud F. In hac recta BC capiatur CH quæ sit ad CF in ratione illa data et rectæ CA agatur parallela HD occurrens rectæ tertiæ in D ac jungatur DF. Erit DE ad EF ut est CH ad CF. Q.E.F.

Cas. 2. Jaceat jam punctum extra tres lineas positione datas sitque illud G. Junge AG et in ea cape hinc inde AH et GP ad AG ut est N ad M. Perque puncta P et H age PX parallelam AB et HX parallelam AC ipsis PX, AB, BC occurrentem in X, S et Q. Ad hanc agatur GK parallela AB et completo parallelogrammo XKGL describatur ~~super QX~~ (per Lemma superius)

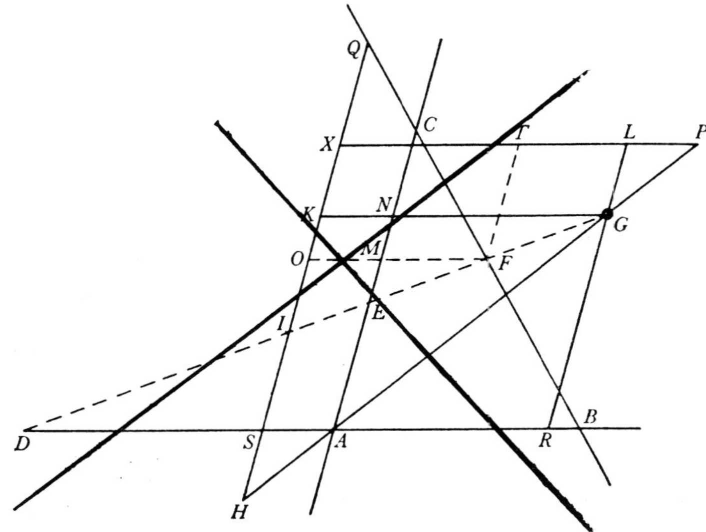

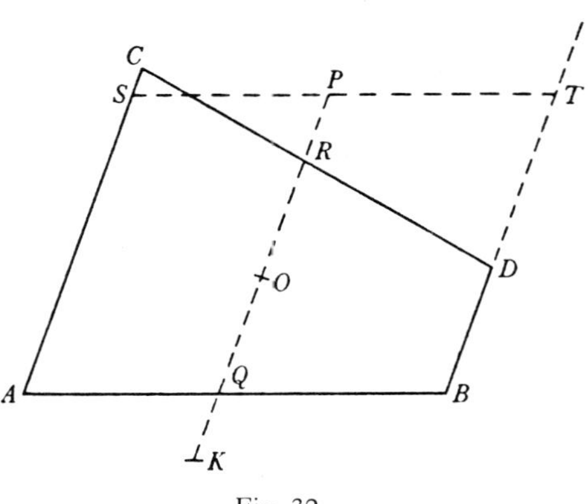

Fig. 32

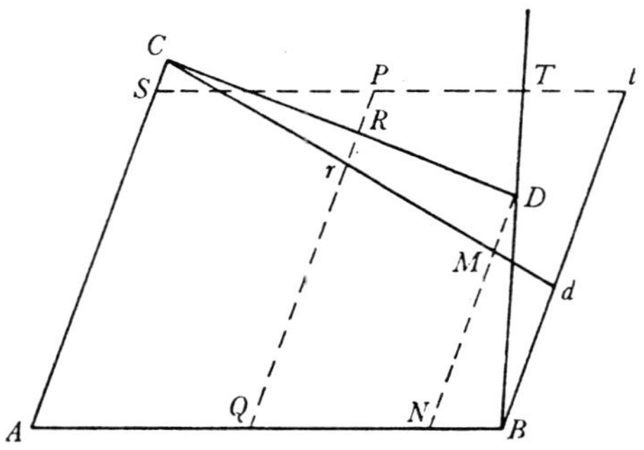

Fig. 33

in angulo KXL parallelogrammum XOFT quod sit æquale parallelogrammo XKGL et angulo suo T tangat rectam BQ. Et jungatur GT. Dico factum.

Nam cum sit JO ad JK ut OT ad KG atque adeo ut KX ad XO et divisim JO ad OK ut KX ad OK, erit JO æqualis KX adeoque æqualis SH et propterea ad GR ut est AH ad AG seu JE ad EG. Sed ob similia triangula JOT, GRD est JT ad GD in eadem ratione; Ergo divisim TD est ad ED in eadem ratione, hoc est in ratione N ad M. Q.E.F.

ARTIC. V.

Inventio Orbium ubi umbilicus neuter datur.

Lemma XVII

Si a data Conicæ sectionis puncto quovis P, ad Trapezij alicujus ABCD in Conica illa sectione inscripti, latera quatuor infinite producta AB, CD, AC, DB, totidem rectæ PQ, PR, PS, PT in datis angulis ducantur, singulæ ad singula: rectangulum ductarum ad opposita duo latera PQ×PR, erit ad rectangulum ductarum ad alia duo latera opposita PS×PT in data ratione. Fig 32.

Cas. 1. Ponamus imprimis lineas ad opposita latera ductas, parallelas esse alterutri reliquorum laterum, puta PQ et PR lateri AC et PS ac PT lateri AB. Sintque insuper latera duo ex oppositis, puta AC & BD parallela. Et recta quæ bisecat parallela illa latera erit una ex diametris Conicæ sectionis, et bisecabit etiam RQ. Sit O punctum in quo RQ bisecatur, et erit PO ordinatim applicata ad diametrum illam. Produc PO ad K ut sit OK æqualis PO, et erit OK ordinatim applicata ad contrarias partes diametri. Cum igitur puncta A, B, P et K sint ad Conicam sectionem, et PK secet AB in dato angulo, erit (per Prop. 17 et 18 lib. 3 Apollonij) rectangulum PQK ad rectangulum AQB in data ratione. Sed QK et PR æquales sunt, utpote æqualium OK, OP et OQ, OR differentiæ, et inde etiam rectangula PQK et PQ×PR æqualia sunt, atque adeo rectangulum PQ×PR est ad rectangulum AQB hoc est ad rectangulum PS×PT in data ratione. Q.E.D.

Cas. 2. Ponamus jam trapezij latera opposita AC et BD non esse parallela. Age Bd parallelam AC et occurrentem tum rectæ ST in t, tum Conicæ sectioni in d. Junge Cd secantem PQ in r, et ipsi PQ parallelam age DM secantem Cd in M et AB in N. Jam ob similia triangula BTt, DBN est Bt seu PQ ad Tt ut DN ad NB. Sic et Rr est ad AQ seu PS ut DM ad AN. Ergo ducendo antecedentes in antecedentes et consequentes in consequentes, ut rectangulum PQ in Rr est ad rectangulum Tt in PS, ita rectangulum NDM est ad rectangulum ANB et (per Cas. 1) ita rectangulum QPr est ad rectangulum SPt, ac divisim ita rectangulum QPR est ad rectangulum PS×PT. Q.E.D. Fig 33

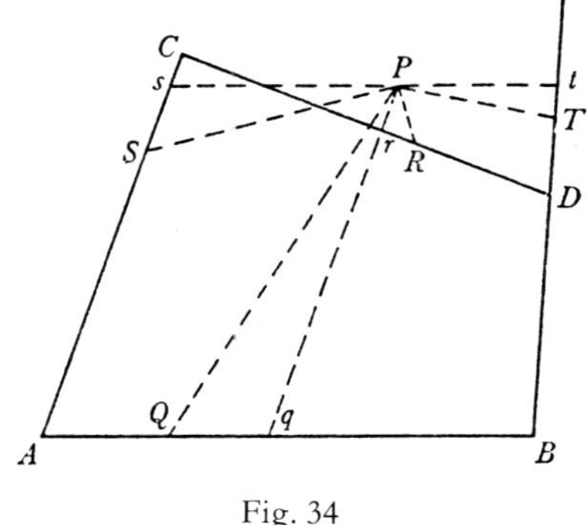

Fig. 34

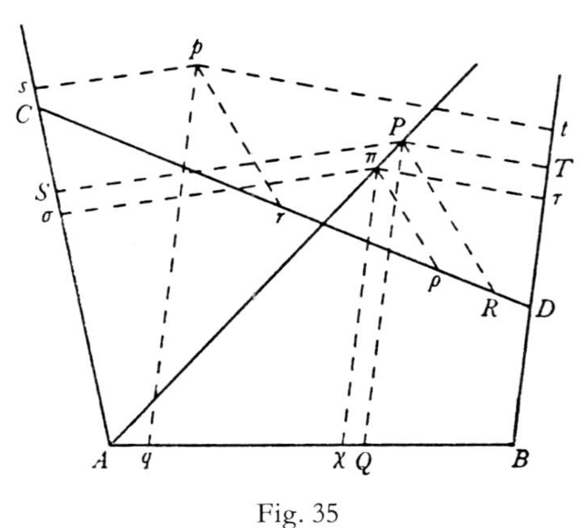

Fig. 35

Cas. 3. Ponamus denique lineas quatuor PQ, PR, PS, PT non esse parallelas lateribus AC, AB, sed ad ea utcunque inclinatas. Earum vice agantur Pq, Pr parallelas ipsi AC, et Ps, Pt parallelas ipsi AB, et propter datos angulos triangulorum PQq, PRr, PSs, PTt dabuntur rationes PQ ad Pq, PR ad Pr, PS ad Ps et PT ad Pt atque adeo rationes compositae PQ in PR ad Pq in Pr et PS in PT ad Ps in Pt. Sed per superius demonstrata ratio Pq in Pr ad Ps in Pt data est: Ergo et ratio PQ in PR ad PS in PT. Q.E.D. Fig 34 55

Lemma XVIII

Iisdem positis, si rectangulum ductarum ad opposita duo latera Trapezii PQ×PR sit ad rectangulum ductarum ad reliqua duo latera PS×PT in data ratione; punctum P a quo lineae ducuntur tanget Conicam sectionem circa Trapezium descriptam.

Per puncta A, B, C, D et aliquod infinitorum punctorum P puta p, Conicam sectionem describi: dico punctum P hanc semper tangere. Si negas, junge AP secantem hanc Conicam sectionem alibi quam in P si fieri potest, puta in ϖ. Ergo si ab his punctis p et ϖ ducantur in datis angulis ad latera trapezii rectae pq, pr, ps, pt et ϖx, ϖς, ϖσ, ϖτ, erit ut ϖx×ϖς ad ϖσ×ϖτ ita (per Lemma XVII) pq×pr ad ps×pt, et ita (per hypoth.) PQ×PR ad PS×PT. Est et, propter similitudinem Trapeziorum ϖxAσ, PQAS, ut ϖx ad ϖσ ita PQ ad PS. Quare applicando terminos prioris propositionis ad terminos correspondentes hujus, erit ϖς ad ϖτ ut PR ad PT. Ergo Trapezia aequiangula Dςϖτ, DRPT similia sunt, et eorum diagonales Dϖ, DP propterea coincidunt. Incidit itaque ϖ in intersectionem rectarum AP, DP adeoque coincidit cum puncto P. Quare punctum P, ubicunque sumatur, incidit in assignatam Conicam sectionem. Q.E.D. Fig. 35

Coroll. Hinc si rectae tres PQ, PR, PS a puncto communi P ad alias totidem positione datas rectas AB, CD, AC singulae ad singulas in datis angulis ducantur, sitque rectangulum sub duabus ductis PQ×PR ad quadratum tertiae PSqu. in data ratione: punctum P a quibus rectae ducuntur locabitur in sectione Conica quae tangit lineas AB, CD in A et C et contra. Nam coeat linea BD cum linea AC manente positione trium AB, CD, AC; dein coeat etiam linea PT cum linea PS: et rectangulum PS×PT evadet PSqu. rectaeque AB, CD quae curvam in punctis A et B, C et D secabant, jam curvam in punctis illis coeuntibus non amplius secare possunt sed tantum tangent.

Scholium.

Nomen Conicae sectionis in hoc Lemmate late sumitur, ita ut sectio tam rectilinea per verticem Coni transiens quam circularis basi parallela includatur. Nam si punctum p incidit in rectam quâ

quavis

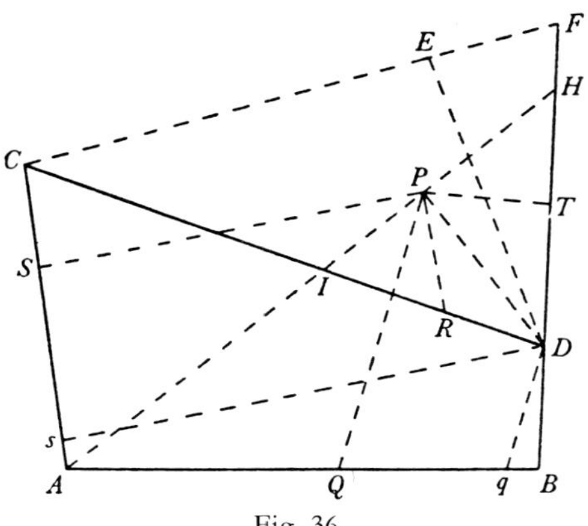

Fig. 36

quovis ex punctis quatuor A, B, C, D junguntur, Conica sectio vertitur in geminas rectas quarum una est recta illa in quam punctum procedit, et altera recta qua alia duo ex punctis quatuor junguntur. Si trapezii anguli duo oppositi simul sumpti aequentur duobus rectis et lineae quatuor PQ, PR, PS, PT ducantur ad latera ejus vel perpendiculariter vel in angulis quibusvis aequalibus, sitque rectangulum sub duabus ductis $PQ \times PR$ aequale rectangulo sub alijs duabus $PS \times PT$, Sectio Conica evadet circulus. Idem fiet si lineae quatuor ducantur in angulis quibusvis et rectangulum sub duabus ductis $PQ \times PR$, sit ad rectangulum sub alijs duabus $PS \times PT$ ut rectangulum sub sinubus angulorum S, T in quibus duae ultimae PS, PT ducuntur ad rectangulum sub sinubus angulorum Q, R in quibus duae primae PQ, PR ducuntur. Caeteris in casibus locus puncti P erit aliqua trium figurarum quae vulgo nominantur Sectiones Conicae. Vice autem Trapezij ABCD substitui potest quadrilaterum cujus latera duo opposita se mutuo ad instar diagonalium decussant. Sed et e punctis quatuor A, B, C, D possunt unum vel duo abire in infinitum eoque pacto latera figurae quae ad puncta illa convergunt, evadere parallela: quo in casu sectio conica transibit per caetera puncta, et in plagas parallelarum abibit in infinitum.

Lemma. XIX.

Invenire punctum P a quo si rectae quatuor PQ, PR, PS, PT ad alias totidem positione datas rectas AB, CD, AC, BD singulae ad singulas in datis angulis ducantur, rectangulum sub duabus ductis $PQ \times PR$ sit ad rectangulum sub alijs duabus $PS \times PT$ in data ratione. Fig 36

Lineae AB, CD ad quas rectae duae PQ, PR unum rectangulorum continentes ducuntur, conveniant cum alijs duabus positione datis lineis in punctis A, B, C, D. Ab eorum aliquo A age rectam quamlibet AH in qua velis punctum P reperiri. Secet ea lineas oppositas BD, CD, nimirum BD in H et CD in I, et ob datos omnes angulos figurae dabuntur rationes PQ ad PA et PA ad PS, adeoque ratio PQ ad PS. Auferendo hanc a data ratione $PQ \times PR$ ad $PS \times PT$ dabitur ratio PR ad PT et addendo datas rationes PI ad PR et PT ad PH dabitur ratio PI ad PH atque adeo punctum P. Q.E.I.

Corol. 1. Hinc etiam ad Loci punctorum infinitorum P punctum quodvis D tangens duci potest. Nam chorda PD ubi puncta P ac D conveniunt, hoc est, ubi AH ducitur per punctum D, tangens evadit. Quo in casu, ultima ratio evanescentium IP et PH invenietur ut supra. Ipsi igitur AD duc parallelam CF occurrentem BD in F et in ea ultima ratione sectam in E, et DE tangens erit, propterea quod CF et evanescens IH parallelae sunt et in E et P similiter sectae.

Corol. 2. Hinc etiam Locus punctorum omnium P definiri potest. Per

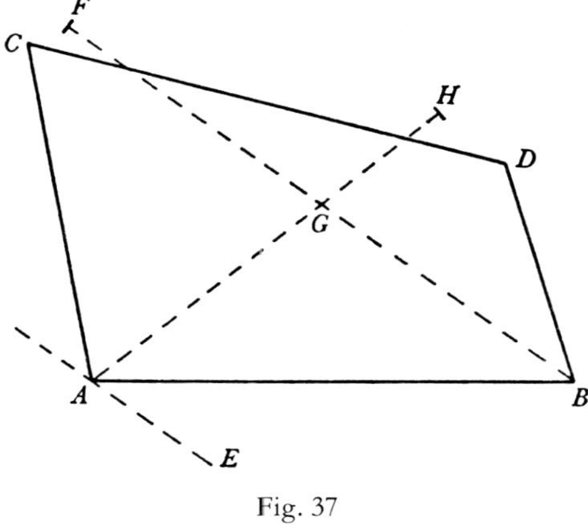

Fig. 37

Fig. 38

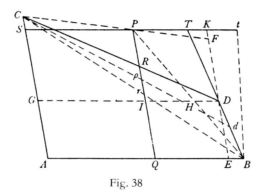

quodvis punctorum A, B, C, D, puta A, duc Loci tangentem AE et per aliud quodvis B duc tangenti parallelam BF occurrentem Loco in F. [Invenietur autem punctum F per Lemma superius.] Biseca BF in G, et acta AG diameter erit ad quam BG et FG ordinatim applicantur. Haec AG occurrat Loco in H, et erit AH latus transversum, ad quod latus rectum est ut BG^q ad AGH. Si AG nullibi occurrit Loco, linea AH existente infinita, Locus erit Parabola et latus rectum ejus $\frac{BG^q}{AG}$. Sin ea alicubi occurrit, Locus Hyperbola erit ubi puncta A et H sita sunt ad easdem partes ipsius G, et Ellipsis ubi G intermedium est, nisi forte angulus AGB rectus sit et insuper BG quad. aequale rectangulo AGH, quo in casu circulus habebitur. Fig 37 41

Atque ita Problematis Veterum de quatuor lineis ab Euclide incepti et ab Apollonio continuati non calculus sed compositio Geometrica, qualem Veteres quaerebant, in hoc Corollario exhibetur.

Lemma XX.

Si Parallelogrammum quodvis ASPQ, angulis duobus oppositis A et P tangit sectionem quamvis Conicam in punctis A et P, et lateribus unius angulorum illorum infinite productis AQ, AS occurrit eidem sectioni conicae in B et C; a punctis autem occursuum B et C ad quintum quodvis sectionis conicae punctum D agantur rectae duae BD, CD occurrentes alteris duobus infinite productis parallelogrammi lateribus PS, PQ in T et R; erunt semper abscissae laterum partes PR et PT ad invicem in data ratione. Et contra, si partes illae abscissae sunt ad invicem in data ratione, punctum D tanget sectionem Conicam per puncta quatuor A, B, P, C transeuntem. Fig 38

Cas. 1. Jungantur BP, CP et a puncto D agantur rectae duae DG, DE quarum prior DG ipsi AB parallela sit et occurrat PB, PQ, CA in H, I, G; altera DE parallela sit ipsi AC et occurrat PC, PS, AB in F, K, E. Et erit (per Lem. XVII) rectangulum DE×DF ad rectangulum DG×DH in ratione data. Sed est PQ ad DE seu IQ ut PB ad HB adeoque ut PT ad DH, et vicissim PQ ad PT ut DE ad DH. Est et PR ad DF ut RC ad DC, adeoque ut IG vel PS ad DG, et vicissim PR ad PS ut DF ad DG, et conjunctis rationibus fit rectangulum PQ×PR ad rectangulum PS×PT ut rectangulum DE×DF ad rectangulum DG×DH atque adeo in data ratione. Sed dantur PQ et PS et propterea ratio PR ad PT datur. Q.E.D.

Cas. 2. Quod si PR et PT ponantur in data ratione ad invicem, tunc simili ratiocinio regrediendo, sequetur esse rectangulum DE×DF ad rectangulum DG×DH in ratione data, adeoque punctum D (per Lemma XVIII) contingere Conicam sectionem transeuntem per puncta A, B, P, C. Q.E.D.

Corol. 1. Hinc si agatur BC secans PQ in r, et in PT capiatur Pt in ratione ad Pr quam habet PT ad PR, erit Bt Tangens

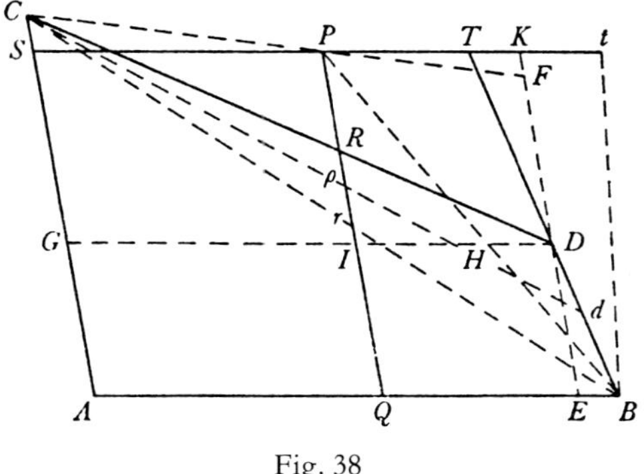

Fig. 38

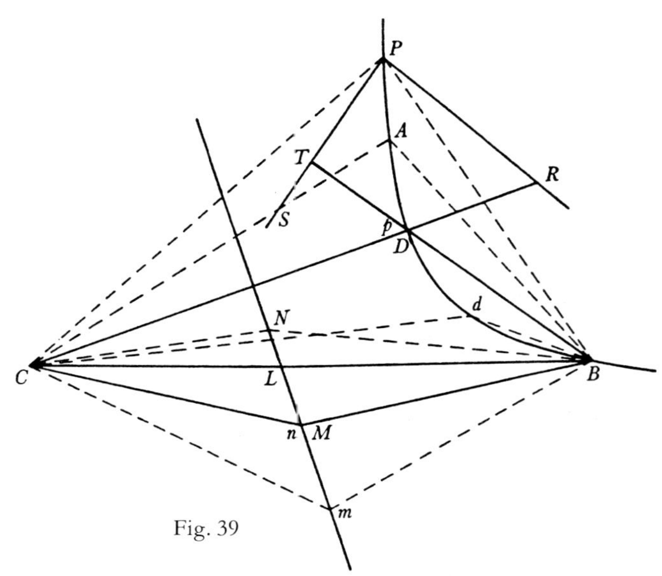

Fig. 39

42

Conicæ sectionis ad punctum B. Nam concipe punctum D coire cum puncto B ita ut, chorda BD evanescente, BT Tangens evadat; et CD ac BT coincident cum CB et Bt.

Corol. 2. Et vice versa si Bt sit Tangens, et ad quodvis Conicæ sectionis punctum D conveniant BD, CD: erit PR ad PT ut Pr ad Pt. Et contra, si sit PR ad PT ut Pr ad Pt conveniunt BD, CD ad conicæ sectionis punctum aliquod D.

[Fig. 38]

Corol. 3. Conica sectio non secat Conicam sectionem in punctis pluribus quam quatuor. Nam, si fieri potest, transeant duæ Conicæ sectiones per quinque puncta A, B, C, D, P, easque secet recta BD in punctis D, d, & ipsam PQ secet recta Cd in ρ. Ergo PR est ad PT ut Pρ ad PT, hoc est PR et Pρ sibi invicem æquantur, contra Hypothesin.

Lemma XXI.

Si rectæ duæ mobiles & infinitæ BM, CM per data puncta B, C ceu polos ductæ, concursu suo M describant tertiam positione datam rectam MN, et aliæ duæ infinitæ rectæ BD, CD cum prioribus duabus ad puncta illa data B, C datos angulos MBD, MCD efficientes ducantur; dico quod hæ duæ BD, CD concursu suo D describent sectionem Conicam. Et vice versa si rectæ BD, CD concursu suo D describant sectionem Conicam per puncta B, C, A transeuntem, et harum concursus tunc incidit in ejus punctum aliquod A, cum alteræ duæ BM, CM coincidunt cum linea BC; punctum M continget rectam positione datam.

Fig 39

Nam in recta MN detur punctum N, et ubi punctum mobile M incidit in immotum N, incidat punctum mobile D in immotum P. Junge CN, BN, CP, BP, et a puncto P age rectas PT, PR occurrentes ipsis BD, CD in T et R, et facientes angulum BPT æqualem angulo BNM et angulum CPR æqualem angulo CNM. Cum ergo ex Hypothesi æquales sint anguli MBD, NBP, ut et anguli NCD, NCP: aufer communes NBD et MCP et restabunt æquales NBM & PBT, NCM & PCR: adeoque triangula NBM, PBT similia sunt, ut et triangula NCM, PCR. Quare PT est ad NM ut PB ad NB, et PR ad NM ut PC ad NC. Ergo PT et PR datam habent rationem ad NM proindeque datam rationem inter se, atque adeo per Lemma XX punctum P (perpetuus rectarum mobilium BT & CR concursus) sectionem conicam continget. Q.E.D.

Et contra, si punctum D contingit sectionem Conicam transeuntem per puncta B, C, A et ubi rectæ BM, CM coincidunt cum recta BC punctum illud D incidit in aliquod sectionis punctum A, ubi verò punctum D incidit successivè in alia duo quævis sectionis puncta p, P, punctum mobile M incidit successive in puncta immobilia n, N: per eadem n, N agatur recta nN et hæc erit locus perpetuus puncti illius

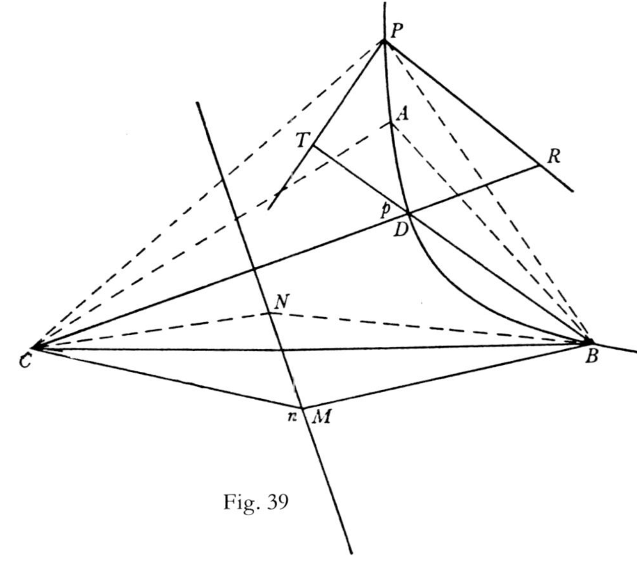

Fig. 39

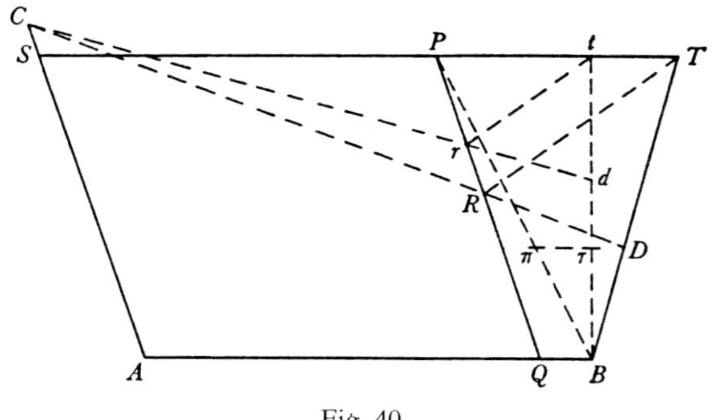

Fig. 40

mobilis M. Nam si fieri potest, versetur punctum M in linea aliqua curva. Tanget ergo punctum D sectionem Conicam per puncta quinque C, p, P, B, A transeuntem ubi punctum M perpetuo tangit lineam curvam. Sed et ex jam demonstratis tangit etiam punctum D sectionem Conicam per eadem quinque puncta C, p, P, B, A transeuntem ubi punctum M perpetuo tangit lineam rectam. Ergo duae sectiones conicae transibunt per eadem quinque puncta contra Corol. 3. Lem. XX. Igitur punctum M versari in linea curva absurdum est. Q.E.D. [Fig. 39]

Octob. 1685
Lect. 1.

Prop XXII Prob. XIV.

Trajectoriam per data quinque puncta describere.

Dentur puncta quinque A, B, C, D, P. Ab eorum aliquo A ad alia duo quævis B, C quæ poli nominentur age rectas AB, AC hisque parallelas TPS, PRQ per punctum quartum P. Deinde a polis duobus B, C age per punctum quintum D infinitas duas BDT, CRD novissime ductis TPS, PRQ (priorem priori et posteriorem posteriori) occurrentes in T et R. Deinde de rectis PT, PR, actâ rectâ tR ipsi TR parallelâ, abscinde quasvis Pt, Pr ipsis PT, PR proportionales et per earum terminos t, r et polos B, C actae Bt, Cr concurrant in d, locabitur punctum illud d in Trajectoria quæsita. Nam punctum illud d (per Lem. 20) versatur in Conica Sectione per puncta quatuor A, B, P, C transeunte; et lineis Rr Tt evanescentibus, coit punctum d cum puncto D. Transit ergo sectio conica per puncta quinque A, B, C, D, P. Q.E.F. Fig 40

Idem aliter.

E punctis datis junge tria quævis A, B, C et circum duo eorum B, C ceu polos, rotando angulos magnitudine datos ABC, ACB, applicentur crura BA, CA primo ad punctum D, deinde ad punctum P, et notentur puncta M, N in quibus altera crura BL, CL casu utroque se decussant. Agatur recta infinita MN & rotentur anguli illi mobiles circum polos suos B, C ea lege ut crurum BL, CL vel BM, CM, intersectio quæ jam sit m perpetuo versetur in recta illa MN; et reliquorum crurum BA, CA vel BD, CD, intersectio quæ jam sit d trajectoriam quæsitam PADdB delineabit. Nam punctum d per Lem. XXI continget sectionem conicam per puncta B, C transeuntem et ubi punctum m accedit ad puncta L, M, N, punctum d (per constructionem) accedet ad puncta A, D, P. Describetur itaque sectio conica transiens per puncta quinque A, B, C, D, P. Q.E.F. Fig 39

Corol. 1. Hinc recta expedite duci possunt quæ trajectoriam in punctis quibusvis datis B, C tangent. In casu utrovis accedat punctum d ad punctum C et recta Cd evadet tangens quæsita.

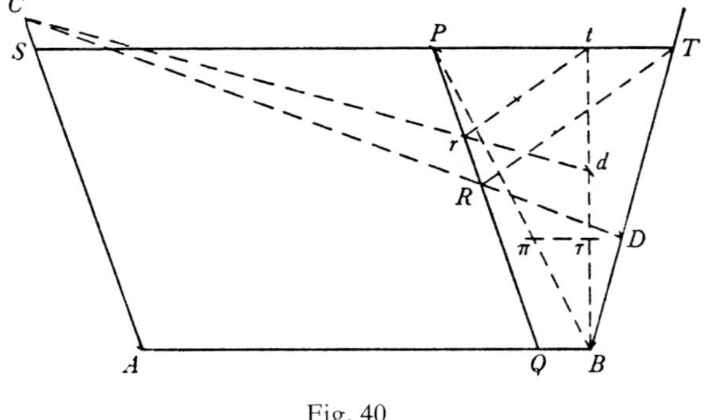

Fig. 40

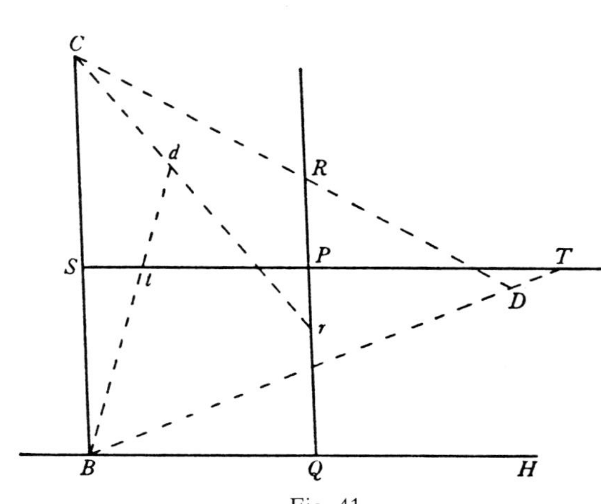

Fig. 41

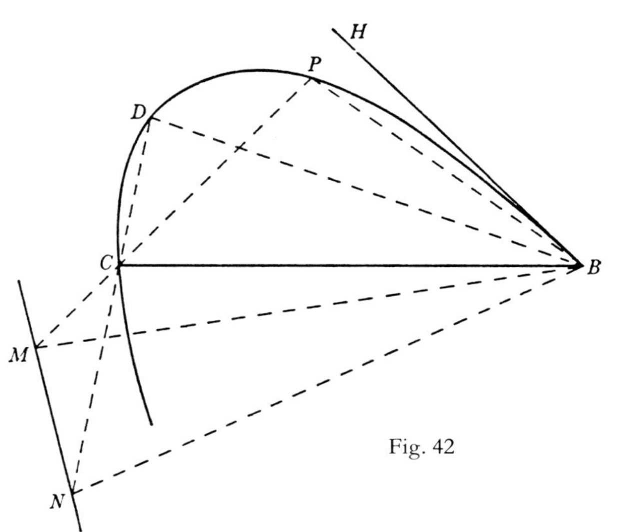

Fig. 42

Corol. 2. Unde etiam Trajectoriarum centra diametri et latera
recta inveniri possunt ut in Corollario secundo Lemmatis XIX.

Schol.

Constructio in casu priore evadet paulo simplicior jungendo Fig 40
BP, et in ea, si opus est, producta, capiendo ~~eamque producendo ad ϖ ut sit~~ Bϖ ad BP ut est PR ad PT
et per ϖ agendo rectam infinitam ϖd ipsi SPT parallelam; inque
ea capiendo semper ϖd æqualem Pr, et agendo rectas Bd, Cr concurrentes in d. Nam cum sint Pr ad Pt, PR ad PT, ϖB ad PB, &
ϖd ad Pt in eadem ratione erunt ϖd et Pr semper æquales. Hac
methodo puncta trajectoriæ inveniuntur expeditissime, nisi mavis
curvam ~~modo~~ ut in casu secundo describere Mechanice. Nam curvarum
descriptio per motum ad Mechanicam pertinet. Rectam et circulum describere Geometria non docet sed postulat id est postulat Tyronem antequam is incipit esse Geometra descriptiones
eorum didicisse. Et quamvis Principia scientiarum debeant esse
simplicia, neque cuiquam conceditur Geometriæ limen attingere qui
non prius didicit postulata; et propterea Geometria nihil omnino postulato
nisi quod sit in omni Mechanica simplicissimum, ipsa tamen sphæram Conum Cylyndrum et paritate rationis figuras universas
etiam Spirales Quadratrices et similes descriptionibus non postula-
tis definit et vi definitionum considerat, oblatasque mensurat
et utitur in Constructione problematum et non oblatas defi-
nitive determinat in usum peritiorum Artificum qui figuras
~~figuras~~ illas describere didicere.

Prop. XXIII. Prob. XV.

Trajectoriam describere quæ per data quatuor puncta
transibit et rectam continget positione datam.

Cas. 1. Dentur tangens HB, punctum contactus B, et alia Fig 41
tria puncta C, D, P. Junge BC et agendo PS parallelam BH
et PQ parallelam BC comple parallelogrammum BSPQ. Age
BD secantem SP in T, et CD secantem PQ in R. Denique agendo quamvis tr ipsi TR parallelam, de PQ, PS abscinde Pr, Pt
ipsis PR, PT proportionales, et actarum Cr, Bt concursus d
incidet semper in Trajectoriam describendam.

Idem aliter.

Revolvatur, tum angulus magnitudine datus CBH circa polum Fig 42
B tum radius quilibet rectilineus et utrinque productus DC circa polum
C. Notentur puncta [illegible] ~~anguli crus~~ M, N in quibus
anguli crus BC secat radium illum ubi crus alterum BH concur-
rit cum eodem radio in punctis D et P. Deinde ad actam infinitam

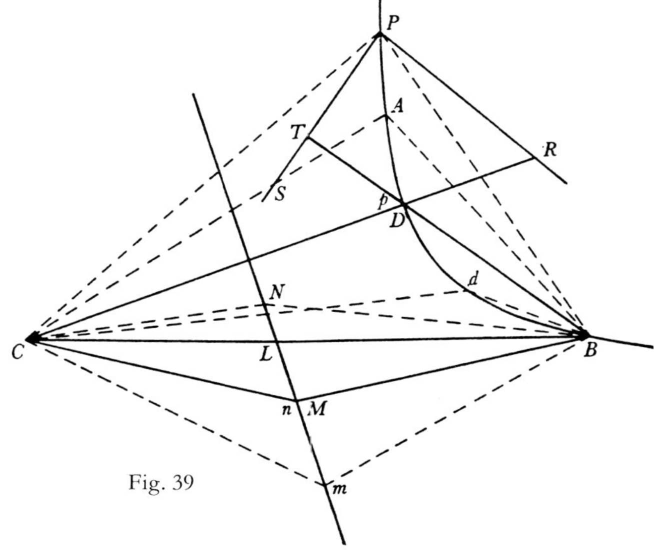

Fig. 39

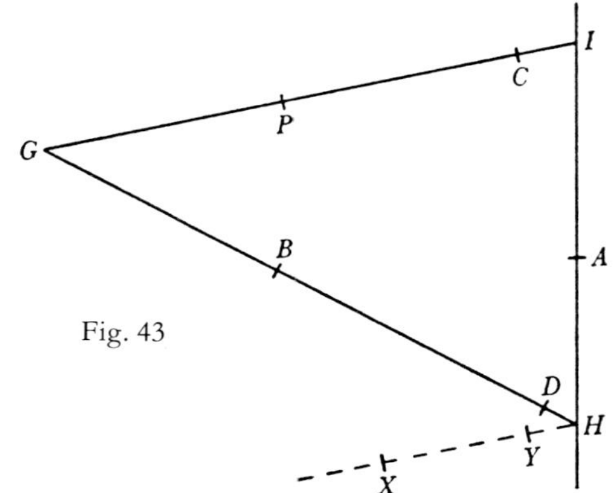

Fig. 43

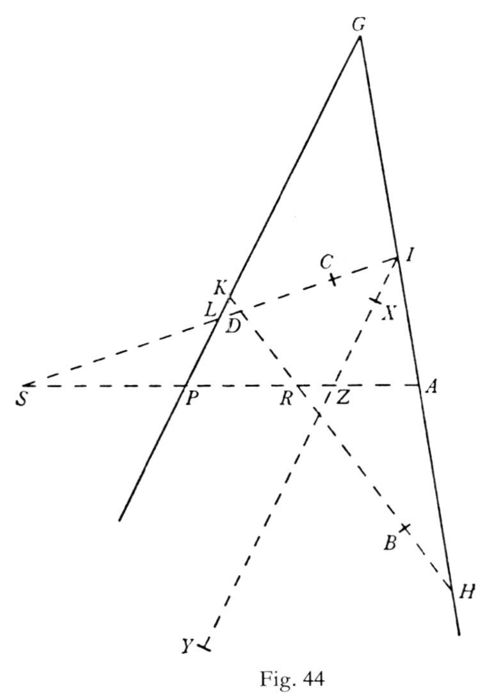

Fig. 44

MN concurrant perpetuò radius ille et anguli crus BC et cruris alterius BH concursus cum radio delineabit Trajectoriam quæsitam.

Nam si in constructionibus Problematis superioris accedat punctum A ad punctum B, lineæ CA et CB coincident, et linea AB in ultimo suo situ fiet tangens BH, atque adeo constructiones ibi positæ evadent eædem cum constructionibus hic descriptis. Delineabit igitur cruris BH concursus cum radio sectionem conicam per puncta C, D, P transeuntem et rectam BH tangentem in puncto B. Q.E.F. Fig 39

Cas. 2. Dentur puncta quatuor B, C, D, P extra tangentem HI sita. Junge bina BD, CP concurrentia in G, tangentique occurrentia in H et I. Secetur tangens in A ita ut sit HA ad AI ut est rectangulum sub media proportionali inter BH et HD et media proportionali inter CG et GP ad rectangulum sub media proportionali inter PI et IC et media proportionali inter DG et GB, et erit A punctum contactus. Nam si rectæ PI parallela AX trajectoriam secet in punctis quibusvis X et Y: erit (ex Conicis) $HA^{quad.}$ ad $AI^{quad.}$ ut rectangulum XHY ad rectangulum PIC, id est, ut rectangulum XHY ad rectangulum BHD (seu rectangulum CGP ad rectangulum DGB) et rectangulum BHD ad rectangulum PIC conjunctim. Invento autem contactus puncto A, describetur trajectoria ut in casu primo. Q.E.F. Capi autem potest punctum A vel inter puncta H & I vel extra; et perinde trajectoria duplex describi. Fig 43

Prop. XXIV. Prob. XVI.

Trajectoriam describere quæ transibit per per data tria puncta et rectas duas positione datas continget.

Dentur tangentes HI, KL et puncta B, C, D. Age BD tangentibus occurrentem in punctis H, K; et CD tangentibus occurrentem in punctis I, L. Actas ita seca in R et S ut sit HR ad KR ut est media proportionalis inter BH et HD ad mediam proportionalem inter BK et KD, et IS ad LS ut est media proportionalis inter CI et ID ad mediam proportionalem inter CL et LD. Age RS secantem tangentes in A et P et erunt A et P puncta contactus. Nam si per punctorum H, I, K, L quodvis I agatur recta IY, tangenti KL parallela & occurrens curvæ in X et Y et in ea sumatur IZ media proportionalis inter IX et IY: erit ex Conicis rectangulum XIY (seu IZ^{quad}) ad LP^{quad} ut rectangulum CID ad rectangulum CLD id est (per constructionem) ut SI^{quad} ad SL^{quad} atque adeo IZ ad LP ut SI ad SL. Jacent ergo puncta S, P, Z in una recta. Porrò Fig 44

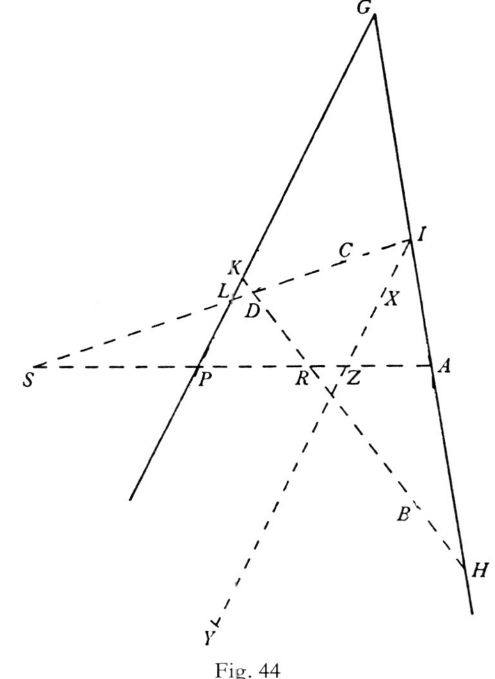

Fig. 44

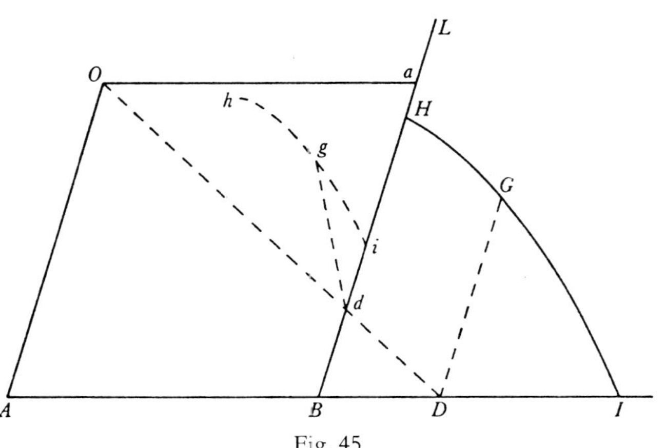

Fig. 45

46

tangentibus concurrentibus in V erit (ex Conicis) rectangulum XIY (seu IZ$^{quad.}$) ad IA$^{quad.}$ vel GP$^{quad.}$ ad GA$^{quad.}$ adeoque IZ ad IA vel GP ad GA. Jacent ergo puncta P, Z et A in una recta, adeo puncta S, P et A sunt in una recta. Et eodem argumento probabitur quod puncta R, P et A sunt in una recta. Jacent igitur puncta contactus A et P in recta SR. Hisce autem inventis Trajectoria describetur ut in casu primo problematis superioris. Q. E. F.

Lemma XXII

Figuras in alias ejusdem generis figuras mutare. Fig 45

Transmutanda sit figura quævis HGI. Ducantur pro lubitu rectæ duæ parallelæ AO, BL tertiam quamvis positione datam AB secantes in A et B, et a figuræ puncto quovis G, ad rectam AB ducatur GD, ipsi OA parallela. Deinde a puncto aliquo O in linea OA dato ad punctum D, ducatur recta OD ipsi BL occurrens in d et a puncto occursus erigatur recta gd, datum quemvis angulum cum recta BL continens atque eam habens rationem ad Od quam habet GD ad OD, et erit g punctum in figura nova hgi puncto G respondens. Eadem ratione puncta singula figuræ primæ dabunt puncta totidem figuræ novæ. Concipe igitur punctum G motu continuo percurrere puncta omnia figuræ primæ, et punctum g motu itidem continuo percurret puncta omnia figuræ novæ et eandem describet. Distinctionis gratia nominemus DG ordinatam primam, dg ordinatam novam; BD abscissam primam, Bd abscissam novam; O polum, OD radium abscindentem, OA radium ordinatum primum et Oa (quo parallelogrammum OABa completur) radium ordinatum novum.

Dico jam quod si punctum G tangit rectam lineam positione datam, punctum g tanget etiam lineam rectam positione datam. Si punctum G tangit Conicam sectionem, punctum g tanget etiam conicam sectionem. Conicis sectionibus hic circulum annumero. Porro si punctum G tangit lineam tertii ordinis analytici, punctum g tanget lineam tertii itidem ordinis, et sic de curvis lineis superiorum ordinum. Lineæ duæ erunt ejusdem semper ordinis Analytici quas puncta G, g tangunt. Etenim ut est ad ad OA ita sunt Od ad OD, dg ad DG et AB ad AD; adeoque AD æqualis est $\frac{OA \times AB}{ad}$ et DG æqualis est $\frac{OA \times dg}{ad}$. Jam si punctum G tangit rectam lineam atque adeo in æquatione quavis qua relatio inter abscissam AD et ordinatam DG habetur, indeterminatæ illæ AD et DG ad unicam tantum dimensionem ascendunt, scribendo in hac æquatione

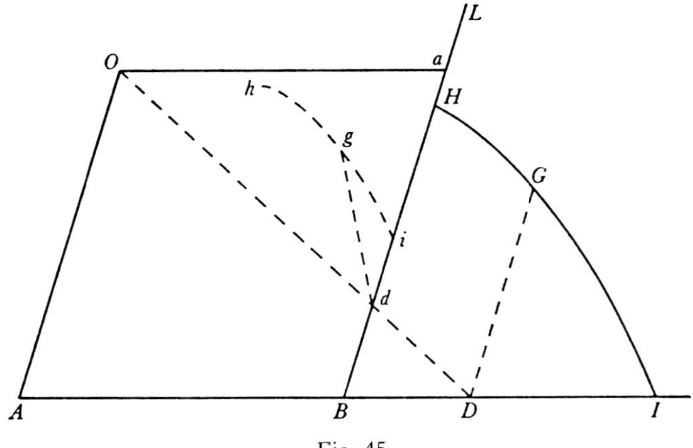

Fig. 45

$\frac{OA \times AB}{ad}$ pro AD et $\frac{OA \times dg}{ad}$ pro DG, producetur æquatio nova in qua abscissa nova ad et ordinata nova dg ad unicam tantum dimensionem ascendent atque adeo quæ designat lineam rectam. Sin AD et DG (vel earum alterutra) ascenderent ad duas ~~æqu~~ dimensiones in æquatione prima ascendent itidem ad et dg ad duas in æquatione secunda. Et sic de tribus vel pluribus dimensionibus. Indeterminatæ ad, dg in æquatione secunda et AD, DG in prima ascendent semper ad eundem dimensionum numerum et propterea lineæ quas puncta G, g tangunt sunt ejusdem ordinis Analytici. 47

[Fig. 45]

Dico præterea quod si recta aliqua tangat lineam curvam in figura prima; hæc recta translata tanget lineam curvam in figura nova: et contra. Nam si Curvæ puncta duo quævis accedunt ad invicem et coeunt in figura prima: puncta eadem translata coibunt in figura nova, atque adeo rectæ quibus hæc puncta junguntur simul evadent curvarum tangentes in figura utraque. Componi possent harum assertionum Demonstrationes more magis Geometrico. Sed brevitati consulo.

Igitur si figura rectilinea in aliam transmutanda est sufficit rectarum intersectiones transferre et per easdem in figura nova lineas rectas ducere. Sin curvilineam transmutare oportet, transferenda sunt puncta tangentes et aliæ rectæ quarum ope Curva linea definitur. Inservit autem hoc Lemma solutioni difficiliorum problematum, transmutando figuras propositas in simpliciores. Nam rectæ quævis convergentes transmutantur in parallelas adhibendo pro radio ordinato primo AO lineam quamvis rectam quæ per concursum convergentium transit: id est quia concursus ille hoc pacto abit in infinitum, lineæ autem parallelæ sunt quæ ad punctum infinite distans tendunt. Postquam autem Problema solvitur in figura nova, si per inversas operationes transmutetur hæc figura in figuram primam, habebitur Solutio quæsita.

Utile est etiam hoc Lemma in Solutione Solidorum problematum. Nam quoties duæ sectiones conicæ obvenerint quarum intersectione problema solvi potest, transmutare licet unam ~~Ellipsin~~ earum in circulum. Recta itidem et sectio conica in constructione planorum problematum vertuntur in rectam et circulum.

Prop. XXV. Prob. XVII.

Trajectoriam describere quæ per data duo puncta transibit et rectas tres continget positione datas.

Per concursum tangentium quarumvis duarum cum se invicem et concursum tangentis tertiæ cum recta illa quæ per puncta duo data transit age rectam infinitam, eaque adhibita pro radio ordinato primo, transmutetur ~~Lemma~~ figura per Lemma superius in figuram novam. In hac figura tangentes illæ duæ evadent

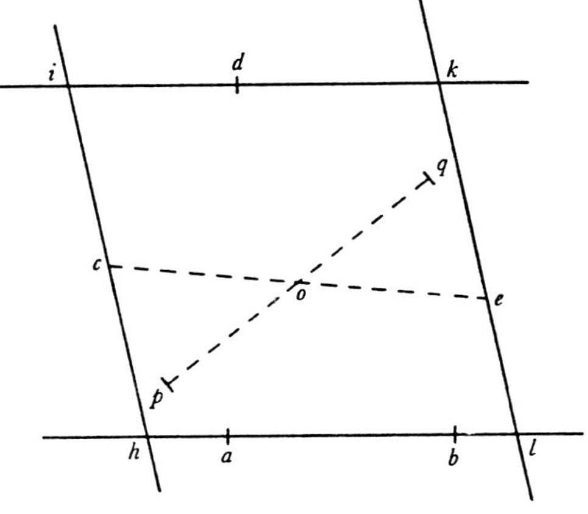

Fig. 46

parallelæ et tangens tertia fiet parallela rectæ per puncta duo transeunti. Sunto hi, kl tangentes duæ parallelæ, ik tangens tertia, et HL recta huic parallela transiens per puncta illa a, b, per quæ Conica sectio in hac figura nova transire debet, et parallelogrammum hikl complens. Secentur rectæ hi, ik, kl in c, d et e ita ut sit hc ad latus quadratum rectanguli ahl, ic ad id et ke ad kd ut est summa rectarum hi, kl ad summam trium linearum quarum prima est recta ik, et alteræ duæ sunt latera quadrata rectangulorum ahb et alb. Et erunt c, d, e puncta contactus. Etenim ex Conicis sunt hc quadratum ad rectangulum ahb, et ic quadratum ad id quadratum, et ke quadratum ad kd quadratum, et el quadratum ad alb rectangulum in eadem ratione et propterea hc ad latus quadratum ipsius ahb, ic ad id, ke ad kd et el ad latus quadratum ipsius alb sunt in dimidiata illa ratione et compositè in data ratione omnium antecedentium [hi + kl] ad omnes consequentes ~~[illegible] quæ sunt ahb + ik~~ [lat. quad. rectanguli ahb + recta ik + lat. quad. rectanguli alb] ~~[illegible] est in ratione data~~. Habentur igitur ex data illa ratione puncta contactus c, d, e in figura nova. Per inversas operationes Lemmatis novissimi transferantur hæc puncta in figuram primam et ibi per Casum primum Problematis XIV, describetur Trajectoria. Q.E.F. Cæterum perinde ut puncta a, b jacent vel inter puncta h, l, vel extra, debent puncta c, d, e vel inter puncta h, i, k, l capi vel extra. Si punctorum a, b alterutrum cadit inter puncta h, l et alterum extra, Problema impossibile est. Fig 46. 88

Prop. XXVI. Prob. XVIII. Lect. 2

Trajectoriam describere quæ transibit per ~~data quatuor~~ punctum datum et rectas quatuor positione datas continget.

Ab intersectione communi duarum quarumlibet tangentium ad intersectionem communem reliquarum duarum agatur recta infinita, et eadem pro radio ordinato primo adhibita, transmutetur figura (per Lemma XX) in figuram novam et Tangentes binæ quæ ad radium ordinatum concurrebant jam evadent parallelæ. Sunto illæ hi, ~~ik~~, kl, ik et kl continentes parallelogrammum hikl. Sitque p punctum in hac nova figura puncto in figura prima dato respondens. Per figuræ centrum O agatur pq et existente oq æquali op erit q punctum alterum per quod sectio Conica in hac figura nova transire debet. Per Lemmatis XX operationem inversam transferatur hoc punctum in figuram primam et ibi habebuntur puncta duo per quæ Trajectoria describenda ~~transire debet~~. Per eadem verò describi potest Trajectoria illa per Prob. XVI. Q.E.F.

Lemma XXIII

Fig. 47. Si rectæ duæ positione datæ AC, BD ad data puncta A, B terminentur datamque habeant rationem ad invicem, rectaque CD qua puncta indeterminata CD junguntur secetur in ratione data, dico quod punctum K locabitur in recta positione data.

Concurrant enim rectæ AC, BD in E et in BE capiatur BG ad AE ut est BD ad AC sitque FD æqualis EF et erit EC ad GD hoc est ad EF ut AC ad BD adeoque in ratione data et propterea dabitur specie triangulum EFC. Secetur CF in L in ratione CK ad CD et dabitur etiam specie triangulum EFL, proindeque punctum L locatur in recta EL positione data. Junge LK et ob datam FD et datam rationem LK ad FD dabitur LK. Huic æqualis capiatur EH et erit ELKH parallelogrammum. Locatur igitur punctum K in parallelogrammi latere positione dato HK. Q. E. D.

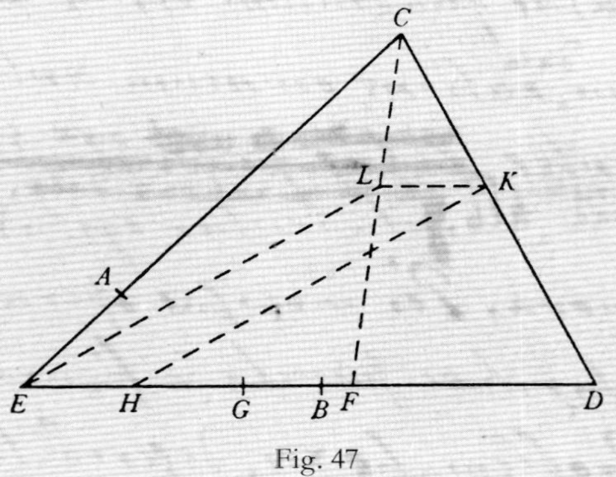

Fig. 47

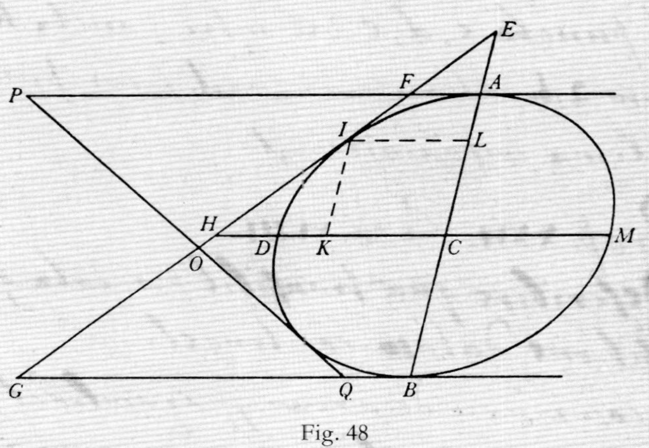

Fig. 48

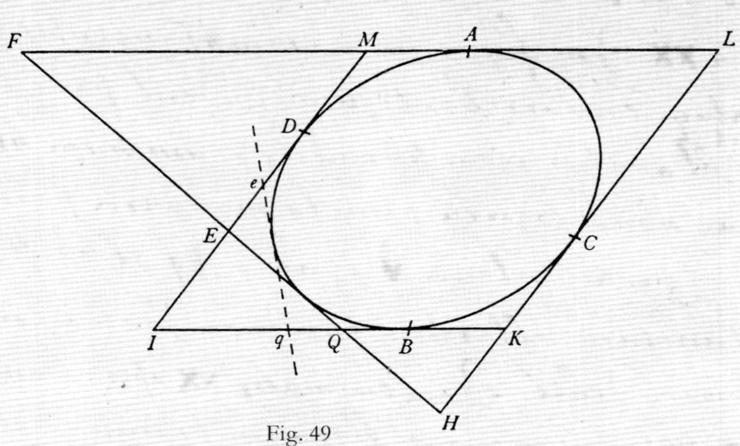

Fig. 49

89

Lemma XXIV.

Si rectæ tres tangant quamcunque Coni-sectionem quarum duæ parallelæ sint ac dentur positione, dico quod sectionis semidiameter hisce duabus parallela sit media proportionalis inter harum segmenta punctis contactuum et tangenti tertiæ interjecta.

Sunto AF, BG parallelæ duæ Conisectionem ADB tangentes in A et B; EF recta tertia Conisectionem tangens in I et occurrens prioribus tangentibus in F; sitque CD semidiameter Figuræ tangentibus parallela: dico quod AF, CD, BG sunt continuè proportionales. Fig 48.

Nam si diametri conjugatæ AB, DM tangenti FG occurrant E & H seque mutuò secent in C et compleatur parallelogrammum IKCL, erit ex natura sectionum conicarum EC ad CA ita CA ad LC et ita divisim EC−CA ad CA−CL seu EA ad AL et composite EA ad EA+AL seu EL ut EC ad EC+CA seu EB; adeoque (ob similitudinem triangulorum EAF, ELI, ECH, EBG) AF ad LI ut CH ad BG. Est itidem ex natura sectionum conicarum LI seu CK ad CD ut CD ad CH atque adeo ex æquo perturbate AF ad CD ut CD ad BG. Q.E.D.

Corol. 1. Hinc si tangentes duæ FG, PQ tangentibus parallelis AF, BG occurrant in F, G, P & Q seque mutuò secent in O, erit (ex æquo perturbate) AF ad BQ ut AP ad BG et divisim ut FP ad GQ, atque adeo ut FO ad OG.

Corol. 2. Unde etiam rectæ duæ PG, FQ per puncta P et G, F et Q ductæ concurrent ad rectam ACB per centrum figuræ et puncta contactuum A, B transeuntem.

Lemma XXV.

Si parallelogrammi latera quatuor infinitè producta tangant sectionem quamcunque Conicam et abscindantur ad tangentem quamvis quintam, sumantur autem abscissæ terminatæ ad angulos oppositos parallelogrammi: dico quod abscissa unius lateris sit ad latus illud ut pars lateris contermini inter punctum contactus et latus tertium ad abscissam lateris hujus contermini.

Tangant parallelogrammi MIKL latera quatuor ML, IK, KL, MI sectionem conicam in A, B, C, D, et secet tangens quinta FQ hæc latera in F, Q, H et E; dico quod sit ME ad MI ut BK ad KQ, et KH ad KL ut AM ad MF. Nam per Corollarium Lemmatis superioris est ME ad EI ut AM seu BK ad BQ et componendo ME ad MI ut BK ad KQ. Q.E.D. Item KH ad HL ut BK seu AM ad AF, et dividendo KH ad KL ut AM ad MF. Q.E.D. Fig 49

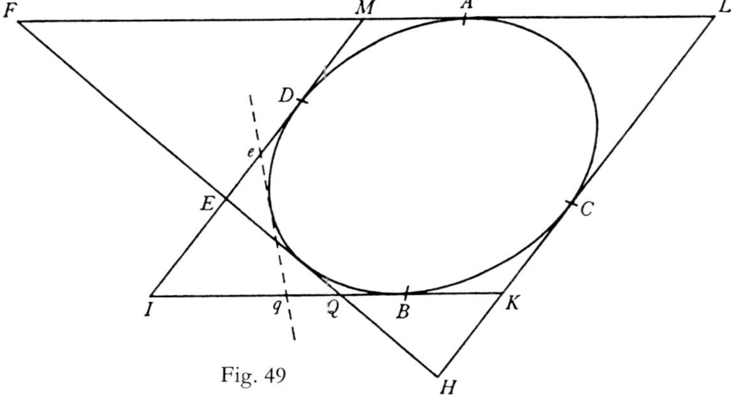

Fig. 49

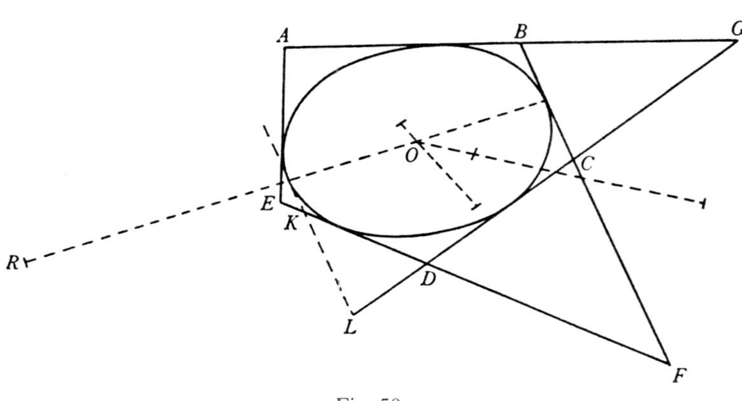

Fig. 50

90

Corol. 1. Hinc si parallelogrammum IKLM datur, dabitur rectangulum KQ×ME, ut et huic æquale rectangulum KH×MF. Æquantur enim rectangula illa ob similitudinem triangulorum KQH, MFE.

Corol. 2. Et si sexta ducatur tangens eq tangentibus KI, MI occurrens in e et q rectangulum KQ×ME æqualitur rectangulo Kq×Me, eritq KQ ad Me ut Kq ad ME, et divisim ut Qq ad Ee. ~~Æquantur enim rectangula illa ob similitudinem triangulorum KQH, MFE.~~ [Fig. 49]

Corol. 3. Unde etiam si Eq, eQ jungantur et bisecentur et recta per puncta bisectionum agatur, ~~hæc~~ recta transibit per centrum Sectionis Conicæ. Nam cum sit Qq ad Ee ut KQ ad Me, transibit eadem recta per medium omnium Eq, eQ, MK per Lem. XXI et medium rectæ MK est centrum sectionis.

Prop. XXVII. Prob. ~~[illegible]~~ XIX.

Trajectoriam describere quæ rectas quinque positione datas continget.

Dentur positione tangentes ABG, BCF, GCD, FDE, EA. Fig. 50 Figuræ quadrilateræ sub quatuor quibusvis contentæ ABFE diagonales AF, BE biseca et (per Cor. 3 Lem XXVI) recta per puncta bisectionum acta transibit per centrum Trajectoriæ. Rursus figuræ quadrilateræ BGDF sub alijs quibusvis quatuor tangentibus contentæ diagonales (ut ita dicam) BD, GF biseca, et recta per puncta bisectionum acta transibit per centrum sectionis. Dabitur ergo centrum in concursu bisecantium. Sit illud O. Tangenti cuivis BC parallelam age KL ad eam distantiam ~~[illegible]~~ ut centrum O in medio ~~paralle~~ inter parallelas locetur, et acta KL tanget trajectoriam describendam. Secet hæc tangentes alias quasvis duas CD, FDE in L et K. Per tangentium ~~[illegible]~~ non parallelarum CL, FK cum parallelis CF, KL concursus C et K, F et L age CK FL concurrentes in R et recta OR ducta et producta secabit tangentes parallelas CF, KL in punctis contactuum. Patet hoc per Corol. 2 Lem. XXIV. Eadem methodo invenire licet alia contactuum puncta, et tum demum per Casum 1. Prob. XIV Trajectoriam describere. Q.E.F.

Scholium.

Problemata, ubi dantur Trajectoriarum vel centra vel Asymptoti, includuntur in præcedentibus. Nam datis punctis et tangentibus una cum centro dantur alia totidem puncta aliæque tangentes a centro ex altera ejus parte æqualiter distantes. Asymptotos

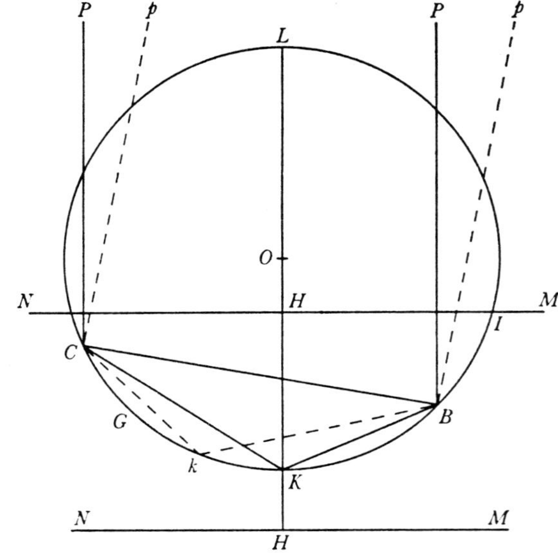

Fig. 51

91

autem pro tangente habenda est, et ejus terminus infinite distans (si ita loqui fas sit) pro puncto contactus. Concipe tangentis cujusvis punctum contactus abire in infinitum et tangens vertetur in Asymptoton atque constructiones Problematis XV et Casus primi problematis XIV vertentur in constructiones Problematum ubi Asymptoti dantur.

Postquam Trajectoria descripta est invenire licet axes et umbilicos ejus hac methodo. In constructione Lemmatis XXI (fig. 39) fac ut angulorum mobilium PBN, PCN crura BP, CP quorum concursu trajectoria describebatur sint sibi invicem parallela, eumque servantia situm revolvantur circa polos suos B, C ut in figura 39. Interea vero describant altera angulorum illorum crura CN, BN concursu suo N vel n circulum IBKGC. Sit circuli hujus centrum O. Ab hoc centro ad Regulam MN ad quam altera illa crura CN, BN interea concurrebant dum trajectoria describebatur, demitte normalem OH circulo occurrentem in K et L. Et ubi crura illa altera CN, BN concurrunt ad punctum istud K, quod Regulae propius est, crura prima CP, BP parallela erunt axi majori et perpendicularia minori et contrarium eveniet si crura eadem concurrunt ad punctum remotius L. Unde si detur Trajectoriae centrum, dabuntur axes. Hisce autem datis, umbilici sunt in promptu. Fig. 51.

Axium vero quadrata sunt ad invicem ut KH ad LH, et inde facile est Trajectoriam specie datam per data quatuor puncta describere. Nam si duo ex punctis datis constituantur poli C, B, tertium dabit angulos mobiles PCK, PBK. Tum ob datam specie Trajectoriam dabitur ratio OH ad OK centroque O et intervallo OH describendo circulum et per punctum quartum agendo rectam quae circulum illum tangat, dabitur regula MN cujus ope Trajectoria describetur. Unde etiam vicissim Trapezium specie datum (si casus quidam impossibiles excipiantur) in data quavis sectione conica inscribi potest.

Sunt et alia Lemmata quorum ope Trajectoriae specie datae, datis punctis et tangentibus, describi possunt. Ejus generis est quod, si recta linea per punctum quodvis positione datum ducatur quae datam Coni sectionem in punctis duobus intersecet, et intersectionum intervallum bisecetur, punctum bisectionis tanget aliam Coni sectionem ejusdem speciei cum priore, atque axes habentem prioris axibus parallelos. Sed propero ad magis utilia.

* Describantur autem hæc segmenta ad eas partes linearum DE, DF, EF, ut literæ DKED eodem ordine cum literis BACB, literæ DLFD eodem cum literis ABCA et literæ EMFE eodem cum literis ACBA in orbem redeant: deinde compleantur hæc segmenta in circulos.

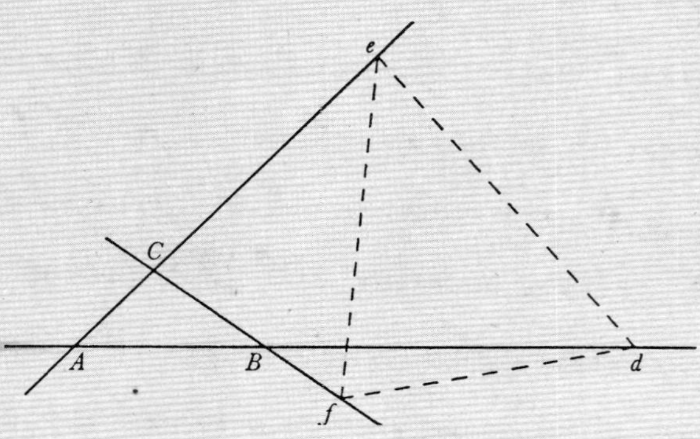

Fig. 52

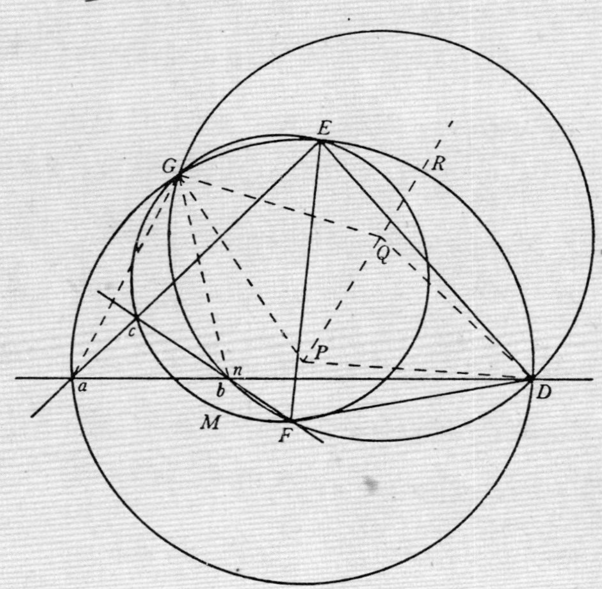

Fig. 53

92 12

Lemma XXVI

Trianguli specie et magnitudine dati tres angulos ad rectas totidem positione datas, quæ non sunt omnes parallelæ, singulos ad singulas ponere.

Dantur positione tres rectæ infinitæ AB, AC, BC, et oportet triangulum DEF ita locare ut angulus ejus D lineam AB, angulus E lineam AC, et angulus F lineam BC tangat. Super DE, DF et EF describe tria circulorum segmenta DRE, DGF, EMF, quæ capiant angulos angulis BAC, ABC, ACB æquales respective.* Secent circuli duo priores se mutuo in G, suntque centra eorum P et Q. Junctis GP, PQ, cape Ga ad AB ut est GP ad PQ et centro G intervallo Ga describe circulum qui secet circulum primum DGE in a. Jungatur tum aD secans circulum secundum DGF in b, tum aE secans circulum tertium GEc in c. Et compleatur figura ABCdef similis et æqualis figuræ abcDEF. Dico factum. — Fig. 52 & 53.

Agatur enim Fc ipsi aD occurrens in n. Jungantur aG, bG, PD, QD et producatur PQ ad R. Ex constructione est angulus EaD æqualis angulo CAB et angulus EcF æqualis angulo ACB, adeoque triangulum anc triangulo ABC æquiangulum. Ergo angulus anc seu FnD angulo ABC adeoque angulo FbD æqualis est, et propterea punctum n incidit in punctum b. Porro angulus GPQ qui dimidius est anguli ad centrum GPD æqualis est angulo ad circumferentiam GaD et angulus GQR qui dimidius est complementi anguli ad centrum GQD æqualis est angulo ad circumferentiam GbD, adeoque eorum complementa PQG abG æquantur, suntque adeo triangula GPQ Gab similia, et Ga est ad ab ut GP ad PQ id est (ex constructione) ut Ga ad AB. Æquantur itaque ab et AB et propterea triangula abc, ABC quæ modo similia esse probavimus sunt etiam æqualia. Unde cum tangant insuper trianguli DEF anguli D, E, F trianguli abc latera ab, ac, bc respective: compleri potest figura ABCdef figuræ abcDEF similis et æqualis atque eam complendo solvetur Problema. Q.E.F.

Corol. Hinc recta duci potest cujus partes longitudine datæ rectis tribus positione datis interjacebunt. Concipe Triangulum DEF puncto D ad latus EF accedente, et lateribus DE, DF in directum positis mutari in lineam rectam cujus pars data DE, rectis positione datis AB, AC et pars data DF rectis positione datis AB, BC

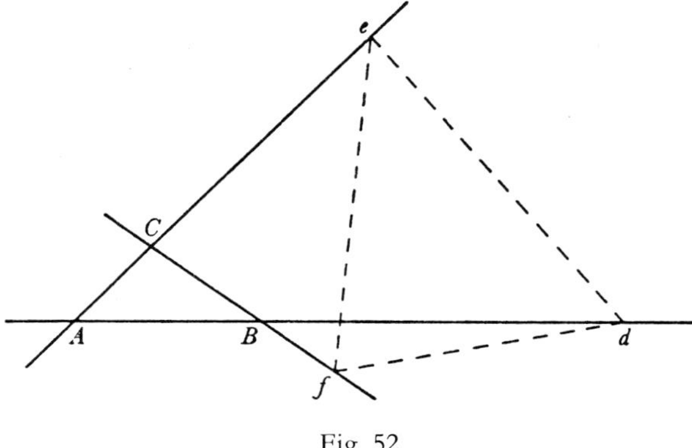

Fig. 52

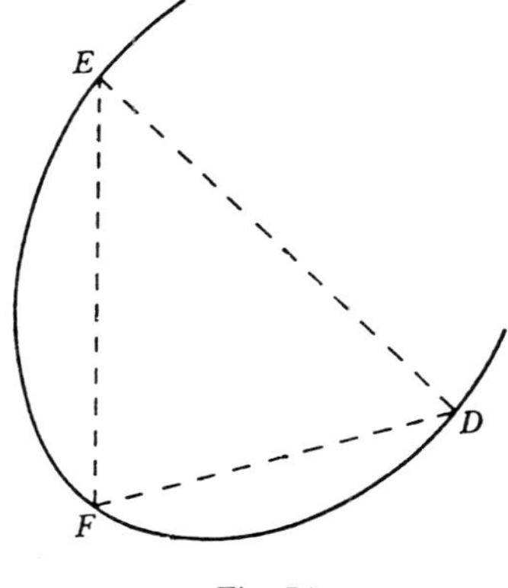

Fig. 54

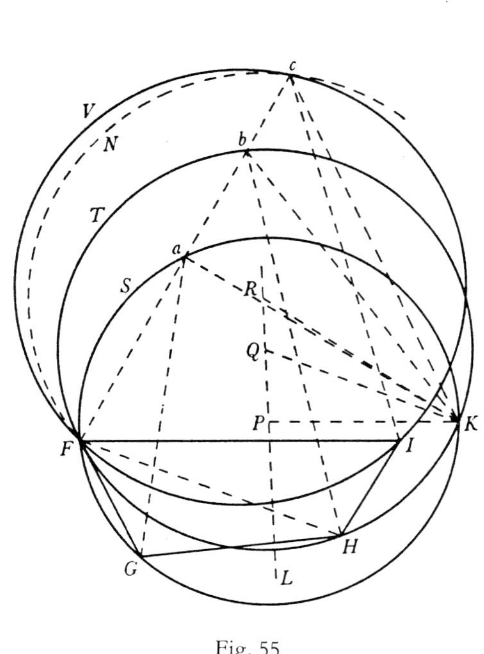

Fig. 55

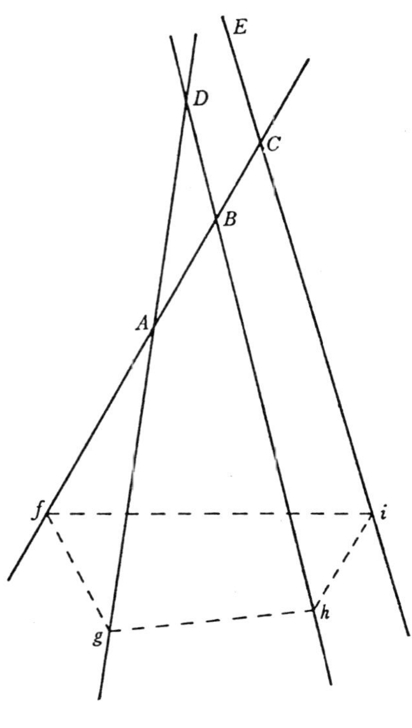

Fig. 56

interseri debet et applicando constructionem praecedentem ad hunc casum solvetur Problema. 93

Prop. XXVIII. Prob. XX.

Trajectoriam specie et magnitudine datam describere cujus partes datae ~~interceptae~~ rectis tribus positione datis interjacebunt.

Describenda sit Trajectoria quae sit similis et aequalis lineae curvae DEF quaeq a rectis tribus AB, AC, BC positione datis in partes datis hujus partibus DE et EF similes et aequales secabitur. Age rectas DE, EF, DF et trianguli hujus DEF pone angulos D, E, F ad rectas illas positione datas (per Lem. XXVI) Dein circa Triangulum describe Trajectoriam curvae DEF similem et aequalem. Q.E.F. Fig 52 et 54

Lemma XXV. Lect. 3 12

Trapezium specie datum describere cujus anguli ad rectas quatuor positione datas (quae neqe omnes parallelae sunt, neqe ad commune punctum convergunt) singuli ad singulas consistent.

Dentur positione rectae quatuor ABC, AD, BD, CE quarum prima secet secundam in A, tertiam in B, et quartam in C: et describendum sit Trapezium fghi quod sit Trapezio FGHI simile et cujus angulus f angulo dato F aequalis tangat rectam ABC caeteriq anguli g, h, i caeteris angulis datis G, H, I aequales tangant caeteras lineas AD, BD, CE respective. Jungatur FH et super FG, FH, FI describantur totidem circulorum segmenta FSG, FTH, FVI, quorum primum FSG capiat angulum aequalem angulo BAD, secundum FTH capiat angulum aequalem angulo CBE ac tertium FVI capiat angulum aequalem angulo ACE. Describi autem debent segmenta ad eas partes linearum FG, FH, FI, ut literarum FSGF idem sit ordo circularis qui literarum BADB, utq literae FTHF eodem ordine cum literis CBEC et literae FVIF eodem cum literis ACEA in orbem redeant. Compleantur segmenta in circulos, sitq P centrum circuli primi FSG, et Q centrum secundi FTH. Jungatur et utrinq producatur PQ et in ea capiatur QR in ea ratione ad PQ quam habet BC ad AB. Capiatur autem QR ad eas partes puncti Q ut literarum P, Q, R idem sit ordo circularis atq literarum ABC centroq R et intervallo RF describatur circulus quartus FNc secans circulum tertium FVI in c. Jungatur Fc secans circulum primum in a et secundum in b. Agantur aG, bH et figurae abcFGHI similis constituatur figura ABCfghi: eritq trapezium fghi Fig 55 et 56.

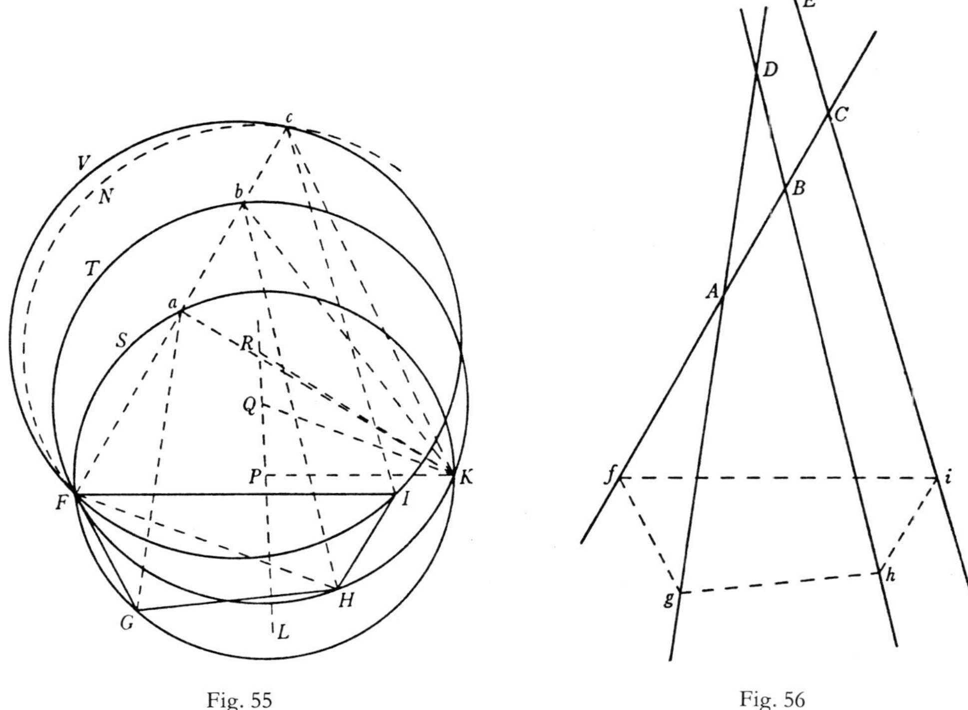

Fig. 55

Fig. 56

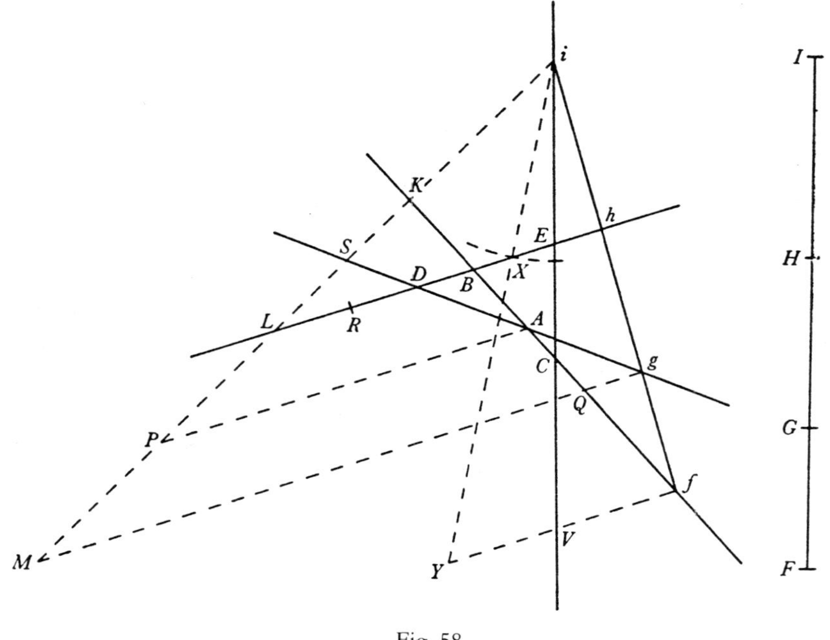

Fig. 58

illud ipsum quod constituere oportuit.

Secent enim circuli duo primi FST, FGH se mutuo in K. Jungantur PK, QK, RK, aK, bK, cK et producatur QP ad L. Anguli ad circumferentiam FaK, FbK, FcK sunt semisses angulorum FPK, FQK, FRK ad centra adeoque angulorum illorum dimidijs LPK, LQK, LRK aequales. Est ergo figura PQRK figurae abcK aequiangula et similis et propterea ab est ad bc ut PQ ad QR id est ut AB ad BC. Angulis insuper FaG, FbH, FcI aequantur fAg, fBh, fCi per constructionem. Ergo figurae abcFGHI figura similis ABCfghi compleri potest. Quo facto trapezium fghi constituetur simile trapezio FGHI et angulis suis f, g, h, i tanget rectas AB, AD, BD, CE. Q.E.F. 94 [Fig. 55 & 56]

Corol. Hinc recta duci potest cujus partes rectis quatuor positione datis dato ordine interjectae datam habebunt proportionem ad invicem. Augeantur anguli FGH, GHI usque eo ut rectae FG, GH, HI in directum jaceant et in hoc casu construendo Problema ducetur recta fghi cujus partes fg, gh, hi rectis quatuor positione datis AB et AD, AD et BD et BD, CE interjectae, erunt ad invicem ut lineae FG, GH, HI eandemque servabunt ordinem inter se. Idem vero sic fit expeditius.

~~Idem sic fit expeditius~~

~~Producantur AB ad K et BD ad L ut sit BK ad AB ut HI ad GH et DL ad BD ut GI ad FG. Jungatur KL occurrens rectae CE in i. Producatur iE ad M ut sit EM ad iE ut GI ad FG et agatur MF ipsi BD parallela ipsique AB occurrens in F. Et jungatur Fi secans AD et BD in g et h. Dico factum. Nam concurrentibus iL, fM in N sunt NF ad LH, Ni ad Li, Mi ad Ei, FI ad HI, BL ad DL ut in eadem ratione.~~

Producantur AB ad K et BD ad L ut sit BK ad AB ut HI ad GH et DL ad BD ut GI ad FG, et jungatur KL occurrens rectae CE in i. Producatur iL ad M ut sit LM ad iL ut GH ad HI et agatur tum MQ ipsi LK parallela rectaeque AD occurrens in g tum gi secans AB, BD in f et h. Dico factum. Fig 58

Secet enim Mg rectam AB in Q et AD rectam KL in S et agatur AP quae sit ipsi BD parallela et occurrat iL in P, et erunt Mg ad Lh (Mi ad Li, gi ad hi, AK ad BK) et AP ad BL in eadem ratione. Secetur DL in R ut sit DL ad RL in eadem illa ratione et ob proportionales gS ad gM, AS ad AP et DS ad DL erit ex aequo ut gS ad Lh ita AS ad BL

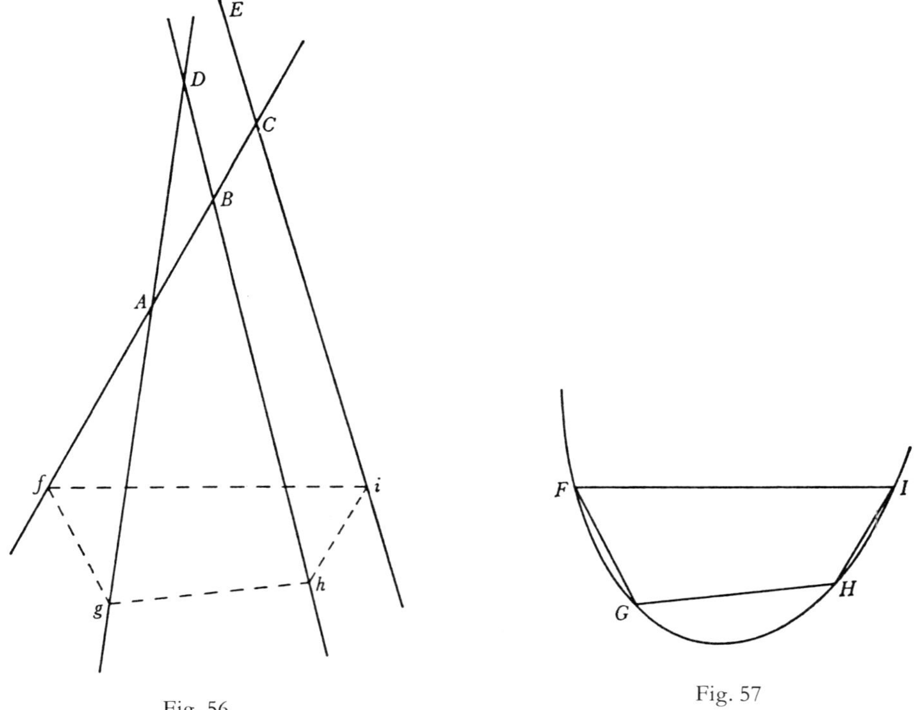

Fig. 56

Fig. 57

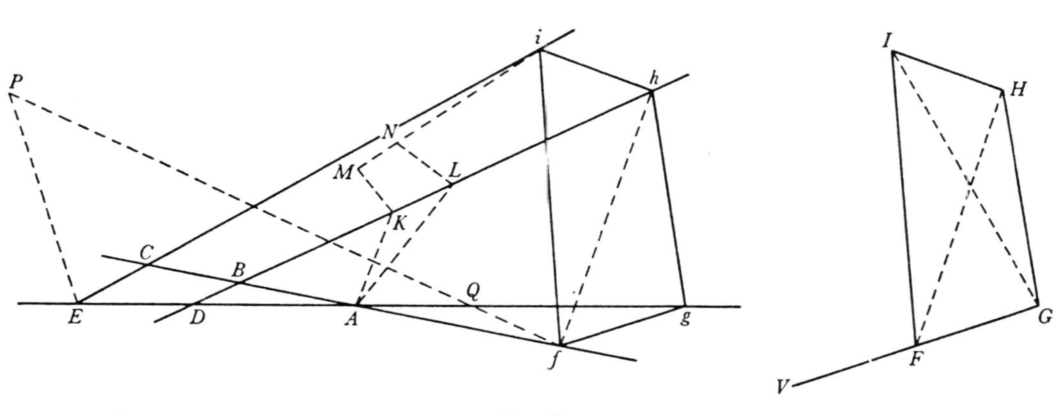

Fig. 59

et DS ad RL et mixtim BL–RL ad Lh–BL ut AS–DS ad gS–AS. Id est BR ad Bh ut Ad ad Ag, adeoque ut BD ad gQ. Et vicissim BR ad BD ut Bh ad gQ seu fh ad fg. Sed ex constructione est BR ad BD ut FH ad FG. Ergo fh est ad fg ut FH ad FG. Cum igitur sit etiam ig ad ih ut Mi ad Li id est ut IG ad IH patet lineas FI, fi in g et h, G et H similiter secari. Q.E.F. 95

In constructione Corollarii hujus postquam ducitur SK secans CE in i, producere licet iE ad V ut sit EV ad iE ut FH ad HI et agere Vf parallelam ipsi BD. Eodem recidit si centro i intervallo IH describatur circulus secans BD in X, producatur iX ad Y ut sit iY æqualis IF, et agatur Yf ipsi BD parallela.

Prop. XXIX. Prob. XXI.

Trajectoriam specie datam describere quæ a rectis quatuor positione datis in partes secabitur ordine specie et proportione datas.

Describenda sit Trajectoria fghi quæ similis sit lineæ curvæ FGHI et cujus partes fg, gh, hi illius partibus FG, GH, HI similes et proportionales rectis AB et AD, AD et BD, BD et CE positione datis prima primis secunda secundis tertia tertijs interjaceant. Actis rectis FG, GH, HI, FI describatur Trapezium fghi quod sit Trapezio FGHI simile et cujus anguli f, g, h, i tangant rectas illas positione datas AB, AD, BD, CE singuli singulas dicto ordine. Dein circa hoc Trapezium describatur Trajectoria curvæ lineæ FGHI consimilis. Fig. 56 & 57

Scholium.

Construi etiam potest hoc Problema ut sequitur. Junctis FG, GH, HI, FI, produc GF ad V, jungeque FH, IG, et angulis FGH, VFH fac angulos CAK, DAL æquales. Concurrant AK, AL cum recta BD in K et L et inde agantur KM, LN quarum KM constituat angulum AKM æqualem angulo GHI sitque ad AK ut est HI ad GH, et LN constituat angulum ALN æqualem angulo FHI sitque ad AL ut HI ad FH. Ducantur autem AK, KM, AL, LN ad eas partes linearum AD, AK, AL ut literæ CAKMD, ALK, DALND eodem ordine cum literis FGHIF in orbem redeant. Et acta MN occurrat rectæ CE in i. Fac angulum iEP æqualem angulo IGF sitque PE ad Ei ut FG ad GI et per P agatur QPF quæ cum recta AED contineat angulum PQE æqualem angulo FIG rectæque AB occurrat in f, et jungatur fi. Agantur autem PE et PQ ad eas partes linearum CE, PE ut literarum PEiP et PEQP idem sit ordo circularis qui literarum FGHIF, et si super linea fi eodem quoque literarum ordine constituatur trapezium fghi trapezio FGHI simile et circumscribatur Trajectoria specie data, solvetur Problema. Fig. 59 et 60.

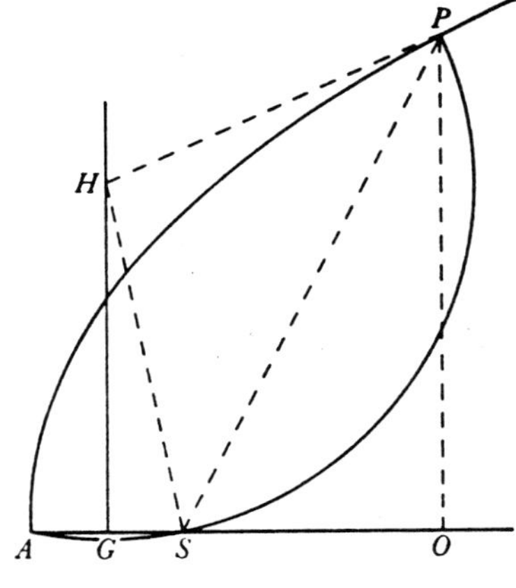

Fig. 61

71

Hactenus de ~~[struck]~~ orbibus inveniendis. Superest ut motus ~~corporum~~ corporum in orbibus inventis determinemus. 96

Artic. VI.

De ~~[struck]~~ inventione motuum in Orbibus datis.

Prop. XXX. Prob. XXII.

Corporis in data trajectoria Parabolica moventis, invenire locum ad tempus assignatum. 13

Sit S umbilicus & A vertex principalis Parabolae, et $4AS \times M$ area Parabolica APS quae radio SP vel post excessum corporis de vertice descripta fuit vel ante appulsum ejus ad verticem describenda est. Innotescit area illa ex tempore ipsi proportionali. Biseca AS in G, erigeque perpendiculum GH aequale 3M, et circulus centro H intervallo HS descriptus secabit Parabolam in loco quaesito P. Nam demissa ad axem perpendiculari PO, est $HGq + GSq$ $(= HSq = HPq = GOq + \overline{HG - PO}q) = GOq + HGq - 2HG \times PO + POq$. Et deleto utrinque HGq fiet $GSq = GOq - 2HG \times PO + POq$, seu $2HG \times PO$ $(= GOq + POq - GSq = AOq - 2GAO + POq) = AOq + \frac{3}{4}POq$. Pro AOq scribe $AO \times \frac{POq}{4AS}$, et applicatis terminis omnibus ad $3PO$ ductisque in $2AS$ fiet $\frac{4}{3}HG \times AS$ $(= \frac{1}{6}AO \times PO + \frac{1}{2}AS \times PO = \frac{AO+3AS}{6}PO = \frac{4AO-3SO}{6}PO$ $=$ area $APO - SPO) =$ area APS. Sed GH erat 3M et inde $\frac{4}{3}HG \times AS$ est $4AS \times M$. Ergo area APS aequalis est $4AS \times M$. Q.E.D. Fig. 61.

Corol. 1. Hinc GH est ad AS ut tempus quo corpus descripsit arcum AP ad tempus quo corpus descripsit arcum inter verticem A et perpendiculum ad axem ab umbilico S erectum.

Corol. 2. Et circulo ASP per corpus movens perpetuo transeunte velocitas puncti G est ad velocitatem quam corpus habuit in vertice A ut 3 ad 8; adeoque in ea etiam ratione est linea GH ad lineam rectam quam corpus tempore motus sui ab A ad P ea cum velocitate quam habuit in vertice A, describere posset.

Corol. 3. Hinc etiam vice versa inveniri potest tempus quo corpus descripsit arcum quemvis assignatum AP. Junge AP et ad medium ejus punctum erige perpendiculum rectae GH occurrens in H.

Lemma XXVIII.

~~[struck]~~ Nulla extat figura Ovalis cujus area rectis pro lubitu ~~[struck]~~ abscissa ~~[struck]~~ possit generaliter per aequationes numero terminorum ac dimensionum finitas inveniri.

Intra Ovalem detur punctum quodvis circa quod ceu polum revolvatur perpetuo linea recta, et interea in recta illa exeat punctum mobile de polo, pergatque semper cum velocitate quae sit ut ~~longitudo~~ rectae illius intra Ovalem longitudo. Hoc motu punctum illud

describet spiralem gyris infinitis. Jam si area Ovalis per finitam aequationem inveniri potest, invenietur etiam per eandem aequationem distantia puncti a polo quae huic areae proportionalis est, adeoque omnia spiralis puncta per aequationem finitam inveniri possunt: et propterea rectae cujusvis positione datae intersectio cum spirali inveniri etiam potest per aequationem finitam. Atqui recta omnis infinite producta spiralem secat in punctis numero infinitis et aequatio qua intersectio aliqua duarum linearum invenitur exhibet earum intersectiones omnes radicibus totidem, adeoque ascendit ad tot dimensiones quot sunt intersectiones. Quoniam circuli se mutuo secant in punctis duobus intersectio una non invenitur nisi per aequationem duarum dimensionum qua intersectio altera etiam inveniatur. Quoniam duarum sectionum conicarum quatuor esse possunt intersectiones, non potest aliqua earum generaliter inveniri nisi per aequationem quatuor dimensionum qua omnes simul inveniantur. Nam si intersectiones illae seorsim quaerantur, quoniam eadem est omnium lex et conditio idem erit calculus in casu unoquoque et propterea eadem semper conclusio, quae igitur debet omnes intersectiones simul complecti et indifferenter exhibere. Unde etiam intersectiones sectionum conicarum et curvarum tertiae potestatis, eo quod sex esse possunt, simul prodeunt per aequationes sex dimensionum et intersectiones duarum curvarum tertiae potestatis, quia novem esse possunt, simul prodeunt per aequationes dimensionum novem. Id nisi necessario fieret, reducere liceret problemata omnia solida ad plana et plusquam solida ad solida. Eadem de causa intersectiones binae rectarum et sectionum conicarum prodeunt semper per aequationes duarum dimensionum, ternae rectarum et curvarum tertiae potestatis per aequationes trium, quaternae rectarum et curvarum quartae potestatis per aequationes dimensionum quatuor et sic in infinitum. Ergo intersectiones numero infinitae rectarum et spiralium, propterea quod omnium eadem est lex et idem calculus, requirunt aequationes numero dimensionum et radicum infinitas quibus omnes possunt simul exhiberi. Si a polo in rectam illam secantem demittatur perpendiculum et perpendiculum una cum secante revolvatur circa polum: intersectiones spiralis transibunt in se mutuo, quaeque prima erat seu polo proxima, post unam revolutionem secunda erit post duas tertia et sic deinceps: nec interea mutabitur

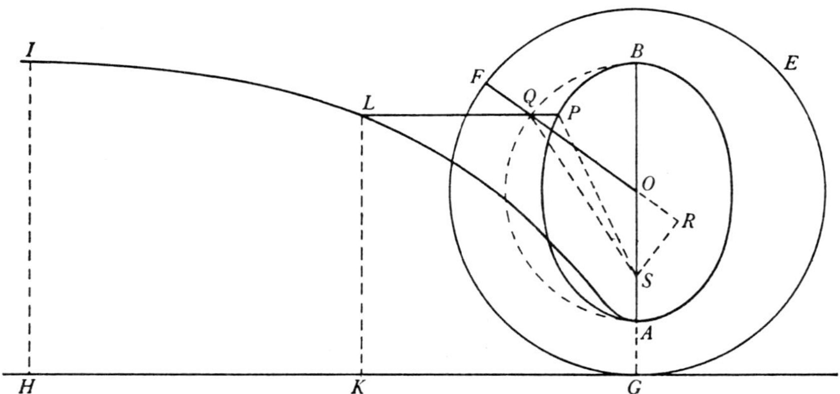

Fig. 62

98

æquatio nisi pro mutata magnitudine quantitatum per quas positio secantis determinatur. Unde cum quantitates illæ post singulas revolutiones redeunt ad magnitudines primas, æquatio redibit ad formam primam, adeoque una eademque exhibebit intersectiones omnes, ~~exhibebit~~, et propterea radices habebit numero infinitas quibus omnes exhiberi possunt. Nequit ergo intersectio rectæ et spiralis per æquationem finitam generaliter inveniri, et idcirco nulla extat Ovalis cujus area rectis imperatis abscissa possit per talem æquationem generaliter exhiberi.

Eodem argumento, si intervallum poli et puncti quo spiralis describitur capiatur Ovalis perimetro abscissæ proportionale, probari potest quod longitudo perimetri nequit per finitam æquationem generaliter exhiberi.

Corol. Hinc area Ellipseos, quæ radio ab umbilico ad corpus mobile ducto describitur, non prodit ex dato tempore ~~non prodit~~ per æquationem finitam, et propterea ~~nequit adeo~~ per descriptionem curvarum Geometricè rationalium ~~Analyticarum~~ determinari nequit. Curvas Geometricè rationales appello quarum puncta omnia per longitudines æquationibus definitas id est per longitudinum rationes complicatas determinari possunt; cæterasque (ut Spirales, Quadratrices, Trochoides) Geometricè irrationales. Nam longitudines quæ sunt vel non sunt ut numerus ad numerum (quemadmodum in decimo Elementorum) sunt Arithmeticè rationales vel irrationales. Aream igitur Ellipseos tempori proportionalem abscindo per Curvam Geometricè irrationalem ut sequitur.

Prop. XXXI. Prob. XXIII.

Lect. 4.

Corporis in data Trajectoria Elliptica moventis invenire locum ad tempus assignatum.

[Fig. 62]

Fig. 63

Ellipseos ~~AOB~~ APB sit A vertex principalis, S umbilicus, O centrum, sitque P corporis locus inveniendus. Produc OA ad G ut sit OG ad OA ut OA ad OS. Erige perpendiculum GH centroque O et intervallo OG describe circulum EFG, et quoniam Problema per curvas ~~Analyticas~~ Geometricè rationales non solvitur, super regula GH ceu fundo progrediatur rota GEF revolvendo circa axem suum, et interea puncto suo A describendo Trochoidem ALI. Quo facto cape GK in ratione ad rotæ perimetrum GEFG ut est tempus quo corpus progrediendo ab A descripsit arcum AP ~~progressum fuit ab A ad P~~ ad tempus revolutionis unius in Ellipsi. Erigatur perpendiculum KL occurrens Trochoidi in L et acta LP ipsi KG parallela occurrat Ellipsi in corporis loco quæsito P.

Nam centro O intervallo OA describatur semicirculus AQB et arcui AQ occurrat LP producta in Q, junganturque SQ, OQ. Arcui EFG occurrat OQ in F et in eandem OQ demittatur perpendiculum SR. Area APS est ut area AQS, id est ut differentia arearum OQA − OQS seu $\frac{1}{2}$OQ in AQ − SR, hoc est ut differentia inter arcum AQ et rectam SR quæ est ad sinum arcus illius ut OS ad OA, adeoque ut GK differentia inter arcum GF et sinum arcus AQ. Q.E.D.

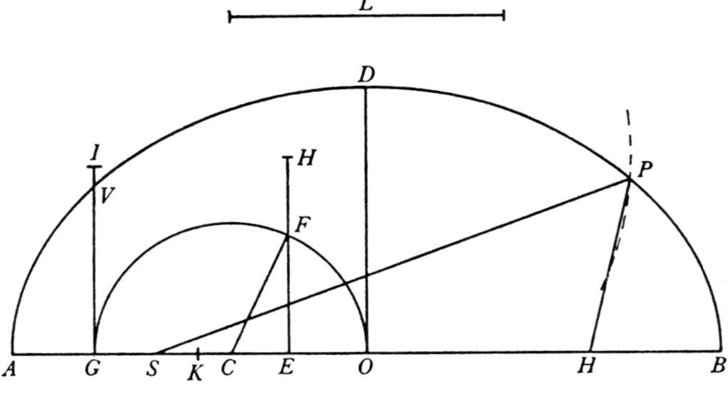

Fig. 63

Fig. 64

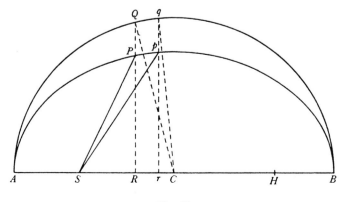

Scholium.

Cæterum ob difficultatem describendi hanc curvam præstat constructiones vero proximas in praxi Mechanica adhibere. Ellipseos ~~vel Hyperbolæ~~ cujusvis APB sit AB axis major, O centrum, S umbilicus, OD semiaxis minor, et AK dimidium lateris recti. Secetur AS in G ut sit AG ad AS ut BO ad BS, et quæratur longitudo L quæ sit ad ½GK ut est AO quadr. ad rectangulum AS × OD. Bisecetur OG in C, centroque C et intervallo CG describatur semicirculus GFO. Deinde capiatur angulus GCF in ea ratione ad angulos quatuor rectos quam habet tempus datum quo corpus descripsit arcum quæsitum AP ad tempus periodicum seu revolutionis unius in Ellipsi. Ad AO demittatur normalis FE, et producatur versus F ad usque N ut sit EN ad longitudinem L ut anguli illius sinus EF ad radium CF; centroque N et intervallo AN descriptus circulus secabit Ellipsin in corporis loco quæsito P quamproxime. Fig. 63.

Si vero Ellipseos latus transversum multo majus sit quam latus rectum et motus corporis prope verticem Ellipseos desideretur, (qui casus in Theoria Cometarum incidit) educere licet e puncto G rectam GI axi AB perpendicularem et in ea ratione ad GK quam habet area AVPS ad rectangulum AK × AS, dein centro I et intervallo AI circulum describere. Hic enim secabit Ellipsin in corporis loco quæsito P quamproxime. Et eadem constructione (mutatis mutandis) conficitur Problema in Hyperbola.

Siquando locus ille P accuratius determinandus sit inveniatur tum angulus quidam B qui sit ad angulum graduum 57,29578 quem arcus radio æqualis subtendit ut est umbilicorum distantia SH ad Ellipseos diametrum AB, tum etiam longitudo quædam L quæ sit ad Radium ~~ut Ellipseos diameter AB ad umbilicorum distantiam~~ in eadem ratione inverse. Quibus semel inventis Problema deinceps confit per sequentem Analysin. Per constructionem superiorem (vel utcunque conjecturam faciendo) cognoscatur corporis locus P quamproxime. Demissaque ad axem Ellipseos ordinata PR; ex proportione diametrorum Ellipseos dabitur circuli circumscripti AQB ordinata applicata RQ, Fig 64 quæ sinus est anguli ACQ, existente AC radio. Sufficit angulum illum rudi calculo in numeris proximis invenire. Cognoscatur etiam angulus tempori proportionalis, id est qui sit ad quatuor rectos ut tempus quo corpus descripsit arcum AP ad tempus revolutionis

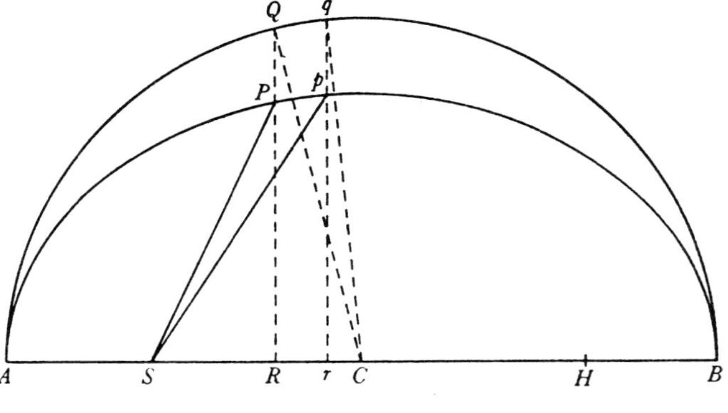

Fig. 64

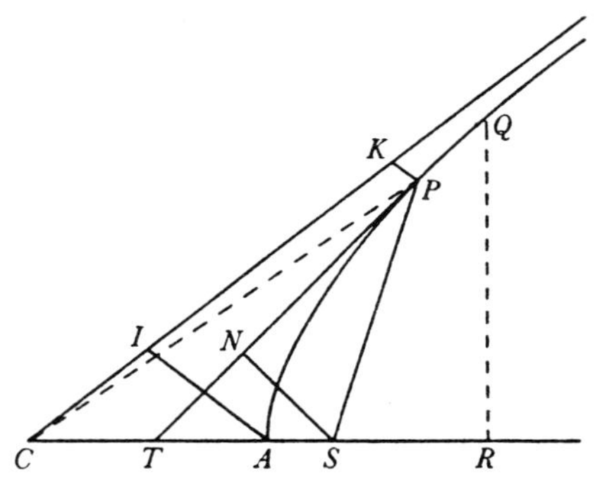

Fig. 65

100

ueniet in Ellipsi. Sit iste N, tum capiatur angulus D ad angulum B ut est sinus iste anguli ACQ ad Radium, et angulus E ad angulum N−ACQ+D ut est longitudo L ad longitudinem eandem L cosinu anguli ACQ+½D diminutam ubi angulus ille recto minor est, auctam ubi major. Postea capiatur angulus F ad angulum B ut est sinus anguli ACQ+E ad Radium, et angulus G ad angulum N−ACQ−E+F ut est longitudo L ad longitudinem eandem cosinu anguli ACQ+E+½F diminutam ubi angulus ille recto minor est auctam ubi major. Tertia vice capiatur angulus H ad angulum B ut est sinus anguli ACQ+E+G ad radium et angulus J ad angulum N−ACQ−E−G+H ut est longitudo L ad eandem longitudinem cosinu anguli ACQ+E+G+½H diminutam ubi angulus ille recto minor est, auctam ubi major. Et sic pergere licet in infinitum. Denique capiatur angulus ACq aequalis angulo ACQ+E+G+J &c. et ex cosinu ejus Cr et ordinata Pr quae est ad sinum qr ut Ellipseos axis minor ad axem majorem, habebitur corporis locus correctus p. Siquando angulus N−ACQ+D negativus est debet signum + ipsius E ubique mutari in − et signum − in +. Idem intelligendum est de signis ipsorum G et J ubi anguli N−ACQ−E+F et N−ACQ−E−G+H negativi prodeunt. Convergit autem series infinita ACQ+E+G+J quam celerrime, adeo ut vix unquam opus fuerit ultra progredi quam ad terminum secundum E. Et fundatur calculus in hoc Theoremate quod area APS sit ut differentia inter arcum AQ et rectam ab umbilico S in Radium CQ perpendiculariter demissam.

Non dissimili calculo conficitur Problema in Hyperbola. Sit Fig 65
centrum ~~ejus~~ C vertex A, umbilicus S, Asymptotos CK. Cognoscatur quantitas areae APS tempori proportionalis. Sit ea A et fiat conjectura de positione rectae SP quae aream illam abscindat ~~APS tempori~~ quamproxime. ~~proportionalem abscindat~~ Jungatur CP, et ab A et P ad Asymptoton agantur AJ, PK Asymptoto alteri parallelae et per tabulam logarithmorum dabitur area AJKP, eique aequalis area CPA quae subducta de triangulo CPS relinquet aream APS. Applicando arearum A et APS semidifferentiam $\frac{APS-A}{2}$ vel $\frac{A-APS}{2}$ ad lineam SN quae ab umbilico S in tangentem PT perpendicularis est oriatur longitudo PQ. Capiatur autem PQ

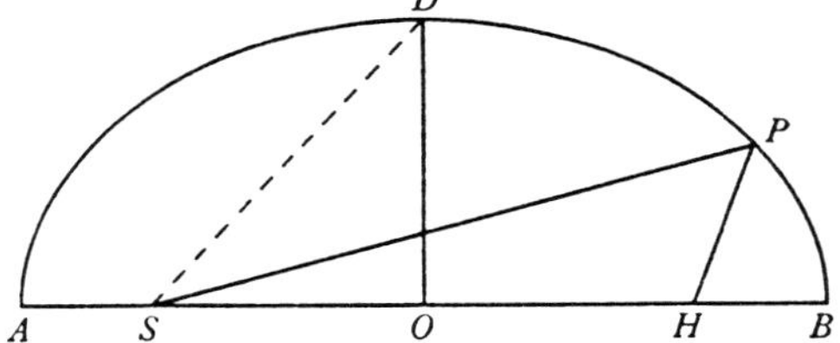

Fig. 63 bis

101

inter A et P si area APS major sit area A, secus ad puncti P contrarias partes: et punctum Q erit locus corporis accuratius inventus. Et computatione repetita invenietur idem accuratius in perpetuum.

Atque hic calculus Problema generaliter confit Analyticè. Verum usibus Astronomicis accomodatior est calculus particularis qui sequitur. Existentibus AO, OB, OD semiaxibus Ellipseos, et L ipsius latere recto, quære tum angulum Y cujus tangens sit ad Radium ut est semiaxium differentia AO − OD ad eorum summam AO + OD, tum angulum Z cujus tangens sit ad Radium ut est rectangulum sub umbilicorum distantia SH et semiaxium differentia AO − OD ad triplum rectangulum sub OD et differentia inter semiaxem majorem et quartam partem lateris recti. His angulis semel inventis, locus corporis sic deinceps determinabitur. Cape angulum T proportionalem tempori quo arcus BP descriptus est, seu motui medio (ut loquuntur) æqualem; et angulum V (æquationem medii motus primam) ad angulum Y (æquationem maximam primam) ut est sinus anguli T duplicati ad radium, atque angulum X (æquationem secundam) ad angulum Z (æquationem maximam secundam) ut est sinus versus anguli T duplicati ad radium duplicatum, vel (quod eodem recidit) ut est quadratum sinus anguli T ad quadratum radii. Angulorum T, V, X vel summam T + X + V, si angulus T recto minor est, vel differentiae T + X − V, si is recto major est rectisque duobus minor, æqualem cape angulum BHP (motum medium æqualem); et si HP occurrat Ellipsi in P, acta SP abscindet aream BSP tempori proportionalem quamproxime. Hæc praxis satis expedita videtur, propterea quod angulorum perexiguorum V et X (in minutis secundis, si placet, positorum) figuras duas tresve primas invenire sufficit. Invento autem angulo motus medii æquali BHP, anguli veri motus HSP et distantia SP in promptu sunt per methodum notissimam D^ris Sethi Wardi Episcopi Salisburiensis mihi plurimum colendi.

Fig 63.

Hactenus de motu corporum in lineis curvis. Fieri autem potest ut mobile rectà descendat vel rectà ascendat, et quæ ad istiusmodi motus spectant, pergo jam exponere.

Artic. VIII. De corporum ascensu ac descensu rectilineo.

Lect. 5

Prop. XXXII. Prob. XXIV.

Posito quod vis centripeta sit reciproce proportionalis quadrato distantiæ locorum a centro, spatia definire quæ corpus rectà cadendo datis temporibus describit.

Cas. 1. Si corpus non cadit perpendiculariter describet id sectionem aliquam Conicam cujus umbilicus inferior congruet

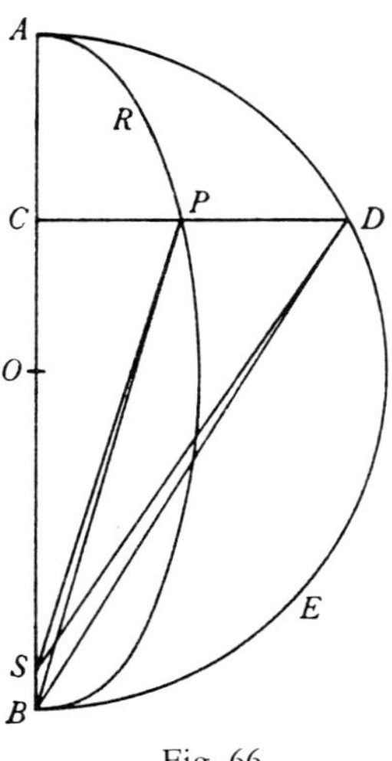

Fig. 66

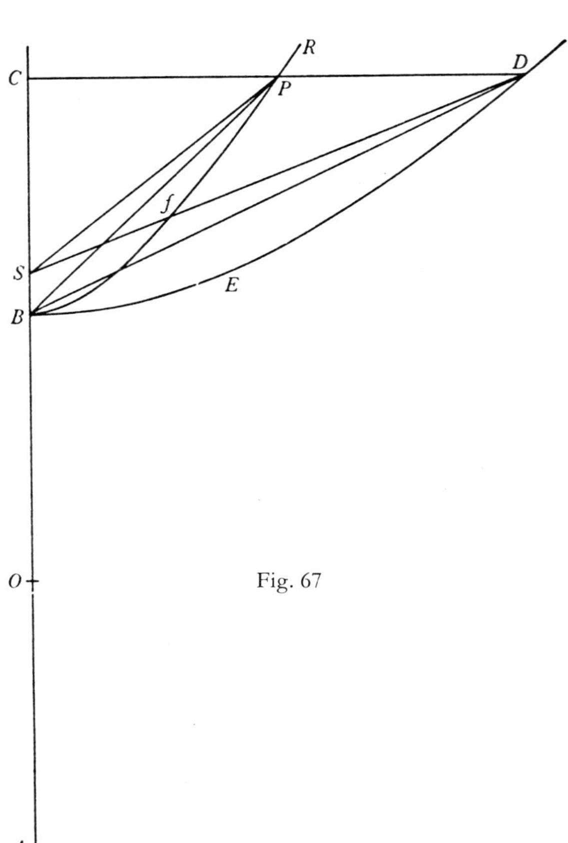

Fig. 67

cum centro. Id ex Propositionibus XI, XII, XIII et earum Corollariis constat. Sit sectio illa Conica
ARPB et umbilicus inferior S. Et primò si Figura illa Ellipsis Fig. 66. 102
est, super hujus axe majore AB describatur semicirculus
ADB et per corpus decidens transeat recta DPC perpendicularis ad axem, actisque DS, PS erit area ASD areæ ASP atque
adeo etiam tempori proportionalis. Manente axe AB minuatur
perpetuò latitudo Ellipseos, et semper manebit area ASD tempori proportionalis. Minuatur latitudo illa in infinitum et
orbe APB jam coincidente cum axe AB et umbilico S cum
axis termino B descendet corpus in recta AC et area
ABD evadet tempori proportionalis. Dabitur itaque spatium
AC quod corpus de loco A perpendiculariter cadendo tempore
dato describit si modò tempori proportionalis capiatur area
ABD et a puncto D ad rectam AB demittatur perpendicularis DC. Q.E.F.

Cas. 2. Sin figura superior RPB Hyperbola est, describatur Fig. 67
ad eandem diametrum principalem AB Hyperbola rectangula
BD, et quoniam areæ CSP, CBP, SPB sunt ad areas CSD,
CBED, SDEB singulæ ad singulas in data ratione altitudinum
CP, CD, et area SPB proportionalis est tempori quo corpus
P movebitur per arcum PB, erit etiam area SDEB eidem tempori proportionalis. Minuatur latus rectum Hyperbolæ RBP
in infinitum manente latere transverso et coibit arcus PB
cum recta CB et umbilicus S cum vertice B et recta SD cum
recta BD. Proinde Area BDE proportionalis erit tempori quo
corpus C recto descensu describit lineam CB. Q.E.I.

Cas. 3. Et simili argumento si figura RPB Parabola est
et eodem vertice principali B describatur alia Parabola BED
quæ semper maneat data interea dum parabola prior in cujus
perimetro corpus P movetur, diminuto et in nihilum redacto ejus
latere recto, conveniat cum linea CB, fiet segmentum Parabolicum BDE proportionale tempori quo corpus illud P vel C
descendet ad centrum B. Q.E.I.

Prop. XXXIII. Theor. IX.

Positis jam inventis, dico quod corporis cadentis velocitas in Fig 66 & 67.
loco quovis C est ad velocitatem corporis centro B intervallo
BC circulum describentis, in dimidiata ratione quam CA distantia corporis a circuli vel Hyperbolæ vertice ulteriore A
habet ad figuræ semidiametrum principalem ½AB.

Namque ob proportionales CD, CP, linea AB communis est utriusque
figuræ RPB, DEB diameter. Bisecetur eadem in O, et agatur recta
PT quæ tangatur figura RPB in P atque etiam secet communem illam diametrum AB si opus est

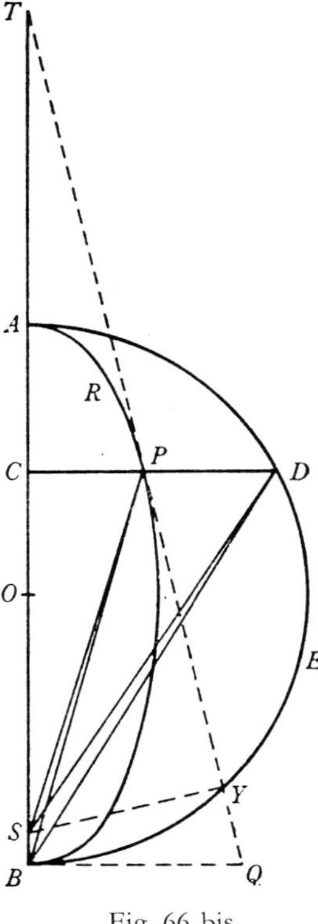

Fig. 66 bis

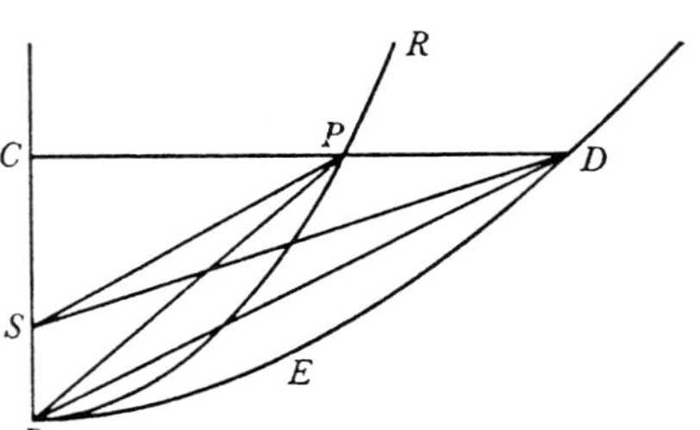

Fig. 67 bis

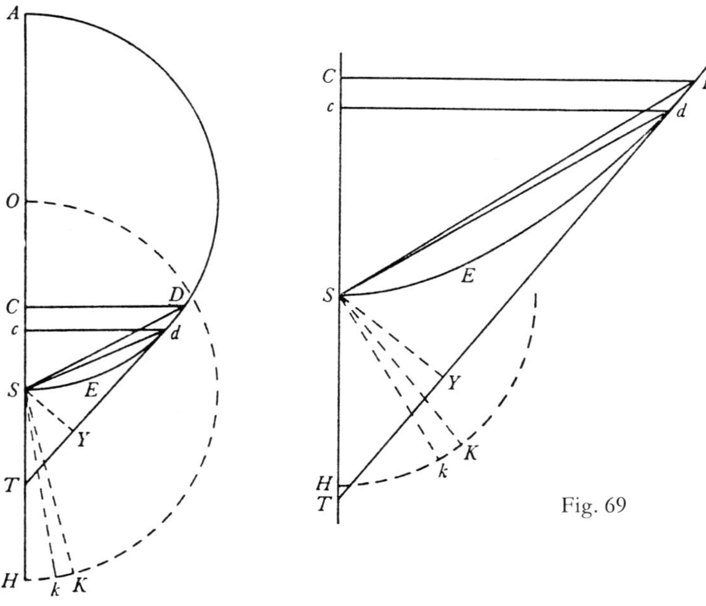

Fig. 68

Fig. 69

productam in T, sitqs SY ad hanc rectam et BQ ad hanc diametrum perpendicularis, atqs figurae RPB latus rectum ponatur L. Constat per Cor. 9 Theor VIII, quod corporis in linea RPB circa centrum S moventis velocitas in loco quovis P sit ad velocitatem corporis intervallo SP circa idem centrum, circulum describentis, in dimidiata ratione rectanguli $\frac{1}{2}L \times SP$ ad SY quadratum. Est autem ex Conicis ACB ad CPq ut 2AO ad L adeoqs $\frac{2CPq \times AO}{ACB}$ aequale L. Ergo velocitates illae sunt ad invicem in dimidiata ratione $\frac{CPq \times AO \times SP}{ACB}$ ad SYq. Porro ex Conicis est CO ad BO ut BO ad TO et composite vel divisim ut CB ad BT. Unde dividendo vel componendo fit BO -vel+ CO ad BO ut CT ad BT id est AC ad AO ut CP ad BQ indeqs $\frac{CPq \times AO \times SP}{ACB}$ aequale est $\frac{BQq \times AC \times SP}{AO \times BC}$. Minuatur jam in infinitum figurae RPB latitudo CP sic ut punctum P coeat cum puncto C punctumqs S cum puncto B et linea SP cum linea BC lineaqs SY cum linea BQ, et corporis jam recta descendentis in linea CB, velocitas fiet ad velocitatem corporis centro B intervallo BC circulum describentis, in dimidiata ratione $\frac{BQq \times AC \times SP}{AO \times BC}$ ad SYq, hoc est (neglectis aequalitatis rationibus SP ad BC et BQq ad SYq) in dimidiata ratione AC ad AO. Q.E.D. [Fig. 66] 103

Corol. Punctis B et S coeuntibus, fit TC ad ST ut AC ad AO.

Prop. XXXIV. Theor. X.

Si figura BED Parabola est, dico quod corporis cadentis velocitas in loco quovis C aequalis est velocitati qua corpus centro B dimidio intervalli sui BC circulum uniformiter describere potest. Fig. 67.

Nam corporis Parabolam RPB circa centrum S describentis velocitas in loco quovis S (per Corol. 7. Theor. VIII) aequalis est velocitati corporis dimidio intervalli SP circulum circa idem S uniformiter describentis. Minuatur Parabolae latitudo CP in infinitum eo ut arcus Parabolicus CP cum recta CB, centrum S cum vertice B, et intervallum SP cum intervallo CP coincidat, et constabit Propositio. Q.E.D.

Prop. XXXV. Theor. XI.

Iisdem positis dico quod area figurae DES radio indefinito SD descripta, aequalis sit areae quam corpus radio dimidium lateris recti figurae DES aequante, circa centrum S uniformiter gyrando, eodem tempore describere potest. Fig 68 et 69

Nam concipe corpus C quam minima temporis particula lineolam Cc cadendo describere, et interea corpus aliud K, uniformiter in circulo OKk circa centrum S gyrando, arcum Kk

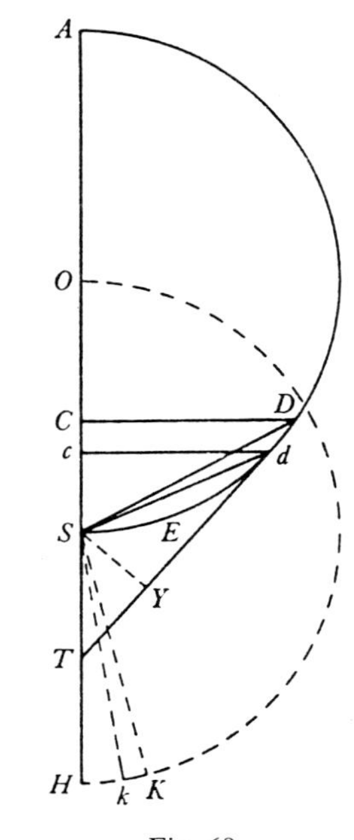

Fig. 68

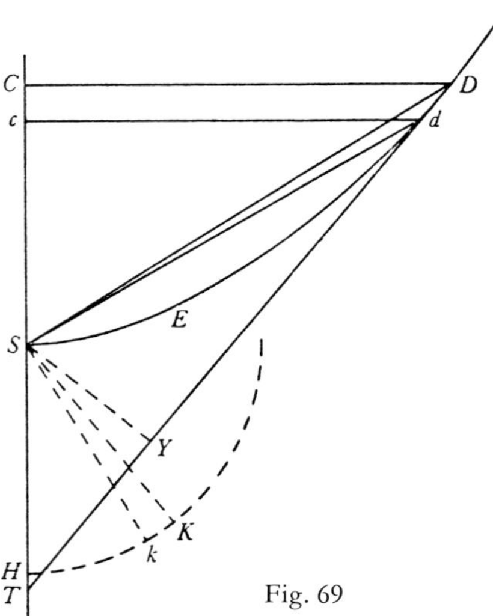

Fig. 69

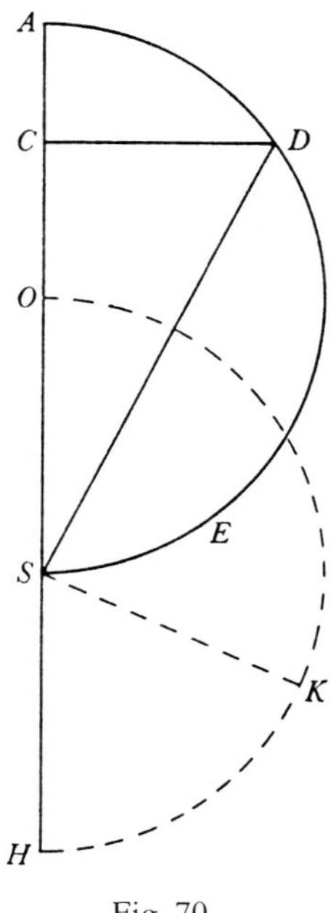

Fig. 70

79 32

describere. Erigantur perpendicula CD, cd occurrentia figuræ DES in D, d. Jungantur SD, SK, Sk. Ducatur Dd axi AS occurrens in T, et ad eam demittatur perpendiculum SY.

Cas. 1 Jam si figura DES circulus est vel Hyperbola bisecetur ejus transversa diameter AS in O, et erit SO dimidium lateris recti. Et quoniam est TC ad TD ut Cc ad Dd, et TD ad ST ut CD ad SY, erit ex æquo TC ad ST ut CD×Cc ad SY×Dd. Sed per Corol. Prop XXXII est ~~supra erat~~ TC ad ST ut AC ad AO, puta si in coitu punctorum D, d capiantur linearum rationes ultimæ. Ergo AC est ad AO id est ad SK ut CD×Cc ad SY×Dd. Porro corporis descendentis velocitas in C est ad velocitatem corporis circulum intervallo SC circa centrum S describentis in dimidiata ratione AC ad AO vel SK (per Theor. IX) et hæc velocitas ad velocitatem corporis describentis circulum OKk in dimidiata ratione SK ad SC per Cor. 6. Theor. IV, et ex æquo velocitas prima ad ultimam, hoc est lineola Cc ad arcum Kk in dimidiata ratione AC ad SC id est in ratione AC ad CD. Quare est CD×Cc æquale AC×Kk, et propterea AC ad SK ut AC×Kk ad SY×Dd, indeq; SK×Kk æquale SY×Dd, et ½SK×Kk æquale ½SY×Dd, id est area KSk æqualis areæ SDd. Singulis igitur temporis particulis generantur arearum duarum particulæ KSk, SDd, quæ si magnitudo earum minuatur et numerus augeatur in infinitum rationem obtinent æqualitatis et propterea per Corollarium Lemmatis IV areæ totæ simul genitæ sunt semper æquales. Q.E.D.

[Fig. 68 & 69]

Cas. 2 Quod si figura DES Parabola sit, invenietur ut supra CD×Cc esse ad SY×Dd ut TC ad ST hoc est ut 2 ad 1, adeoq; ¼CD×Cc æqualem esse ½SY×Dd. Sed corporis cadentis velocitas in C æqualis est velocitati qua circulus intervallo ½SC uniformiter describi possit (per Theor. X) et hæc velocitas ad velocitatem qua circulus radio SK describi possit, hoc est, lineola Cc ad arcum Kk, est in dimidiata ratione SK ad ½Sc id est in ratione SK ad ½CD per Corol. 6. Theor. IV. Quare est ½SK×Kk æquale ¼CD×Cc, adeoq; æquale ½SY×Dd, hoc est area KSk æqualis areæ SDd ut supra. Q.E.D.

Prop XXXVI. Prob. XXV.

Corporis de loco dato A cadentis determinare tempora descensus.

Fig 70

Super diametro AS (distantia corporis a centro sub initio) describe semicirculum ADS, ut et huic æqualem semicirculum OKH circa centrum S. De corporis loco quovis C erige ordinatim applicatam CD. Junge SD, et areæ ASD æqualem constitue Sectorem OSK.

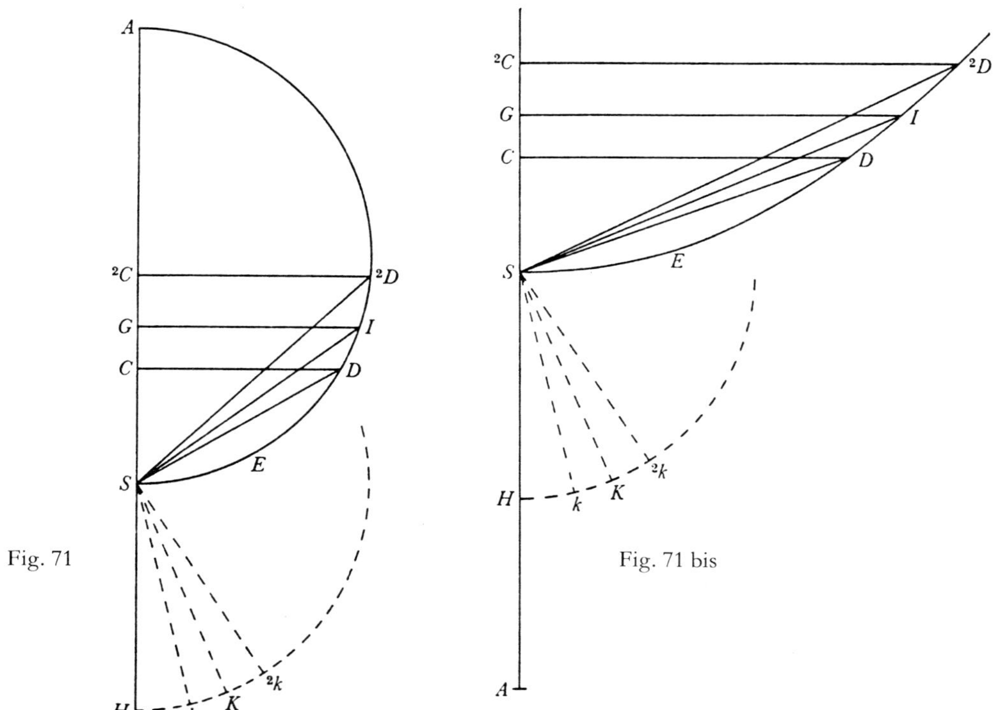

Fig. 71

Fig. 71 bis

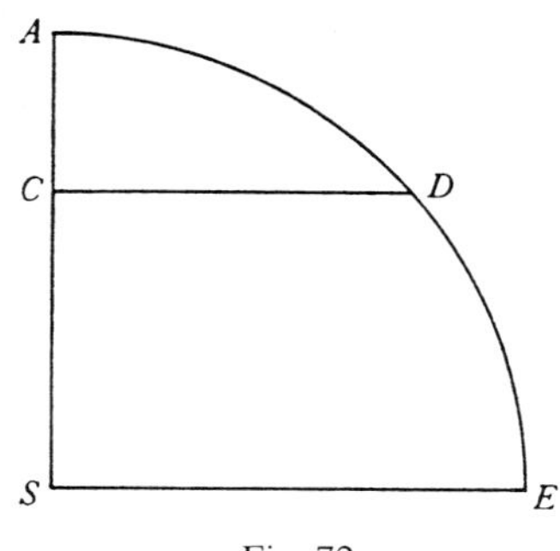

Fig. 72

Patet per Theor. XI, quod corpus cadendo describet spatium AC eodem tempore quo corpus aliud uniformiter circa centrum S gyrando describere potest arcum OK. Q.E.F.

33

Prop. XXXVII. Prob. XXVI.

Corporis de loco dato sursum vel deorsum projecti definire tempora ascensus vel descensus.

Exeat corpus de loco dato G secundum lineam ASG cum velocitate quacunque. In duplicata ratione hujus velocitatis ad ~~velocitatem~~ uniformem in circulo velocitatem quâ corpus ad intervallum datum SG circa centrum S revolvi ~~[illegible]~~ posset, cape CA ad ½AS. Si ratio illa est numeri binarij ad unitatem, punctum A cadet ad infinitam distantiam: quo in casu Parabola vertice S, axe SC, latere quovis recto describenda est. Patet hoc per Theorema X. Sin ratio illa minor vel major est quam 2 ad 1, priore casu circulus, posteriore ~~[illegible]~~ Hyperbola rectangula super diametro SA describi debet. Patet per Theorema IX. Tum centro S intervallo æquante dimidium lateris recti describatur circulus HKk. Et ad corporis ascendentis vel descendentis loca duo quævis G, C, erigantur perpendicula GI, CD occurrentia Conicæ Sectioni vel circulo in I ac D; ~~[illegible]~~ Dein junctis SI, SD, fiant segmentis SEIS, SEDS sectores HSK, KSk æquales, et per Theorema XI, corpus G describet spatium GC eodem tempore quo corpus K describere potest arcum Kk. Q.E.F.

Fig 71

Prop. XXXVIII. Theor. XII.

Posito quod vis centripeta proportionalis sit altitudini seu distantiæ locorum a centro, dico quod cadentium tempora velocitates et spatia descripta sunt arcubus arcuumque sinubus versis et sinubus rectis respective proportionales.

Cadat corpus de loco quovis A secundum rectam AS et centro virium S intervallo AS describatur circuli quadrans AE sitque CD sinus rectus arcus cujusvis AD et corpus A tempore AD cadendo describet spatium AC, inque loco C acquisierit velocitatem CD. Demonstratur eodem modo ex Propositione X quo Propositio XXXII ex Propositione XI demonstrata fuit. Q.E.D.

Fig. 72

Corol. 1 Hinc æqualia sunt tempora quibus corpus unum de loco A cadendo provenit ad centrum S et corpus aliud revolvendo describit arcum quadrantalem ADE.

Cor. 2 Proinde æqualia sunt tempora omnia quibus corpora ~~cadunt~~ de locis quibusvis ad usque centrum cadunt. Nam tempora omnia periodica (per Corol. 3 Prop. IV) æquantur.

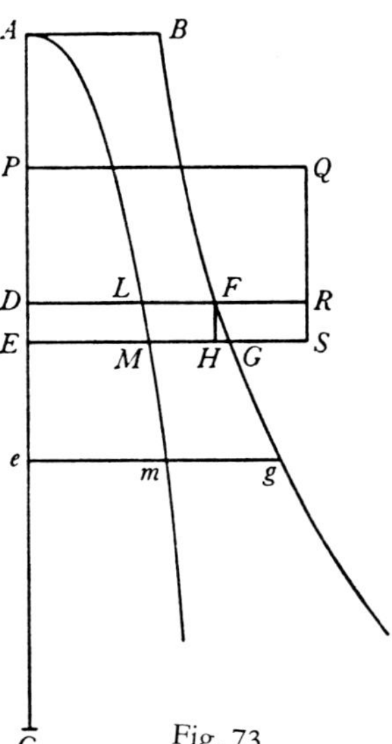

Fig. 73

Artic. VIII

Prop. XXXIX. Prob. XXVII.

34

Posita cujuscunque generis vi centripeta et concessis figurarum curvilinearum quadraturis, requiritur corporis recta ascendentis vel descendentis tum velocitas in locis singulis, tum tempus quo corpus ad locum quemvis perveniet: et contra.

De loco quovis A in recta ADEC cadat corpus E, deque loco ejus E erigatur semper perpendicularis EG vi centripetae in loco illo ad centrum C tendenti proportionalis. Sitque BFG linea curva quam punctum G perpetuò tangit. Coincidat autem EG ipso motus initio cum perpendiculari AB et erit corporis velocitas in loco quovis E ut areae curvilineae ABGE latus quadratum. Q.E.I. In EG capiatur EM areae ABGE reciprocè proportionalis, sitque ALM curva linea quam punctum L perpetuò tangit, et erit tempus quo corpus cadendo describit lineam AE ut area curvilinea ALME. Q.E.I. Etenim in recta AE capiatur linea quam minima DE datae longitudinis, sitque DLF locus lineae EMG ubi corpus versabatur in D; et si ea sit vis centripeta ut areae ABGE latus quadratum sit ut descendentis velocitas, ~~ut areae ABGE latus quadratum sit ut descendentis velocitas~~ erit area ipsa in duplicata ratione velocitatis, id est si pro velocitatibus in D et E scribantur V et V+I erit area ABFD ut V^2 et area ABGE ut $V^2+2VI+I^2$, et divisim area DFGE ut $2VI+I^2$, adeoque $\frac{DFGE}{DE}$ ut $\frac{2I \times V+I}{DE}$, id est, si primae quantitatum nascentium rationes sumantur, longitudo DF ut quantitas $\frac{2I \times V}{DE}$, adeoque quantitatis hujus dimidium ut $\frac{I \times V}{DE}$. Est autem tempus quo corpus cadendo describit lineolam DE, ut linea illa directè et velocitas V inversè, estque vis ut velocitatis incrementum I directè et tempus inversè, adeoque si primae nascentium rationes sumantur ut $\frac{I \times V}{DE}$ hoc est ut longitudo DF. Ergo vis ipsi DF proportionalis facit corpus ea cum velocitate descendere quae sit ut areae ABGE latus quadratum. Q.E.D.

Fig 73

Porrò cum tempus quo ~~lineola~~ quaelibet DE longitudinis datae lineola DE describatur, sit ut velocitas, adeoque ut areae ABFD latus quadratum inversè: sitque DL atque adeo area nascens DLME ut idem latus quadratum inversè, erit tempus ut area DLME, et summa omnium temporum ut summa omnium arearum, hoc est [a] tempus totum quo linea AE describitur ut area tota AME. Q.E.D.

a Corol. Lem. IV

Corol. 1. Si P sit locus de quo corpus cadere debet, ut, urgente aliqua uniformi vi centripeta nota (qualis vulgo supponitur

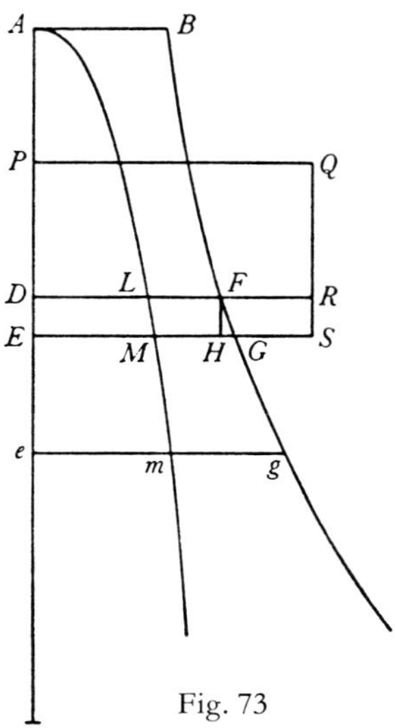

Fig. 73

[Fig. 73]

gravitas) velocitatem acquirat in loco D aequalem velocitati quam corpus aliud vi quacunque cadens acquisivit in eodem loco D; et in perpendiculari DF capiatur DR quae sit ad DF ut vis illa uniformis ad vim alteram in loco D, et compleatur rectangulum PDRQ, eique aequalis abscindatur area ABFD; erit A locus de quo corpus alterum cecidit. Namque completo rectangulo EDRS, cum sit area ABFD ad aream DFGE ut VV ad 2V×I, adeoque ut $\frac{1}{2}$V ad I, id est, ut semissis velocitatis totius ad incrementum velocitatis corporis vi inaequabili cadentis; et similiter area PQRD ad aream DRSE ut semissis velocitatis totius ad incrementum velocitatis corporis uniformi vi cadentis; sintque incrementa illa (ob aequalitatem temporum nascentium) ut vires generatrices, id est ut ordinatim applicatae DF, DR, adeoque ut areae nascentes DFGE, DRSE: erunt (ex aequo) areae totae ABFD, PQRD ad invicem ut semisses totarum velocitatum, et propterea (ob aequalitatem velocitatum) aequantur.

Corol. 2. Unde si corpus quodlibet de loco quocunque D data cum velocitate vel sursum vel deorsum projiciatur, et detur lex vis centripetae: invenietur velocitas ejus in alio quovis loco e erigendo ordinatam eg, et capiendo velocitatem illam ad velocitatem in loco D ut est latus quadratum rectanguli PQRD area curvilinea DFge vel aucti si locus e est loco D inferior, vel diminuti si is superior est, ad latus quadratum rectanguli solius PQRD, id est ut √PQRD + vel − DFge ad √PQRD.

Corol. 3. Tempus quoque innotescet erigendo ordinatam em reciproce proportionalem lateri quadrato ex PQRD + vel − DFge, et capiendo tempus quo corpus descripsit lineam De ad tempus quo corpus alterum vi uniformi cecidit a P et cadendo pervenit ad D, ut area curvilinea DLme ad rectangulum 2PD×DL. Namque tempus quo corpus vi uniformi descendens descripsit lineam PD est ad tempus quo corpus idem descripsit lineam PE in dimidiata ratione PD ad PE, id est (lineola DE jamjam nascente) in ratione PD ad PD + $\frac{1}{2}$DE seu 2PD ad 2PD + DE, et divisim ad tempus quo corpus idem descripsit lineolam DE ut 2PD ad DE, adeoque ut rectangulum 2PD×DL ad aream DLME, estque tempus quo corpus utrumque descripsit lineolam DE ad tempus quo corpus alterum inaequabili motu descripsit lineam De ut area DLME ad aream DLme,

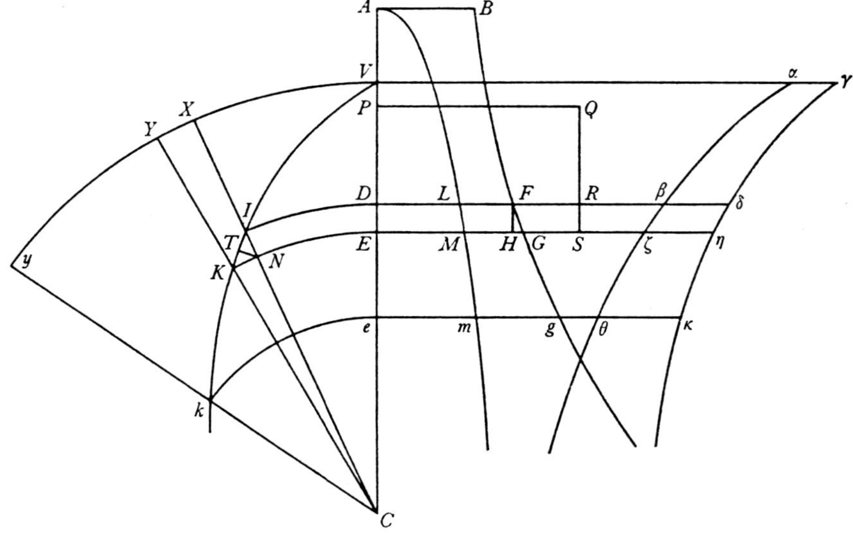

Fig. 74

et ex æquo tempus primum ad tempus ultimum ut rectangulum $2PD \times DL$ ad aream $DLme$. 36

Lect 6

Artic. ~~VIII~~

Inventionem Orbium in quibus corpora continentur viribus quibuscunque centripetis agitata revolvuntur.

Prop. XL. Theor. XIII.

Si corpus cogente vi quacunque centripeta moveatur utcunque & corpus aliud recta ascendat vel descendat, sintque eorum velocitates in aliquo æqualium altitudinum casu æquales, velocitates eorum in omnibus æqualibus altitudinibus erunt æquales.

Descendat corpus aliquod ab A per D, E ad centrum C, et moveatur corpus aliud a V in linea curva VIKk. Centro C intervallis quibusvis describantur circuli concentrici DI, EK rectæ AC in D et E, curvæque VIK in I et K occurrentes. Jungatur IC occurrens ipsi KE in N; et in IK demittatur perpendiculum NT, sitque circumferentiarum circulorum intervallum DE vel IN quàm minimum, et habeant corpora in D et I velocitates æquales. Quoniam distantiæ CD, CI æquantur, erunt vires centripetæ in D et I æquales. Exponantur hæ vires per æquales lineolas DE, IN, et si vis una IN, per Legum Corol. 2 resolvatur in duas NT et IT, vis NT agendo secundum lineam NT corporis cursui ITK perpendicularem, nil mutabit velocitatem corporis in cursu illo sed retrahet solummodo corpus de cursu rectilineo, facietque ipsum de Orbis tangente perpetuo deflectere, inque via curvilinea ITKk progredi. In hoc effectu producendo vis illa tota consumetur. vis autem altera IT secundum corporis cursum agendo, tota accelerabit illud ac dato tempore quam minimo accelerationem generabit sibi ipsi proportionalem. Proinde corporum in D et I accelerationes æqualibus temporibus factæ (si sumantur linearum nascentium DE, IN, IK, IT, NT rationes primæ) sunt ut lineæ DE, IT: temporibus autem inæqualibus ut lineæ illæ et tempora conjunctim. Tempora ob æqualitatem velocitatum sunt ut viæ descriptæ DE et IK, adeoque accelerationes in cursu corporum per lineas DE et IK sunt ut DE et IT, DE et IK conjunctim, id est ut DE quad. et $IT \times IK$ rectangulum. Sed rectangulum $IT \times IK$ æquale est IN quadrato hoc est æquale DE quadrato, et propterea accelerationes in transitu corporum a D et I ad E et K æquales generantur. Æquales igitur sunt corporum velocitates in E et K et eodem argumento semper reperientur æquales in subsequentibus æqualibus distantiis. Sed et eodem argumento corpora æquivelocia et æqualiter a centro distantia, in ascensu ad æquales

Fig 73

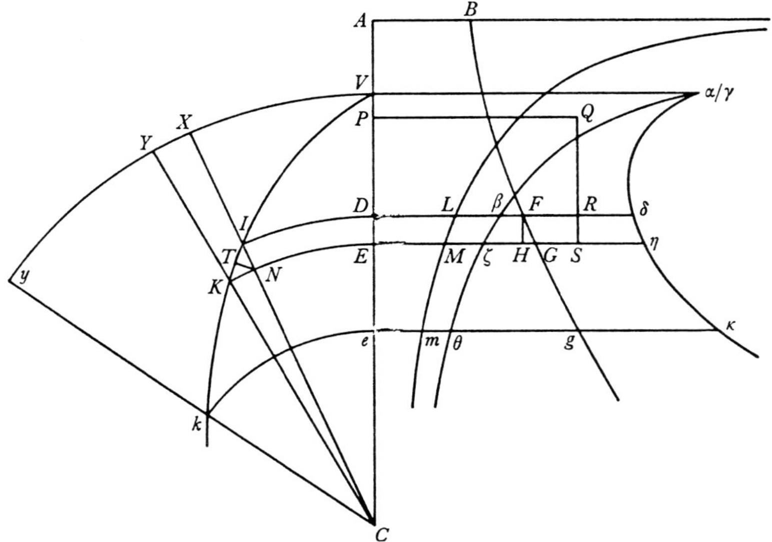

Fig. 74 bis

37

distantias æqualiter retardabuntur. Q.E.D.

Corol. 1. Hinc si corpus vel ~~filo pendens~~ funipendulum oscilletur, vel impedimento quovis politissimo et perfecte lubrico ~~glabro~~, cogatur in linea curva moveri, et corpus aliud recta ascendat vel descendat, sintque velocitates eorum in eadem quacunque altitudine æquales: erunt velocitates eorum in alijs quibuscunque æqualibus altitudinibus æquales. Namque impedimento vasis absolute lubrici ~~glabri~~ idem præstatur quod vi transversa NT. Corpus eo non retardatur, non acceleratur, sed tantum cogitur de cursu rectilineo discedere.

[Fig. 74]

Corol. 2. Hinc etiam si quantitas P sit ~~distantia~~ ~~altitudo~~ maxima a centro, distantia ad quam corpus vel oscillans vel in trajectoria quacunque revolvens, deque quovis trajectoriæ puncto, eâ quam ibi habet velocitate sursum projectum, ascendere possit; sitque quantitas A distantia corporis a centro in quolibet alio quovis orbis puncto, et vis centripeta semper sit ut ipsius A dignitas A^{n-1} cujus index $n-1$ est numerus quilibet n unitate diminutus; velocitas corporis in omni altitudine A erit ut $\sqrt{nP^n - nA^n}$, atque adeo datur. Namque velocitas ascendentis ac descendentis (per Prop. XXXIX) est in hac ipsa ratione.

Prop. XLI. Prob. XXVIII

Posita cujuscunque generis vi centripeta et concessis figurarum curvilinearum quadraturis, requiruntur tum trajectoriæ in quibus corpora movebuntur, tum tempora motuum in Trajectorijs inventis.

Tendat vis quælibet ad centrum C et invenienda sit trajectoria VITKk. Detur circulus VXY centro C intervallo quovis CV descriptus, centroque eodem describantur alij quivis circuli ID, KE, trajectoriam secantes in I et K rectamque CV in D et E. Age tum rectam CMIX secantem circulos KE, VY in N et X, tum rectam CKY occurrentem circulo VXY in Y. Sint autem puncta I et K sibi invicem vicinissima, et pergat corpus ab V per I, T, K ad k, sitque A altitudo de qua corpus aliud cadere debet ut in loco D velocitatem acquirat æqualem velocitati corporis prioris in I: et stantibus quæ in Propositione XXXIX, quoniam lineola IK dato tempore quam minimo descripta, est ut velocitas atque adeo ut latus quadratum areæ ABFD, et triangulum ICK tempori proportionale datur, adeoque KN est reciprocè ut altitudo IC, id est, si detur quantitas aliqua Q et altitudo IC nominetur A, ut $\frac{Q}{A}$. Ponamus eam esse magnitudinem ipsius Q ut sit $\sqrt{ABFD}$ in aliquo casu ad $\frac{Q}{A}$ ut IK ad KN, et erit semper $\sqrt{ABFD}$ ad $\frac{Q}{A}$ ut IK ad KN, et ABFD ad $\frac{QQ}{AA}$ ut $IK^{quad.}$ ad $KN^{quad.}$ et divisim

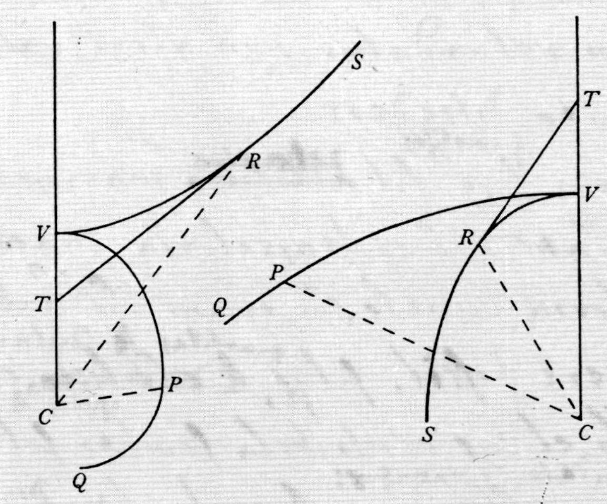

Fig. 75

Corol. 3. Si centro C et vertice principali V describatur sectio qualibet Conica VRS, et a quovis ejus puncto R agatur Tangens RT occurrens axi infinite producto CV in puncto T; dein juncta CR ducatur recta CP quae aequalis est abscissae CT angulumque VCP Sectori VCR proportionalem constituat tendat autem ad centrum C vis centripeta cubo distantiae locorum a centro reciproce proportionalis, et exeat corpus de loco V justa cum velocitate secundum lineam rectae CV perpendicularem: progredietur corpus illud in Trajectoria quam punctum P perpetuo tangit; adeoque si Conica sectio CVRS Hyperbola sit, descendet idem ad centrum, sin ea Ellipsis sit, ascendet illud perpetuo et abibit in infinitum. Et contra si corpus quacunque cum velocitate exeat de loco V, et perinde ut inceperit vel oblique descendere ad centrum vel ab eo oblique ascendere, figura CVRS vel Hyperbola sit vel Ellipsis: inveniri potest Trajectoria augendo vel minuendo angulum VCP in data aliqua ratione. Sed et vi centripeta in centrifugam versa ascendet corpus oblique in Trajectoria VPQ quae invenitur capiendo angulum VCP Sectori Elliptico CVRC proportionalem et longitudinem CP longitudini CT aequalem ut supra. Consequuntur haec omnia ex Propositione praecedente per Curvae cujusdam quadraturam cujus inventionem ut satis facilem brevitatis gratia missam facio.

$ABFD - \frac{ZZ}{AA}$ ad $\frac{ZZ}{AA}$ ut $IN^{quad.}$ ad $KN^{quad.}$ adeoque $\sqrt{ABFD - \frac{ZZ}{AA}}$ ad $\frac{Z}{A}$ ut IN ad KN et propterea A×KN aequale $\frac{Z \times IN}{\sqrt{ABFD - \frac{ZZ}{AA}}}$. Unde cum YX × XC sit ad A×KN in duplicata ratione YC ad KC, erit YX × XC aequale $\frac{Z \times IN \times CX^{quad.}}{AA\sqrt{ABFD - \frac{ZZ}{AA}}}$. Igitur si in perpendiculo DF capiantur semper Dβ, Dδ ipsis $\frac{Z}{2\sqrt{ABFD - \frac{ZZ}{AA}}}$ et $\frac{Z \times CX^{quad}}{2AA\sqrt{ABFD - \frac{ZZ}{AA}}}$ aequales respective et describantur curvae lineae αβ, γδ quas puncta β, δ perpetuo tangunt, deque puncto V ad lineam AC erigatur perpendiculum Vαγ abscindens areas curvilineas VDβα, VDδγ, et erigantur etiam ordinatae Eζ, Eη: quoniam rectangulum Dβ×IN seu DβζE aequale est dimidio rectanguli A×KN seu triangulo ICK, et rectangulum Dδ×IN seu DδηE aequale est dimidio rectanguli YX in CX seu triangulo XCY, hoc est, quoniam arearum ~~VDδγ~~ VDβα, VIC aequales semper sunt nascentes particulae DβζE, ICK, et arearum VDδγ, VCX aequales semper sunt nascentes particulae DEηδ, XCY; erit area genita VDβα aequalis areae genitae VIC adeoque tempori proportionalis, et area genita VDδγ aequalis sectori genito VCX. Dato igitur tempore quovis ex quo corpus discessit de loco V dabitur area ipsi proportionalis VDβα et inde dabitur corporis altitudo CD vel CI et area VDδγ eique aequalis sector VCI, ejusque angulus VCI. Datis autem angulo VCI et altitudine CI datur locus I in quo corpus completo illo tempore reperietur. Q.E.I.

Corol. 1. Hinc maximae minimaeque corporum altitudines, id est Apsides Trajectoriarum expedite inveniri possunt. Incidunt enim Apsides in loca illa ubi Trajectoria VIK perpendicularis est ad lineam IC per centrum ductam, id est ubi IK et NK aequantur, adeoque ubi area ABFD aequalis est $\frac{ZZ}{AA}$.

Corol. 2. Sed et angulus KIN in quo Trajectoria alibi secat lineam illam IC, ex data corporis altitudine IC expedite invenitur, capiendo sinum ejus ad Radium ut KN ad IK, id est ut $\frac{Z}{A}$ ad latus quadratum areae ABFD.

Prop. XLII Prob. XXIX

Data lege vis centripetae, requiritur motus corporis de loco dato data cum velocitate secundum datam rectam egredientis.

Stantibus quae in tribus Propositionibus praecedentibus: exeat corpus de loco I secundum lineolam IT ea cum velocitate quam corpus aliud vi aliqua uniformi centripeta de loco P cadendo acquirere posset in D: sitque haec vis uniformis ad vim qua corpus primum urgetur in I ut DR ad DF. Pergat autem corpus versus k, centroque C et intervallo Ck describatur circulus ke occurrens

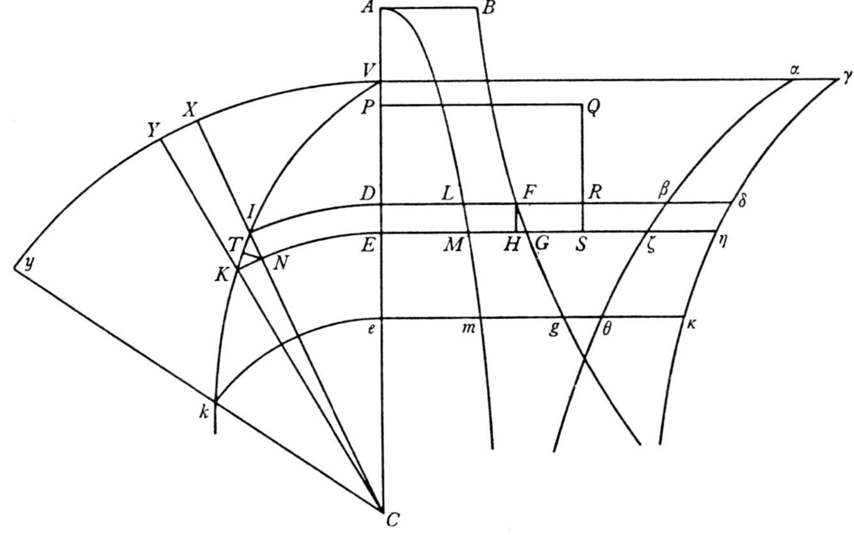

Fig. 74

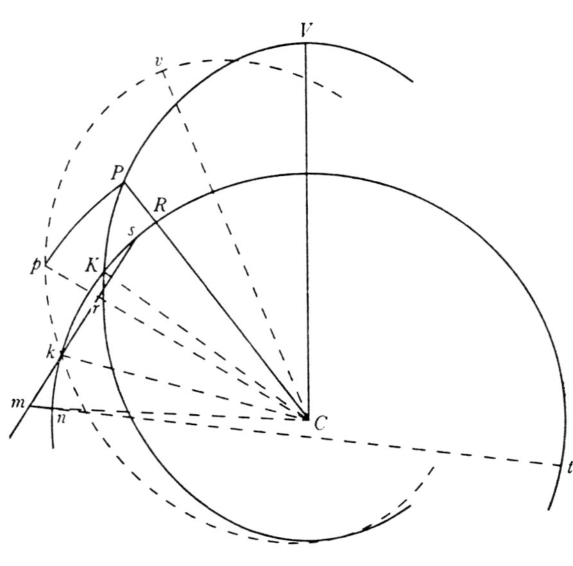

Fig. 76

rectæ PS in e et erigantur curvarum ALMm, BFGg, αβSθ, χδnx ordinatim applicatæ Em, eg, eθ, ex. Ex dato rectangulo PSRQ dataque lege vis centripetæ qua corpus primum agitatur, dantur curvæ lineæ BFGg, ALMm, per constructionem Problematis XXVII et ejus Corol. 1. Deinde ex dato angulo CIT datur proportio nascentium IK, KN et inde per Constructionem Prob. XXVIII datur quantitas Q, una cum curvis lineis αβSθ, χδnx: adeoque completo tempore quovis Dβθe datur tum corporis altitudo Ce vel Ck, tum area Dδxe, eique æqualis Sector XCy, angulusque XCy et locus k in quo corpus tunc versabitur. Q.E.I.

[Fig. 74]

Supponimus autem in his Propositionibus vim centripetam in recessu quidem a centro variari secundum legem quamcunque quam quis imaginari potest, in æqualibus autem a centro distantijs esse undique eandem. Atque hactenus motus corporum in orbibus immobilibus consideravimus. Superest ut de motu eorum in orbibus qui circa centrum virium revolvuntur adjiciamus pauca.

Artic. VIII

De motu corporum in Orbibus mobilibus, deque motu Apsidum.

Lect. 7°

Prop. XLIII. Prob. XXX

Efficiendum est ut corpus in trajectoria quacunque circa centrum virium revolvente perinde moveri possit, atque corpus aliud in eadem Trajectoria quiescente.

In orbe VPK positione dato revolvatur corpus P pergendo a V versus K. A centro C agatur semper Cp quæ sit ipsi CP æqualis angulumque VCp angulo VCP proportionalem constituat, et area quam linea Cp describit erit ad aream VCP quam linea CP describit ut velocitas lineæ describentis Cp ad velocitatem lineæ describentis CP hoc est ut angulus VCp ad angulum VCP adeoque in data ratione, et propterea tempori proportionalis. Cum area tempori proportionalis sit quam linea Cp in plano immobili describit manifestum est quod corpus cogente justæ quantitatis vi centripeta revolvi possit una cum puncto p in curva illa linea quam punctum idem p ratione jam exposita describit in plano immobili. Fiat angulus VCu angulo PCp et linea Cu lineæ CV atque figura uCp figuræ VCP æqualis, et corpus in p semper existens movebitur in perimetro figuræ revolventis uCp eodemque tempore describet arcum ejus up quo corpus aliud P arcum ipsi similem et æqualem VP in figura quiescente VPK describere potest. Quæratur igitur, per Corollarium Propositionis VI, vis centripeta qua corpus revolvi possit in curva illa linea quam punctum p describit in plano immobili, et solvetur Problema. Q.E.F.

[Fig. 76]

Prop. XLIV Theor. XIV

Differentia virium quibus corpus in orbe quiescente et corpus aliud in eodem orbe revolvente æqualiter moveri possunt est in triplicata ratione communis altitudinis inversè.

Partibus orbis quiescentis VP, PK sunto similes et æquales orbis revolventis partes vp, pk. A puncto k in rectam pC demitte perpendiculum kr idemque produc ad m ut sit mr ad kr ut angulus VCp ad angulum VCP. Quoniam corporum altitudines PC et pC, KC et kC semper æquantur, manifestum est quod si corporum in locis P et p existentium distinguantur motus singuli (per Legum Corol. 2) in binos, quorum hi versus centrum, sive secundum lineas PC, pC, alteri priori perpendiculariter transversum, sive secundum lineas ipsis PC pC perpendiculares determinantur; motus versus centrum erunt æquales, et motus transversus corporis p erit ad motum transversum corporis P ut motus angularis lineæ pC ad motum angularem lineæ PC, id est ut angulus VCp ad angulum VCP. Igitur eodem tempore quo corpus P motu suo utroque pervenit ad punctum K, corpus p æquali in centrum motu æqualiter movebitur a P versus C adeoque completo illo tempore reperietur alicubi in linea mkr quæ per punctum k in lineam pC perpendicularis est et motu transverso acquiret distantiam a linea pC quæ sit ad distantiam quam corpus alterum acquirit a linea PC ut est hujus motus transversus ad motum transversum alterius. Quare cum kr æqualis sit distantiæ quam corpus alterum acquirit a linea pC, sitque mr ad kr ut angulus VCp ad angulum VCP, hoc est ut motus transversus corporis p ad motum transversum corporis P, manifestum est quod corpus p completo illo tempore reperietur in loco m. Hæc ita se habebunt ubi corpora P et p æqualiter secundum lineas pC et PC moventur adeoque æqualibus viribus secundum lineas illas urgentur. Capiatur autem angulus pCn ad angulum pCk ut est angulus VCp ad angulum VCP, sitque nC æqualis kC et corpus p completo illo tempore revera reperietur in n adeoque vi majore urgetur si modo angulus mCp angulo kCp major est, id est si orbis Vpk movetur in consequentia et minore si orbis regreditur, estque virium differentia ut locorum intervallum mn per quod corpus illud p ipsius actione dato illo temporis spatio transferri debet. Centro C, intervallo Cn vel Ck describi intelligetur circulus secans lineas mr mn productas in s et t et erit rectangulum $mn \times mt$ æquale rectangulo $mk \times ms$, adeoque mn æquale $\frac{mk \times ms}{mt}$. Cum autem triangula pCk, pCn dentur magnitudine, sunt kr et mr earumque differentia mk et summa ms reciproce ut altitudo pC adeoque rectangulum $mk \times ms$ est reciproce ut quadratum altitudinis

pC, est ut mt directe et $\frac{1}{2}mt$ id est ut altitudo pC. Hæ sunt primæ
rationes linearum nascentium, et hinc fit $\frac{mk \times mr}{mt}$ id est lineola nascens 81
mn eique proportionalis virium differentia ~~et~~ reciproce ut cubus altitudinis pC. Q.E.D.

Corol. 1. Hinc differentia virium in locis P et p vel K et k est ad vim qua corpus motu circulari revolvi posset ab r ad k eodem ~~pro~~ tempore quo corpus P in orbe immobili describit arcum PK, ut $mk \times mr$ ad rk quadratum, hoc est si capiantur datæ quantitates F, G in ea ratione ad invicem quam habet angulus VCP ad angulum VCp, ut $G^2 - F^2$ ad F^2. Et propterea ~~atque adeo~~ si centro C intervallo quovis CP vel Cp describatur Sector circularis æqualis areæ toti VPC quam corpus P tempore quovis in orbe immobili revolvens radio ad centrum ducto descripsit: differentia virium quibus corpus P in orbe immobili et corpus p in orbe mobili revolvuntur, erit ad vim centripetam qua corpus aliquod radio ad centrum ducto Sectorem illum, eodem tempore quo descripta sit area VPC, uniformiter describere potuisset, ut $G^2 - F^2$ ad F^2. Namque sector ille et area pCk sunt ad invicem ut tempora quibus describuntur.

Corol. 2. Si orbis VPK Ellipsis sit umbilicum habens C et Apsidem summam V; eique similis et æqualis ponatur Ellipsis mobilis vpk, ita ut sit semper pc æqualis PC et angulus VCp sit ad angulum VCP in data ratione G ad F; pro altitudine autem PC vel pC scribatur A et pro Ellipseos latere recto ponatur 2R: erit vis qua corpus in Ellipsi mobili revolvi potest, ut $\frac{F^2}{A^2} + \frac{RG^2 - RF^2}{A^3}$; et contra. Exponatur enim vis qua corpus revolvatur in immota Ellipsi per quantitatem $\frac{F^2}{A^2}$ et vis in V erit $\frac{F^2}{CV\,quad}$. Vis autem qua corpus in circulo ad distantiam CV ea cum velocitate revolvi posset quam corpus in Ellipsi revolvens habet in V, est ad vim qua corpus in Ellipsi revolvens urgetur in Apside V ut dimidium lateris recti Ellipseos ad circuli semidiametrum CV, adeoque valet $\frac{RF^2}{CV\,cub}$, et vis quæ sit ad hanc ut $G^2 - F^2$ ad F^2, valet $\frac{RG^2 - RF^2}{CV\,cub}$, estque hæc vis (per hujus Corol. 1) differentia virium quibus corpus P in Ellipsi immota VPK et corpus p in Ellipsi mobili vpk ~~Loco puncti~~ revolvuntur. Unde cum (per hanc Prop.) differentia illa in alia quavis altitudine A sit ad seipsam in altitudine CV ut $\frac{1}{A\,cub}$ ad $\frac{1}{CV\,cub}$ eadem differentia in omni altitudine A valebit $\frac{RG^2 - RF^2}{A^3}$. Igitur ad vim $\frac{F^2}{A^2}$ qua corpus revolvi potest in Ellipsi immobili VPK, addatur excessus $\frac{RG^2 - RF^2}{A^3}$ et componetur vis tota $\frac{F^2}{A^2} + \frac{RG^2 - RF^2}{A^3}$ qua corpus in Ellipsi mobili vpk iisdem temporibus revolvi possit.

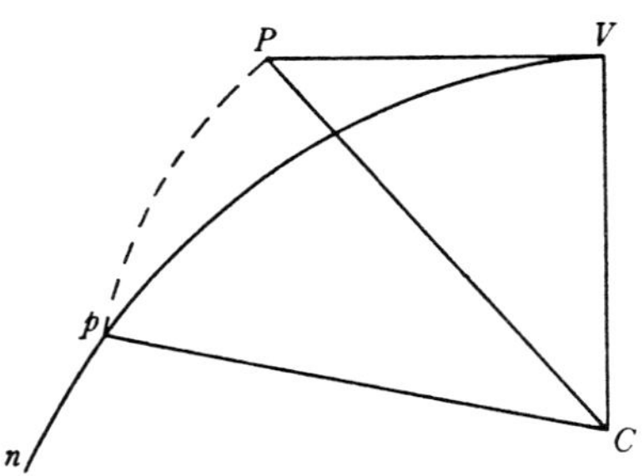

Fig. 77

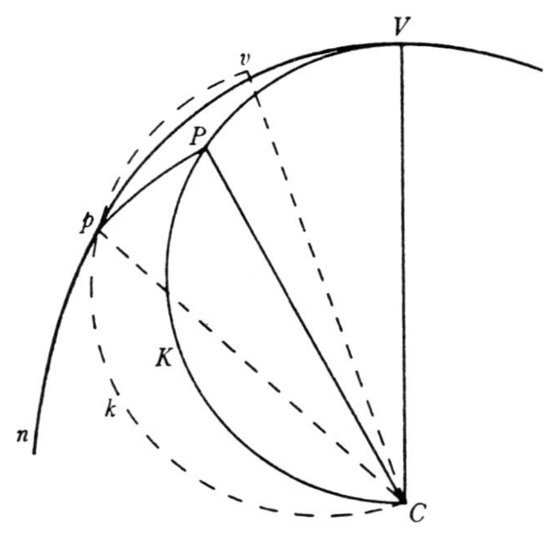

82

Corol. 3. Ad eundem modum colligetur quod si orbis immobilis VPK Ellipsis sit centrum habens in virium centro C, eique similis, æqualis et concentrica ponatur Ellipsis mobilis vpk, sitque 2R Ellipseos hujus latus rectum et 2T latus transversum atque angulus VCp semper sit ad angulum VCP ut G ad F: vires quibus corpora in Ellipsi immobili et mobili temporibus æqualibus revolvi possunt erunt ut $\frac{F^2A}{T^3}$, et $\frac{F^2A}{T^3} + \frac{RG^2-RF^2}{A^3}$ respective.

Corol. 4. Et universaliter, si corporis altitudo maxima CV nominetur T, et radius curvaturæ quam orbis VPK habet in V id est radius circuli æqualiter curvi nominetur R, et vis centripeta qua corpus in Trajectoria quacunque immobili VPK revolvi potest, in loco V dicatur $\frac{F^2}{T^2}V$, atque ~~—~~ aliis in locis P indefinite dicatur X, altitudine CP nominata A; et capiatur G ad F in data ratione anguli VCp ad angulum VCP: erit vis centripeta qua corpus idem eosdem motus in eadem trajectoria vpk circulariter mota temporibus iisdem peragere potest, ut $X + \frac{VRG^2-VRF^2}{A^3}$.

Corol. 5. Dato igitur motu corporis in orbe quocunque immobili, augeri vel minui potest ~~corporis~~ ejus motus angularis circa centrum virium in ratione data et inde inveniri novi orbes immobiles in quibus corpora novis viribus centripetis gyrentur.

Corol. 6. ~~Et particulariter~~ Igitur, si ad rectam CV positione datam erigatur perpendiculum VP ~~et in eo capiatur VP~~ longitudinis indeterminatæ, jungaturque CP et ipsi æqualis agatur Cp constituens angulum VCp qui sit ad angulum VCP in data ratione: vis qua corpus gyrari potest in curva illa Vpk quam punctum p perpetuo tangit, erit reciproce ut cubus altitudinis Cp. Nam corpus P per vim inertiæ, nulla alia ~~nulla~~ vi urgente uniformiter progredi potest in recta VP. Addatur vis in centrum C cubo altitudinis CP vel Cp reciproce proportionalis et (per jam demonstrata) detorquebitur motus ille rectilineus in lineam curvam Vpk. Est autem hæc curva Vpk eadem cum curva illa VPQ in Corol. 3 Prop. XLI inventa in qua ibi diximus corpora hujusmodi viribus attracta, oblique ascendere. Fig 77

~~Corol. 7. Quinetiam si super data diametro VC describatur semicirculus VPC et in eo capiatur arbitrarie punctum P, jungaturque CP et ipsi æqualis agatur Cp continens angulum VCp qui sit ad angulum VCP in data ratione: vis qua corpus gyrari potest in curva Vpk quam punctum p perpetuo tangit, erit reciproce ut cubus altitudinis CP vel Cp. Nam per Prop. vis qua corpus revolvi potest in semicirculi perimetro VPC, est reciproce ut cubus altitudinis illius CP et vis nova qua motus corporis de semicirculo in curvam lineam Vpk transferri potest est etiam reciproce ut ejusdem altitudinis~~ Fig

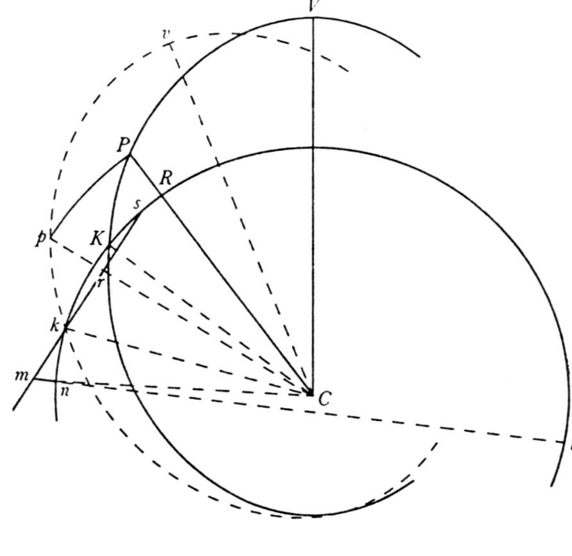

Fig. 76

~~cubus et vis ex vi utraque per additionem vel subductionem conflata (hoc est vis tota qua corpus in curva VPk gyrari potest) est reciproce ut ille idem altitudinis cubus.~~ 83

Prop. XLV Prob. XXXI

Lect. 8

Orbium qui sunt circulis maxime finitimi requiruntur motus Apsidum.

Problema solvitur Arithmetice faciendo ut orbis quem corpus in Ellipsi mobili ut in Propositionis superioris ~~Corol. 2 vel 3~~ Corol. 2 vel 3 revolvens, describit in plano immobili accedat ad formam orbis cujus Apsides requiruntur, et quærendo Apsides orbis quem corpus illud in plano immobili describit. Orbes autem eandem acquirant formam si vires centripetæ quibus describuntur inter se collatæ, in æqualibus ~~paribus~~ altitudinibus reddantur proportionales ~~pares~~. Sit punctum V Apsis summa, et scribantur T pro altitudine maxima CV, A pro altitudine quavis alia CP vel Cp, et X pro altitudinum differentia CV − CP et vis qua corpus in Ellipsi circa umbilicum ejus C (ut in Corollario 2) revolvente movetur, quæque in Corollario 2 erat ut $\frac{F^2}{A^2} + \frac{RG^2 - RF^2}{A^3}$ id est ut $\frac{F^2A + RG^2 - RF^2}{A^3}$ scribendo T − X pro A, erit ut $\frac{RG^2 - RF^2 + TF^2 - F^2X}{A^3}$. Reducenda similiter est vis alia quævis centripeta ad fractionem cujus denominator sit A^3, et numeratores facta homologorum terminorum collatione, statuendi sunt analogi ~~ad eandem formam reducendi sunt~~. Res exemplis patebit.

[Fig. 76]

Exempl. 1. Ponamus vim centripetam uniformem esse adeoque ut $\frac{A^3}{A^3}$ sive (scribendo T − X pro A in numeratore) ut $\frac{T^3 - 3T^2X + 3TX^2 - X^3}{A^3}$, et collatis numeratorum terminis correspondentibus, nimirum datis cum datis et non datis cum non datis, fiet $RG^2 - RF^2 + TF^2$ ad T^3 ut $-F^2X$ ad $-3T^2 + 3TX - X^2$ in X, sive ut $-F^2$ ad $-3T^2 + 3TX - X^2$. Jam cum orbis ponatur circulo quam maxime finitimus coeat orbis cum circulo et ob factas R, T æquales atque X in infinitum diminutam, rationes ultimæ erunt RG^2 ad T^3 ut $-F^2$ ad $-3T^2$ seu G^2 ad T^2 ut F^2 ad $3T^2$ et vicissim G^2 ad F^2 ut T^2 ad $3T^2$ id est ut 1 ad 3, adeoque G ad F hoc est angulus VCp ad angulum VCP ~~erit~~ ut 1 ad $\sqrt{3}$. Ergo cum corpus in Ellipsi immobili ~~descendendo~~ ab Apside summa ad Apsidem imam descendendo conficiat angulum VCP (ut ita dicam) graduum 180, corpus aliud in Ellipsi mobili atque adeo in orbe immobili de quo agimus ~~descendendo~~ ab Apside summa ad Apsidem imam descendendo

84

conficiet angulum VCp graduum $\frac{180}{\sqrt{3}}$: id adeo ob similitudinem orbis hujus quem corpus agente uniformi vi centripeta describit et orbis illius quem corpus in Ellipsi revolvente gyros peragens describit in plano quiescente. Per superiorem terminorum collationem similes redduntur hi orbes, non universaliter sed tunc cum ad formam circularem quam maximè appropinquant. Corpus igitur uniformi cum vi centripeta in orbe propemodum circulari revolvens, inter Apsidem summam et Apsidem imam conficiet semper angulum $\frac{180}{\sqrt{3}}$ graduum seu $103^{gr}\ 55'$ ad centrum, perveniens ab Apside summa ad Apsidem imam ubi semel confecit hunc angulum, et inde ad Apsidem summam rediens ubi iterum confecit eundem angulum, et sic deinceps in infinitum.

Exempl. 2. Ponamus vim centripetam esse ut altitudinis A dignitas quælibet A^{n-3} seu $\frac{A^n}{A^3}$ ubi $n-3$ et n significant dignitatum indices quascunque integras vel fractas, rationales vel irrationales, affirmativas vel negativas. Numerator ille A^n seu $\overline{T-X}^n$ in seriem indeterminatam per methodum nostram serierum convergentium reducta evadit $T^n - {}^nXT^{n-1} + \frac{nn-n}{2}X^2T^{n-2}$ &c et collatis hujus terminis cum terminis Numeratoris alterius $RG^2 - RF^2 + TF^2 - F^2X$ fit $RG^2 - RF^2 + TF^2$ ad T^n ut $-F^2$ ad $-{}^nT^{n-1} + \frac{nn-n}{2}XT^{n-2}$ &c et sumendo rationes ultimas ubi orbes ad formam circularem accedunt, RG^2 ad T^n ut $-F^2$ ad $-{}^nT^{n-1}$ seu G^2 ad T^{n-1} ut F^2 ad ${}^nT^{n-1}$ et vicissim G^2 ad F^2 ut T^{n-1} ad nT^{n-1} id est ut 1 ad n. adeoque G ad F id est angulus VCp ad angulum VCP ut 1 ad $\sqrt{n}$. Quare cum angulus VCP in descensu corporis ab Apside summa ad Apsidem imam in Ellipsi confectus sit graduum 180 conficietur angulus VCp in descensu corporis ab Apside summa ad Apsidem imam in orbe propemodum circulari quem corpus quodvis vi centripeta dignitati A^{n-3} proportionali describit æqualis angulo graduum $\frac{180}{\sqrt{n}}$ et hoc angulo repetito corpus redibit ab Apside ima ad Apsidem summam et sic deinceps in infinitum. Ut si vis centripeta sit ut distantia corporis a centro id est ut A seu $\frac{A^4}{A^3}$ erit n æqualis 4 et $\sqrt{2}$ æqualis 2, adeoque angulus inter Apsidem summam $\sqrt{n}$ et Apsidem imam æqualis $\frac{180^{gr}}{2}$ seu 90^{gr}. Completa igitur quarta parte revolutionis unius corpus perveniet ad Apsidem imam et completa alia quarta parte ad Apsidem summam et sic deinceps ter vices in infinitum. Id quod etiam ex Propositione manifestum est. Nam corpus urgente hac vi centripeta revolvetur in Ellipsi immobili cujus centrum est in centro virium. Quod si vis centripeta sit reciproce ut distantia, id est directe ut $\frac{1}{A}$ seu $\frac{A^2}{A^3}$ erit n æqualis 2, adeoque inter Apsidem summam et Apsidem imam angulus erit graduum $\frac{180}{\sqrt{2}}$ seu $127^{gr.}\ 17'$, et propterea corpus tali vi revolvens perpetua anguli hujus repetitione, vicibus alternis ab Apside summa ad imam et ab ima ad summam perveniet in æternum.

Porro si vis centripeta sit reciproce ut latus quadrato quadratum undecimæ dignitatis Altitudinis, id est reciproce ut $A^{\frac{11}{4}}$ adeoque directe ut $\frac{1}{A^{\frac{11}{4}}}$ seu $\frac{A^{\frac{1}{4}}}{A^3}$, erit n æqualis $\frac{1}{4}$ et $\frac{180}{\sqrt{n}}$ grad. æqualis $360^{gr.}$, et propterea corpus de Apside summa discedens et subinde perpetuo descendens perveniet ad Apsidem imam ubi complevit revolutionem integram, dein perpetuo ascensu complendo aliam revolutionem integram redibit ad Apsidem summam et sic per vices in æternum.

Exempl. 3. Assumentes m et n pro quibusvis indicibus dignitatum altitudinis et b, c pro numeris quibusvis datis ponamus vim centripetam esse ut $\frac{bA^m + cA^n}{A^3}$, id est ut $\frac{b \text{ in } \overline{T-X}^m + c \text{ in } \overline{T-X}^n}{A^3}$ seu (per methodum nostram serierum convergentium) ut

$$\frac{bT^m - mbXT^{m-1} + \frac{mm-m}{2}bX^2T^{m-2} \&c + cT^n - ncXT^{n-1} + \frac{nn-n}{2}cX^2T^{n-2} \&c}{A^3}$$

et collatis numeratorum terminis fiet $RG^2 - RF^2 + TF^2$ ad $bT^m + cT^n$ ut $-F^2$ ad $-mbT^{m-1} - ncT^{n-1} + \frac{mm-m}{2}XT^{m-2} + \frac{nn-n}{2}XT^{n-2}$ &c et sumendo rationes ultimas quæ prodeunt ubi orbes ad formam circularem accedunt fit G^2 ad $bT^{m-1} + cT^{n-1}$ ut F^2 ad $mbT^{m-1} + ncT^{n-1}$ et vicissim G^2 ad F^2 ut $bT^{m-1} + cT^{n-1}$ ad $mbT^{m-1} + ncT^{n-1}$. Quæ proportio exponendo altitudinem maximam CV seu T arithmetice per unitatem fit G^2 ad F^2 ut $b+c$ ad $mb+nc$ adeoque ut 1 ad $\frac{mb+nc}{b+c}$. Unde est G ad F id est angulus VCp ad angulum VCP ut 1 ad $\sqrt{\frac{mb+nc}{b+c}}$. Et propterea cum angulus VCP inter Apsidem summam et Apsidem imam in Ellipsi immobili sit $180^{gr.}$ erit angulus VCp inter easdem Apsides in Orbe quem corpus vi centripeta quantitati $\frac{bA^m + cA^n}{A^3}$ proportionali describit, æqualis angulo graduum $180\sqrt{\frac{b+c}{mb+nc}}$. Et eodem argumento si vis centripeta sit ut $\frac{bA^m - cA^n}{A^3}$, angulus inter Apsides invenitur $180\sqrt{\frac{b-c}{mb-nc}}$ graduum.

Nec secus resolvetur Problema in casibus difficilioribus. Quantitas cui vis centripeta proportionalis est resolvi semper debet in series convergentes denominatorem habentes A^3. Dein pars data numeratoris ad illius partem non datam et pars data numeratoris

86

cujus $RG^2 - RF^2 + TF^2 - F^2X$ ad partem non datam in eadem ratione ponendæ sunt; et quantitates superfluas delendo, scribendoque unitatem pro T obtinebitur proportio G ad F.

Corol. 1. Hinc si vis centripeta sit ut aliqua altitudinis dignitas, inveniri potest dignitas illa ex motu Apsidum; et contra. Nimirum si motus totus angularis quo corpus redit ad Apsidem eandem sit ad motum angularem revolutionis unius seu graduum 360 ut numerus aliquis m ad numerum alium n, et altitudo nominetur A: erit vis ut altitudinis dignitas illa $A^{\frac{nn}{mm}-3}$ cujus index est $\frac{nn}{mm}-3$. Id quod per exempla secunda manifestum est. Unde liquet vim illam in majore quam triplicata altitudinis ratione decrescere non posse; corpus tali vi revolvens deque Apside discedens, si cœperit descendere, nunquam perveniet ad Apsidem imam seu altitudinem minimam sed descendet usque ad centrum describens curvam illam lineam de qua egimus in Corol. 7. Prop. XLIV. Sin cœperit illud de Apside discedens vel minimum ascendere, ascendet in infinitum, neque unquam perveniet ad Apsidem summam. Describet enim curvam illam lineam de qua actum est in Corol. 3 Prop XLI Corol. 6. Prop. XLIV. Sic et ubi vis in recessu a centro decrescit in majori quam triplicata ratione altitudinis, corpus de Apside discedens, perinde ut cœperit descendere vel ascendere, vel descendet ad centrum usque vel ascendet in infinitum. At si vis in recessu a centro vel decrescat in minori quam triplicata ratione altitudinis, vel crescat in altitudinis ratione quacunque, corpus nunquam descendet ad centrum usque sed ad Apsidem imam aliquando perveniet: et contra, si corpus de Apside ad Apsidem alternis vicibus descendens et ascendens nunquam appellat ad centrum, vis in recessu a centro aut augebitur aut in minore quam triplicata altitudinis ratione decrescet, et quo citius corpus de Apside ad Apsidem redierit, eo longius ratio virium recedet a ratione illa triplicata. Ut si corpus revolutionibus 8 vel 4 vel 2 vel $1\frac{1}{2}$ de Apside summa ad Apsidem summam alterno descensu et ascensu redierit, hoc est si fuerit m ad n ut 8 vel 4 vel 2 vel $1\frac{1}{2}$ ad 1, adeoque $\frac{nn}{mm}-3$ valeat $\frac{1}{64}-3$ vel $\frac{1}{16}-3$ vel $\frac{4}{9}-3$ erit vis ut $A^{\frac{1}{64}-3}$ vel $A^{\frac{1}{16}-3}$ vel $A^{\frac{1}{4}-3}$ vel $A^{\frac{4}{9}-3}$ id est reciproce ut $A^{3-\frac{1}{64}}$ vel $A^{3-\frac{1}{16}}$ vel $A^{3-\frac{1}{4}}$ vel $A^{3-\frac{4}{9}}$. Si corpus singulis revolutionibus redierit ad Apsidem eandem immotam, erit m ad n ut 1 ad 1, adeoque $A^{\frac{nn}{mm}-3}$ æquale A^{-2} seu $\frac{1}{A^2}$ et propterea decrementum virium in ratione duplicata altitudinis ut in præcedentibus demonstratum est. Si corpus partibus

ms

revolutionis unius vel tribus quartis vel duabus tertijs vel una tertia vel una quarta ad Apsidem eandem redierit, erit m ad n ut $\frac{3}{4}$ vel $\frac{2}{3}$ vel 87
$\frac{1}{3}$ vel $\frac{1}{4}$ ad 1, adeoque $A^{\frac{nn}{mm}-3}$ æquale $A^{\frac{16}{9}-3}$ vel $A^{\frac{9}{4}-3}$ vel A^{9-3} vel A^{16-3} et propterea vis aut reciproce ut $A^{\frac{11}{9}}$ vel $A^{\frac{3}{4}}$ aut directe ut A^{6} vel A^{13}. Denique si corpus pergendo ab Apside summa ad Apsidem summam confecerit revolutionem integram et præterea gradus tres, adeoque Apsis illa singulis corporis revolutionibus conficiat in consequentia gradus tres; erit m ad n ut 363^{gr} ad 360^{gr}, adeoque $A^{\frac{nn}{mm}-3}$ æquale $A^{-\frac{265707}{131769}}$ et propterea vis centripeta reciproce ut $A^{\frac{265707}{131769}}$ seu $A^{2\frac{4}{243}}$. Decrescit igitur vis centripeta in ratione paulo majore quam duplicata sed quæ vicibus $60\frac{3}{4}$ propius ad duplicatam quam ad triplicatam accedit.

Corol. 2 Hinc etiam si corpus vi centripeta quæ sit reciproce ut quadratum altitudinis revolvatur in Ellipsi umbilicum habente in centro virium, et huic vi centripetæ addatur vel auferatur vis alia quævis extranea: cognosci potest (per exempla tertia) motus Apsidum qui ex vi illa extranea orietur, et contra. Ut si vis qua corpus revolvitur in Ellipsi sit ut $\frac{1}{A^2}$ et vis extranea ablata ut cA adeoque vis reliqua ut $\frac{A-cA^4}{A^3}$ erit m (in Exemplis tertijs) æqualis 1, et n æqualis 4 adeoque angulus revolutionis inter Apsides æqualis angulo graduum $180\sqrt{\frac{1-c}{1-4c}}$. Ponatur vim illam extraneam esse 357,45 vicibus minorem quam vis altera qua corpus revolvitur in Ellipsi, id est c esse $\frac{100}{35745}$ et $180\sqrt{\frac{1-c}{1-4c}}$ evadet $180\sqrt{\frac{35645}{35345}}$ seu 180,7602 id est $180^{gr}.\ 45'.\ 37''$. Igitur corpus de Apside summa discedens motu angulari $180^{gr}.\ 45'.\ 37''$ perveniet ad Apsidem imam et hoc motu duplicato ad Apsidem summam redibit. adeoque Apsis summa singulis revolutionibus progrediendo conficiet $1^{gr}.\ 31'.\ 14''$.

Hactenus de motu corporum in orbibus quorum plana per centrum virium transeunt. Superest ut motus etiam determinemus in planis excentricis. Nam Scriptores qui motum gravium tractant considerare solent ascensus et descensus ponderum tam obliquos in planis quibuscunque datis quam perpendiculares et pari jure motus corporum viribus quibuscunque centra petentium et planis excentricis innitentium hic considerandus venit. Plana autem supponimus esse politissima et absolute lubrica ne corpora retardent. Quinimo in his demonstrationibus vice planorum quibus corpora incumbunt quæque tangunt incumbendo, usurpamus plana

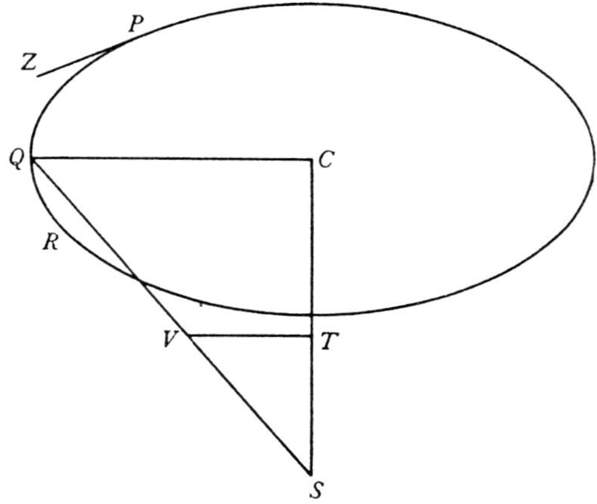

Fig. 78

vis parallelae in quibus centra corporum moventur, et orbitas movendo describunt. Et eadem lege motus corporum in superficiebus curvis peractos subinde determinamus.

Artic. X.

De motibus corporum in ~~superficiebus quibusque~~ superficiebus datis deque funipendulorum motibus reciprocis. Lect 9

Prop. XLVI. Prob. XXXII.

Posita cujuscunque generis vi centripeta, datoque tum virium centro tum plano quocunque in quo corpus revolvitur et concessis figurarum curvilinearum quadraturis: requiritur motus corporis de loco dato data cum velocitate secundum rectam in plano illo datam egressi.

Sit S centrum virium, SC distantia minima centri hujus a plano dato, P corpus de loco P secundum rectam PZ egrediens, Q corpus idem in trajectoria sua revolvens, et PQR trajectoria illa in plano dato descripta, quam invenire oportet. Jungantur CQ, QS et si in QS capiatur SV proportionalis vi centripetae qua corpus trahitur versus centrum S, ~~capiatur SV proportionalis~~ et agatur VT quae sit parallela CQ et occurrat SC in T: vis SV resolvetur (per Legum Corol. 2) in vires ST, TV, quarum ST trahendo corpus secundum lineam plano perpendicularem, nil mutat motum ejus in hoc plano. Vis autem altera TV agendo secundum positionem plani trahit corpus directe versus punctum C in plano datum, adeoque facit illud in hoc plano perinde moveri ac si vis ST tolleretur, et corpus vi sola TV revolveretur circa centrum C in spatio libero. Data autem vi centripeta TV qua corpus Q in spatio libero circa centrum datum C revolvitur, datur per Prop. XLII tum Trajectoria PQR quam corpus describit, tum locus Q in quo corpus ad datum quodvis tempus versabitur, tum denique velocitas corporis in loco illo Q; et contra. Q.E.I. Fig 78

Prop. XLVII Theor. XV

Posito quod vis centripeta proportionalis sit distantiae corporis a centro: corpora omnia in planis quibuscunque revolventia describent Ellipses et revolutiones temporibus aequalibus peragent; quaeque moventur in lineis rectis ultro citroque discurrendo, singulas eundi et redeundi periodos iisdem temporibus absolvent.

Nam stantibus quae in superiore Propositione, vis SV qua corpus Q in plano quovis PQR revolvens trahitur versus centrum S est ut distantia SQ, atque adeo ob proportionales SV et SQ, TV et CQ vis TV qua corpus trahitur versus punctum C in orbis plano datum, est ut distantia CQ. Vires igitur quibus corpora in plano PQR versantia

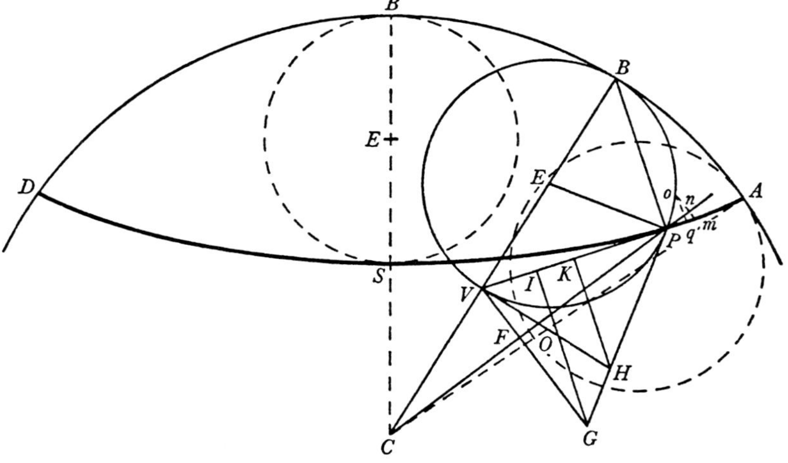

Fig. 79a

73

trahuntur versus punctum C sunt pro ratione distantiarum æquales viribus quibus corpora undequaq trahuntur versus centrum S, et propterea corpora movebuntur ijsdem temporibus in ijsdem figuris in plano quovis PQR circa punctum C atq in spatijs liberis circa centrum S, adeoq (per Corol. 2 Prop X, & Corol. 2 Prop XXXVIII) temporibus semper æqualibus vel describent Ellipses in plano illo circa centrum C vel periodos movendi ultro citroq in lineis rectis per centrum C in plano illo ductis complebunt. Q.E.D. ~~His affines sunt sequentes motus reciproci in curvis datis.~~

Schol.

His affines sunt ascensus ac descensus corporum in superficiebus ~~quibusdam~~ curvis. Concipe lineas curvas in plano describi, dein circa axes quosvis datos per centrum virium transeuntes revolvi et ea revolutione superficies curvas describere, tum corpora ita moveri ut eorum centra in his superficiebus perpetuo reperiantur. Si corpora illa oblique ascendendo et descendendo currant ultro citroq, peragentur eorum motus in planis per axem transeuntibus, atq adeo in lineis curvis quarum revolutione curvæ illæ superficies genitæ ~~fuerant~~ sunt. Istis igitur in casibus sufficit motum in his lineis curvis considerare. ~~ut fit in propositionibus sequentibus~~

Prop. XLVIII. Theor. XVI

Si rota globo extrinsecus ad angulos rectos insistat et more rotarum revolvendo progrediatur in circulo maximo: longitudo itineris curvilinei quod punctum quodvis in rotæ perimetro datum, ex quo globum tetigit confecit, erit ad duplicatum sinum versum arcus dimidij qui globum ex eo tempore inter eundum tetigit ut summa diametrorum globi et rotæ ad semidiametrum globi.

Prop. XLIX. Theor. XVII

Si rota globo concavo ad rectos angulos intrinsecus insistat et revolvendo progrediatur in circulo maximo: longitudo itineris curvilinei quod punctum quodvis in Rotæ perimetro datum, ex quo globum tetigit confecit, erit ad duplicatum sinum versum arcus dimidij qui globum toto hoc tempore inter eundum tetigit ut differentia diametrorum globi et rotæ ad semidiametrum globi.

Sit ABD Globus, C centrum ejus, BPV rota ei insistens E centrum rotæ, B punctum contactus et P punctum datum in perimetro rotæ. Concipe hanc Rotam pergere in circulo maximo ABD ab A per B versus D et inter eundum ita revolvi ut arcus AB, PB sibi invicem semper æquentur, atq punctum illud P in Fig. 79.

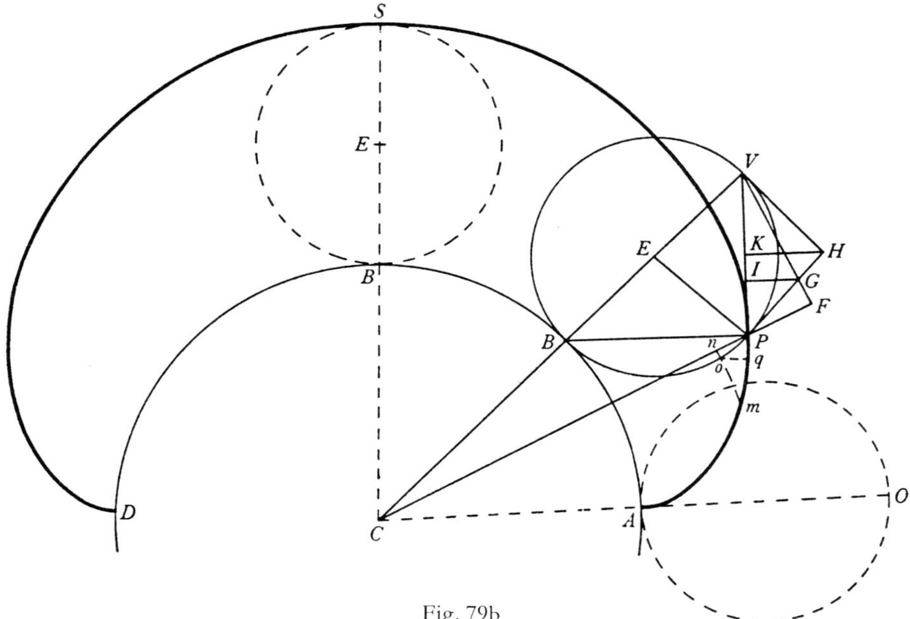

Fig. 79b

74

perimetro Rotæ datum interea describere viam curvilineam AP: sit autem AP via tota curvilinea descripta ex quo rota globum tetigit in A, et erit viæ hujus longitudo AP ad duplum sinum versum arcus $\frac{1}{2}$PB, ut 2CE ad CB. ~~Nam producatur CE ad V~~ jungantur[que] CP, BP, EP, VP, et in CP productam demittatur normalis VF. [nam recta CE, si opus est producta occurrat Rotæ in V.] Tangant PH, VH circulum in P et V concurrentes in H, secet[que] PH ipsam VF in G et ad VP demittantur normales GI, HK, Centro item C et intervallo quovis describatur circulus nom secans rectam CP in n, rotæ perimetrum BR in o et viam curvilineam AP in m, centro[que] V et intervallo Vo describatur circulus secans VP productam in q.

[Fig. 79]

Quoniam rota eundo semper revolvitur circa punctum contactus B manifestum est quod recta BP perpendicularis est ad lineam illam curvam AP quam rotæ punctum P describit, atq[ue] adeo quod recta VP tangit hanc curvam in puncto P. Circuli nom radius sensim auctus æquetur tandem distantiæ CP et ob similitudinem figuræ evanescentis Pnomq et figuræ PFGVI ratio ultima lineolarum evanescentium Pm, Pn, Po, Pq, id est ratio incrementorum momentaneorum curvæ AP rectæ CP et arcus circularis BP ac decrementi rectæ VP eadem erit quæ linearum PV, PF, PG, PI respective. Cum autem VF ad CF et VH ad CV perpendiculares sunt angulis[que] HVG, VCF propterea æquales, et angulus VHP ob angulos quadrilateri HVEP ad V et P rectos complet angulum VEP ad duos rectos adeo[que] angulo CEP æqualis est, similia erunt triangula VHG, CEP et inde fiet ut EP ad CE ita HG ad HV seu HP et ita KI ad KP: et divisim ut CB ad CE ita PI ad KP et duplicatis consequentibus ut CB ad 2CE ita PI ad PV. Est igitur decrementum lineæ VP id est incrementum lineæ BV−VP ad incrementum lineæ curvæ AP in data ratione CB ad 2CE et propterea (per Corol. Lem. IV) longitudines BV−VP et AP incrementis illis genitæ sunt in eadem ratione. Sed existente BV radio est VP cosinus anguli VBP seu $\frac{1}{2}$BEP adeo[que] BV−VP sinus versus ejusdem anguli, et propterea in hac Rota cujus radius est $\frac{1}{2}$BV erit BV−VP duplus sinus versus arcus $\frac{1}{2}$BP. Ergo AP est ad duplum sinum versum arcus $\frac{1}{2}$BP ut 2CE ad CB. Q.E.D. ~~Lineam~~

Lineam autem AP in Propositione priore Cycloidem extra globum alteram in posteriore Cycloidem intra globum distinctionis gratia nominabimus.

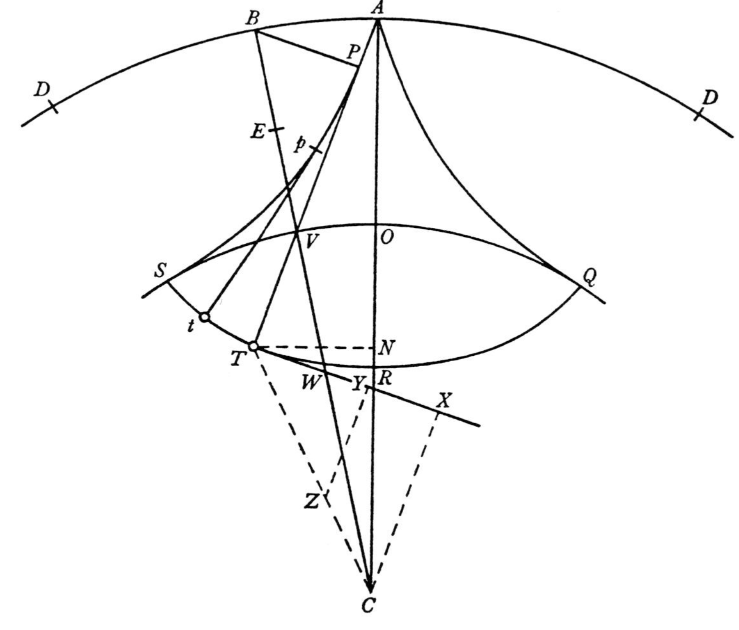

Fig. 80

75

Corol. 1. Hinc si describatur Cyclois integra ASL et bisecetur ea in S, erit longitudo partis PS ad longitudinem VP (quæ duplus est sinus anguli VBP existente EB radio) ut 2CE ad CB, atq adeo in ratione data.

Corol. 2. Et longitudo semiperimetri Cycloidis AS æquabitur lineæ rectæ quæ est ad Rotæ diametrum AO ut 2CE ad CB.

Corol. 3. Ideoq longitudo illa est ut ~~latus quadratum~~ rectangulum BEC, si modo globi detur semidiameter.

Prop. L. Prob. XXXIII

Facere ut corpus pendulum oscilletur in Cycloide data.

Intra globum QVS centro C descriptum detur Cyclois QRS bisecta in R et punctis suis extremis Q et S superficiei globi hinc inde occurrens. Agatur CR bisecans arcum QS in O et producatur ea ad A ut sit CA ad CO ut CO ad CR. Centro C intervallo CA describatur globus exterior ABD et intra hunc globum a rota cujus diameter sit AO describantur duæ semicycloides AQ, AS quæ globum interiorem tangant in Q et S et globo exteriori occurrant in A. A puncto illo A filo APT longitudinem AR æquante pendeat corpus T, et ita intra semicycloides AQ, AS oscilletur ut quoties pendulum digreditur a perpendiculo AR, filum parte sui superiore AP applicetur ad semicycloidem illam APS versus quam peragitur motus et circum eam ceu obstaculum flectatur et parte reliqua PT cui semicyclois nondum objicitur protendatur in lineam rectam, et pondus T oscillabitur in ~~Trochoide~~ Cycloide data QRS. Fig. 80.

Secet enim filum PT tum Cycloidem QRS in T, tum circulum QOS in V, agaturq CV occurrens circulo ABD in B et ad fili partem rectam PT e punctis extremis P ac T, erigantur perpendicula PB, TW occurrentia rectæ CV in B et W. Patet enim ex genesi Cycloidis quod perpendicula illa PB, TW abscindent de CV longitudines VB, VW rotarum diametris OA, OR æquales, atq adeo quod punctum B incidet in circulum ABD. Est igitur TP ad VP duplum sinum anguli VBP (existente $\frac{1}{2}$BV radio) ut BW ad BV seu AO + OR ad AO id est ~~id est~~ ut (~~in proportionalis~~ cum sint CA ad CO, CO ad CR et divisim AO ad OR proportionales) CA + CO seu 2CE ad CA. Proinde per Corol. 1 Prop. XLIX longitudo PT æquatur Cycloidis arcui PS, et filum totum APT æquatur Cycloidis arcui dimidio APS hoc est (per Corol. 2. Prop. XLIX) longitudini AR. Et propterea vicissim si filum manet semper æquale longitudini AR movebitur punctum T in Cycloide QRS. Q. E. D.

Corol. Filum AR æquatur Cycloidis arcui dimidio APS.

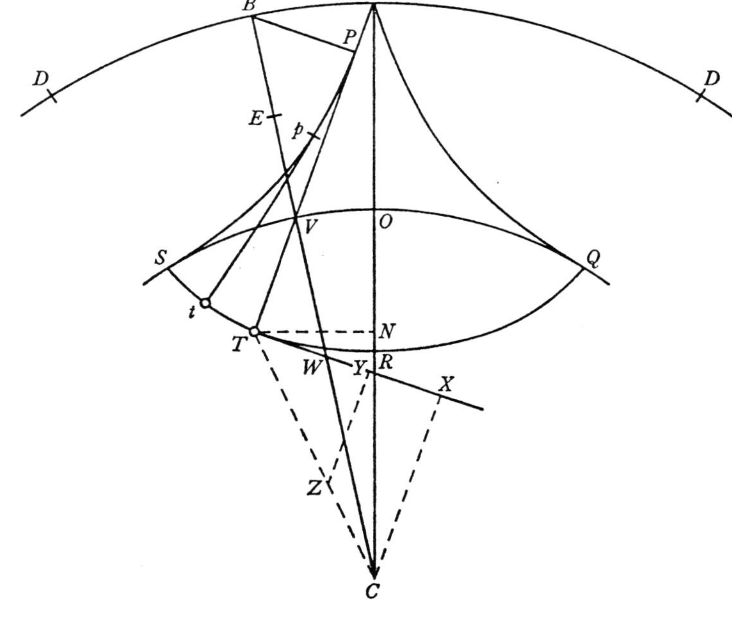

Fig. 80

76

Prop. LI. Theor. XVIII

Si vis centripeta tendens undiq; ad globi centrum C sit in locis singulis ut distantia loci cujusq; a centro, et hac sola vi agente corpus T oscilletur (modo jam descripto) in perimetro Cycloidis QRS: dico quod oscillationum utcunq; inæqualium æqualia erunt tempora.

Nam in Cycloidis tangentem TW infinite productam cadat perpendiculum CX et jungatur CT. Quoniam vis centripeta qua corpus T impellitur versus C est ut distantia CT et vis CT (per Legum Corol. 2) resolvitur in partes CX, TX quarum CX impellendo corpus directe a P distendit filum PT et per ejus resistentiam tota cessat, nullum alium edens effectum: pars autem altera TX urgendo corpus transversim seu versus X, directe accelerat motum ejus in Cycloide, manifestum est quod corporis acceleratio huic vi acceleratrici proportionalis, sit singulis momentis ut longitudo TX, id est, ob datas CV, WV iisq; proportionales TX, TW ut longitudo TW, hoc est (per Corol. 1. Prop. XLIX) ut longitudo arcus Cycloidis TR. Pendulis igitur duobus APT, Apt de perpendiculo AR inæqualiter deductis et simul dimissis, accelerationes eorum semper erunt ut arcus describendi TR, tR. Sunt autem partes sub initio descriptæ ut accelerationes hoc est ut totæ sub initio describendæ et propterea partes quæ manent describendæ et accelerationes subsequentes his partibus proportionales sunt etiam ut totæ, et sic deinceps. Sunt igitur accelerationes atq; adeo velocitates genitæ et partes his velocitatibus descriptæ partesq; describendæ, semper ut totæ; et propterea partes describendæ datam servantes rationem ad invicem simul evanescent, id est corpora duo oscillantia simul pervenient ad perpendiculum AR. Cumq; vicissim ascensus pendulorum de loco infimo R per eosdem arcus Trochoidales motu retrogrado facti retardentur in locis singulis a viribus iisdem a quibus descensus accelerabantur, patet velocitates ascensuum ac descensuum per eosdem arcus factorum æquales esse atq; adeo temporibus æqualibus fieri, et propterea cum Cycloidis partes duæ RS et RQ ad utramq; perpendiculi latus jacentes sint similes et æquales, pendula duo oscillationes suas tam totas quam dimidias iisdem temporibus semper peragent. Q.E.D.

Fig. 80.

Prop. LII. Prob. XXXIV

Lect. 10

Definire et velocitates pendulorum in locis singulis et tempora quibus tum oscillationes totæ tum singulæ oscillationum

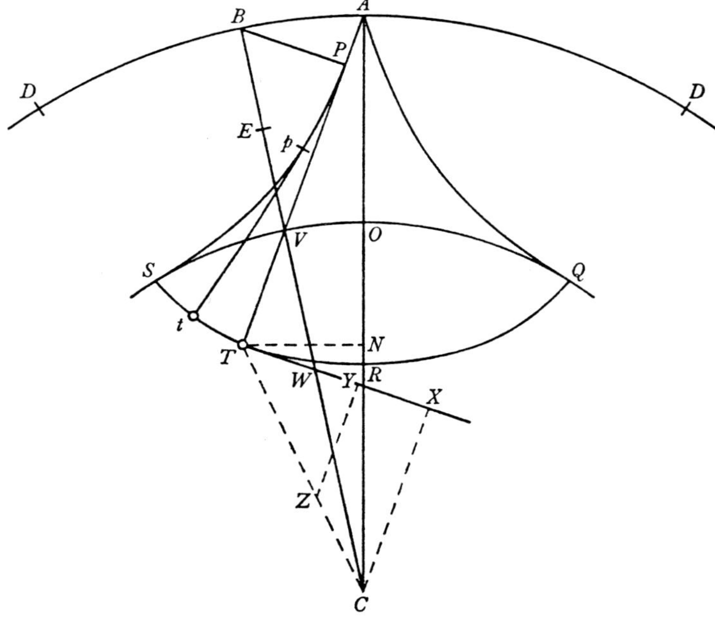

Fig. 80

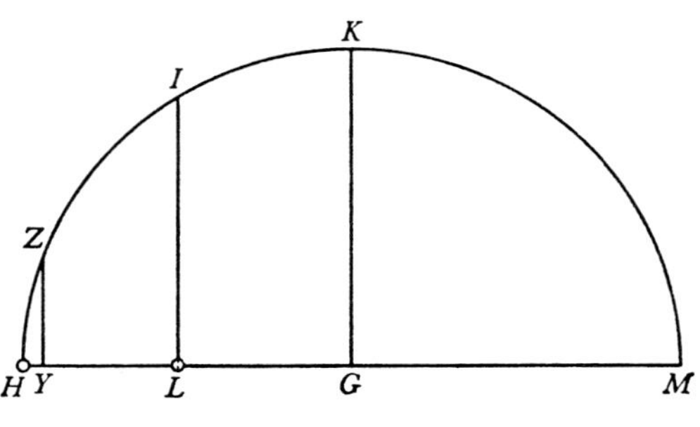

Fig. 81

Fig. 82

partes peraguntur.

Centro quovis G intervallo GH Cycloidis arcum RS æquante describe semicirculum HKMG semidiametro GK bisectum ~~circuli quadrantem HKG~~. Et si vis centripeta distantijs locorum a centro proportionalis tendat ad centrum G, sitq; in perimetro HJK æqualis vi centripetæ in perimetro globi QOS ad ipsius centrum tendenti, et eodem tempore quo pendulum T dimittitur a loco supremo S cadat corpus aliquod L ab H ad G: quoniam vires quibus corpora urgentur sunt æquales sub initio et spatijs describendis TR, GL semper proportionales, atq; adeo, si æquantur TR et LG, æquales in locis T et L, patet corpora illa describere ~~æqualia~~ spatia ST, HL ~~describere~~ æqualia sub initio, adeoq; subinde pergere æqualiter urgeri et æqualia spatia describere. Quare (per Prop. XXXVIII) tempus quo corpus describit arcum ST est ad tempus oscillationis unius ut arcus HJ (tempus quo corpus H perveniet ad L) ~~ad velocitatem~~ ad semicirculum HKM (tempus quo corpus H perveniet ad M) et velocitas corporis penduli in loco T est ad velocitatem ipsius in loco infimo R (hoc est velocitas corporis H in loco L ad velocitatem ejus in loco G seu incrementum momentaneum lineæ HG ad incrementum momentaneum lineæ HL arcubus HJ, HK æquabili fluxu crescentibus) ut ordinatim applicata LJ ad radium GK, sive ut $\sqrt{SR^q - TR^q}$ ad SR. Unde cum in oscillationibus inæqualibus describantur æqualibus temporibus arcus totis oscillationum arcubus proportionales habentur ex datis temporibus et velocitates et arcus descripti in oscillationibus universis. Quæ erant primo invenienda. Fig 80, 81. 77 49

Oscillentur jam funipendula duo corpora in Cycloidibus inæqualibus et earum semiarcubus ~~capiantur~~ æquales capiantur rectæ GH, gh, centrisq; G, g et intervallis GH, gh describantur semicirculi HZKM, hzkm. In eorum diametris HM, hm capiantur lineolæ ~~et capiantur quælibet~~ æquales HY, hy, erigantur normaliter ~~ordinatæ~~ YZ, yz circumferentijs occurrentes in Z et z. Quoniam corpora pendula sub initio motus versantur in circumferentia globi QOS, adeoq; a viribus æqualibus urgentur in centrum, incipiuntq; directe versus centrum moveri, spatia simul confecta æqualia erunt sub initio. Urgeantur igitur corpora H, h a viribus ipsidem in H et h, sintq; HY, hy spatia æqualia ipso motus initio descripta, et arcus HZ, hz denotabunt æqualia tempora. Horum arcuum nascentium ratio prima duplicata est eadem quæ rectangulorum GHY, ghy, id est, eadem quæ linearum GH, gh, adeoq; Fig 81 & 82 arcus capti in dimidiata ratione semidiametrorum denotant æqualia tempora. Est ergo tempus totum in circulo HKM, oscillationi in una Cycloide respondens, ad tempus totum in circulo hkm oscillationi in altera Cycloide respondens, ut semiperiferia HKM ad medium proportionale inter hanc semiperiferiam et semiperiferiam circuli alterius hkm, id est in dimidiata ratione diametri HM ad diametrum hm, hoc est in dimidiata ratione perimetri Cycloidis primæ ad perimetrum Cycloidis alterius, adeoque tempus illud in Cycloide quavis est (per Corol. 3 Prop. XLIX) ut latus quadratum rectanguli BEC contenti sub semidiametro rotæ qua Cyclois descripta fuit et differentia inter semidiametrum illam et semidiametrum globi. Q.E.I. Est et idem tempus (per Corol. Prop. L) in dimidiata ratione longitudinis fili AR. Q.E.I.

Porro si in globis concentricis describantur similes Cycloides; quoniam earum perimetri sunt ut semidiametri globorum et vires in analogis perimetrorum locis sunt ut distantiæ locorum a communi globorum centro, hoc est ut globorum semidiametri, atque adeo ut Cycloidum perimetri et perimetrorum partes similes, æqualia erunt tempora quibus perimetrorum partes similes oscillationibus similibus describuntur, et propterea oscillationes omnes erunt isochronæ. Atqui latus illud quadratum cui tempus proportionale est reducitur in globis inæqualibus ad æqualitatem applicando ipsum ad globi cujusque semidiametrum et propterea tempora oscillationum in globis quibuscunque (quæ æqualibus viribus absolutis attractivis pollent) sunt ut latera illa directe et semidiametri globorum inverse id est ut rectangulorum RAC quæ sub pendulorum longitudinibus AR, et centrorum a quibus pendent, centrisque globorum distantiis AC continentur latera quadrata directe et distantia illa AC inverse, sive ut numerus $\sqrt{\frac{AR}{AC}}$. Q.E.I.

Denique si vires absolutæ diversorum globorum ponantur inæquales, accelerationes temporibus æqualibus factæ, erunt ut vires. Unde si tempora capiantur in dimidiata ratione virium inverse, velocitates erunt in eadem dimidiata ratione directe et propterea spatia erunt æqualia quæ his temporibus describuntur. Ergo oscillationes in globis et Cycloidibus omnibus, quibuscunque cum viribus absolutis factæ sunt in ratione quæ componitur ex dimidiata ratione longitudinis penduli directe et dimidiata ratione distantiæ inter centrum penduli et centrum globi inverse et dimidiata ratione vis absolutæ etiam inverse, id est, si vis illa dicatur V, in ratione numeri $\sqrt{\frac{AR}{AC \times V}}$. Q.E.I.

Corol. 1. Hinc etiam oscillantium, cadentium et revolventium corporum tempora possunt inter se conferri. Nam si rotæ qua Cyclois intra Globum describitur diameter constituatur æqualis semidiametro globi, Cyclois evadet linea recta per centrum globi transiens, et oscillatio jam erit descensus et subsequens ascensus in hac recta. Unde datur tum tempus descensus de loco quovis ad centrum, tum tempus huic æquale quo corpus uniformiter circa centrum globi ad distantiam quamvis revolvendo arcum quadrantalem describit. Est enim hoc tempus (per casum secundum) ad tempus semioscillationis in Trochoide quavis ASL ut ½BC ad VBEC.

Corol. 2 Hinc etiam consectantur quæ D. C. Wrennus et D. C. Hugenius de Cycloide vulgari adinvenerunt. Nam si globi diameter augeatur in infinitum, mutabitur ejus superficies sphærica in planam, visq; centripeta aget uniformiter secundum lineas huic plano perpendiculares et Cyclois nostra abibit in Cycloidem vulgi. Isto autem in casu longitudo arcus Cycloidis inter planum illud et punctum describens æqualis evadet quadruplicato sinui verso dimidii arcus Rotæ inter idem planum et punctum describens, ut invenit D. C. Wrennus; et pendulum inter duas ejusmodi Cycloides in simili et æquali Cycloide temporibus æqualibus oscillabitur ut demonstravit Hugenius. Sed et descensus gravium tempore oscillationis unius is erit quem Hugenius indicavit. ~~Aptantur autem propositiones a nobis demonstratæ ad veram constitutionem Terræ, quatenus Rotæ eundo in ejus circulis maximis describunt motu clavorum Cycloides quarum longitudines determinavimus in Propositione XLVIII et XLIX et pendula inferius in fodinis et cavernis Terræ in his Cycloidibus oscillari~~

Aptantur autem Propositiones a nobis demonstratæ ad veram constitutionem Terræ, quatenus Rotæ eundo in ejus circulis maximis describunt motu clavorum Cycloides ~~[illegible]~~ extra globum ~~quarum longitudines determinavimus in Propositione XLVIII et XLIX~~ et pendula inferius in fodinis et cavernis Terræ in ~~his~~ Cycloidibus intra globos oscillari debent ut oscillationes omnes evadant isochronæ. Nam gravitas (ut in libro tertio docebitur) decrescit a superficie Terræ sursum quidem in duplicata ratione distantiarum a centro ejus, deorsum verò in ratione simplici.

Prop. LIII. Prob. XXXV.

Concessis figurarum curvilinearum quadraturis, invenire vires quibus corpora in datis curvis lineis oscillationes semper isochronas peragent.

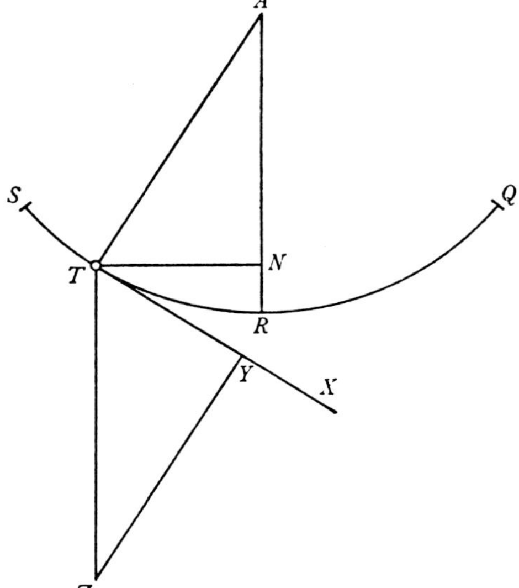

Fig. 80 bis

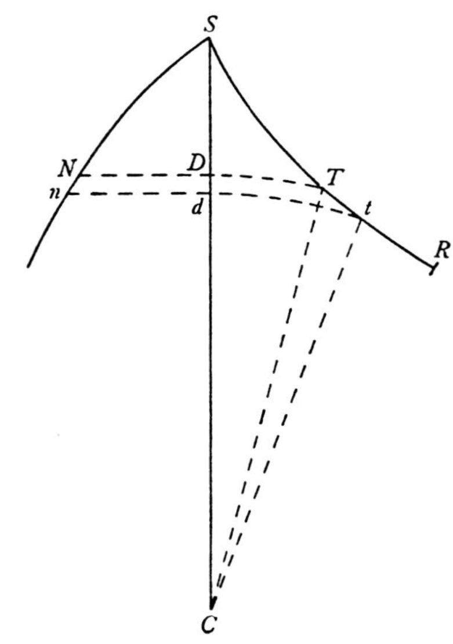

Fig. 83

Oscilletur corpus T in curva quavis linea STRQ cujus axis sit OR transiens per virium centrum C. Agatur TX quæ curvam illam in corporis loco quovis T contingat, inque hac Tangente TX capiatur TY æqualis arcui TR. Nam longitudo arcus illius ex figurarum quadraturis per methodos vulgares innotescit. De puncto Y educatur recta YZ Tangenti perpendicularis. Agatur CT perpendiculari illi occurrens in Z, et erit vis centripeta proportionalis rectæ TZ. Q.E.I.

Nam si vis qua corpus trahitur de T versus C, exponatur per rectam TZ captam ipsi proportionalem; resolvetur hæc in vires TY, YZ quarum YZ trahendo corpus secundum longitudinem fili PT motum ejus nil mutat, vis autem altera TY motum ejus in curva STRQ directè accelerat vel directè retardat. Proinde cum hæc sit ut via describenda TR, accelerationes corporis vel retardationes in oscillationum duarum (majoris et minoris) partibus proportionalibus describendis, erunt semper ut partes illæ, et propterea facient ut partes illæ simul describantur. Corpora autem quæ partes totis semper proportionales simul describunt, simul describent totas. Q.E.D.

Corol. 1. Hinc si corpus T filo rectilineo AT a centro A pendens, describat arcum circularem STRQ, et interea urgeatur secundum lineas parallelas deorsum a vi aliqua quæ sit ad vim uniformem gravitatis ut arcus TR ad ejus sinum TN: æqualia erunt oscillationum singularum tempora. Etenim ob parallelas TZ, AR, similia erunt triangula ANT, TYZ, et propterea TZ erit ad AT ut TY ad TN, hoc est, si gravitatis vis uniformis exponatur per longitudinem datam AT, vis TZ qua oscillationes evadent isochronæ erit ad vim gravitatis AT ut arcus TR ipsi TY æqualis ad arcûs illius sinum TN.

Corol. 2. Igitur in horologiis oscillatorijs, si vires a machina in pendulum ad motum conservandum impressæ, ita cum vi gravitatis componi possint ut vis tota deorsum semper sit ut linea quæ oritur applicando rectangulum sub arcu TR et radio AR ad sinum TN, oscillationes omnes erunt isochronæ.

Prop. LIV. Prob. XXXVI.

Concessis figurarum curvilinearum quadraturis, invenire tempora quibus corpora vi qualibet centripeta in lineis quibuscunque curvis in plano per centrum virium transeunte descriptis descendunt et ascendunt.

Descendat corpus de loco quovis S per lineam quamvis curvam STtR in plano per virium centrum C transeunte datam. Jungatur CS et dividatur eadem in partes innumeras æquales, sitque Dd partium illarum aliqua. Centro C intervallis CD, Cd describantur circuli DT, dt, lineæ curvæ STtR occurrentes in T et t. Et ex data tum lege vis centripetæ tum altitudine CS de qua corpus cecidit, dabitur velocitas corporis in alia quavis altitudine CT per

PART 2b

A FURTHER EIGHT LEAVES FROM THE FIRST STATE

(Spring? 1685)

[Add. 3965.3, ff. 7r–14r]

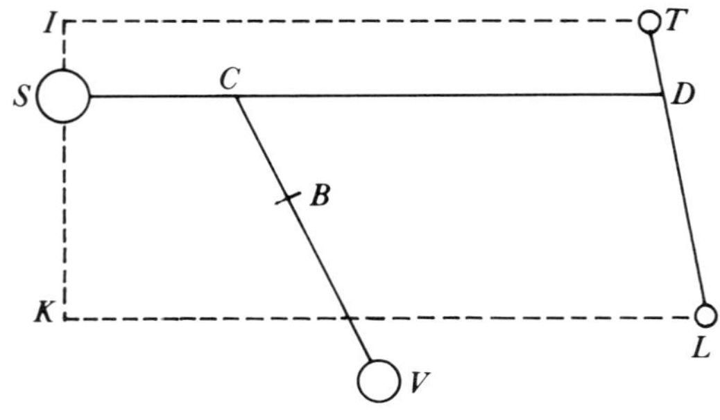

Fig. 39

41

TL atque adeo ut vires quibus corpora T et L se mutuo trahunt, additæ his viribus corporum T et L prior priori et posterior posteriori componunt vires distantijs DT ac DL proportionales ut prius sed viribus prioribus majores, adeoque per Propositionem IX efficiunt ut corpora illa describant Ellipses ut prius sed motu velociore. Vires reliquæ SD et SD, id est, si ponderum rationes includantur, SD×T et SD×L, trahendo corpora illa æqualiter (pro ponderibus) et secundum lineas TI, LK ipsi DS parallelas, nil mutant situm eorum ad invicem, sed faciunt ipsa æqualiter accedere ad lineam IK; quam concipe duci per medium corporis S et lineæ DS perpendicularem esse. Impedietur autem iste ad lineam IK accessus faciendo ut Systema corporum T et L ex una parte et corpus S ex altera justis cum velocitatibus gyrent circa commune gravitatis centrum C. Tali motu corpus S (eo quod summa virium SD×T et SD×L distantiæ CS proportionalis sit, trahitur ad centrum C) describet Ellipsin circa idem C; et ob proportionales CS, CD punctum D describet Ellipsin consimilem e regione. Corpora autem T et L viribus SD×T et SD×L, prius priore posterius posteriore, æqualiter pro ratione ponderum et secundum lineas parallelas TI et LK (ut dictum est) attracta, pergent (per Legum Corollarium quintum et sextum) circa centrum mobile D Ellipses suas describere ut prius. Q.E.I. [Fig. 39]

Addatur jam corpus quartum V, et simili argumento concludetur hoc et punctum C Ellipses circa omnium commune centrum gravitatis B describere, manentibus motibus priorum corporum T, L, S circa D et C sed paulo acceleratis. Et eadem methodo corpora plura adjungere licebit. Q.E.I.

Hæc ita se habent ubi corpora T et L trahunt se mutuo magis vel minus quam corpora reliqua pro ratione ponderum et distantiarum. Sunto mutuæ omnium attractiones ad invicem ut distantiæ cum ponderibus collatæ et ex praecedentibus facile deducetur corpora omnia æqualibus temporibus periodicis Ellipses varias circa omnium commune gravitatis centrum B in plano immobili describere. Q.E.I.

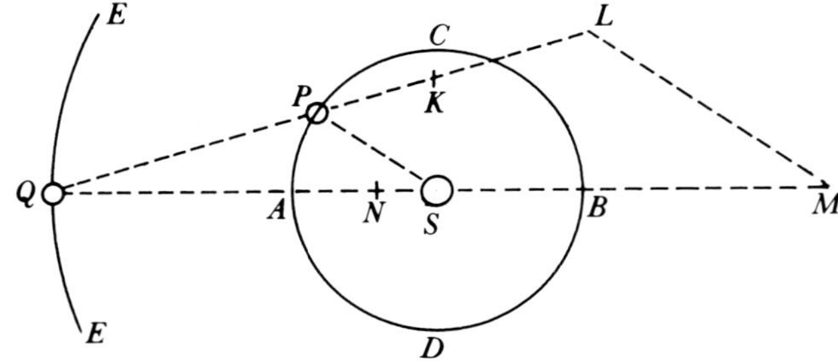

Fig. 40

Prop. XXXV. Theor. XVII.

Si corpora tria viribus quæ sunt reciprocè ut quadrata distantiarum se mutuo trahunt, et paribus distantijs attractiones binorum quorumcunque in tertium sunt ut pondera (id est pro ponderibus æqualia) attractorum; minora autem circa maximum in plano communi volvantur; dico quod interius circa intimum et maximum, radijs ad ipsum ductis, describit areas temporibus magis proportionales et figuram ad formam Ellipseos umbilicum in concursu radiorum habentis magis accedentem, si corpus maximum his attractionibus agitetur, quàm si maximum illud vel non a minoribus attractum quiescat, vel multò minus aut multò magis attractum aut multò minus aut multò magis agitetur.

Volvantur corpora minora P et Q in eodem plano circa maximum S, quorum P describat orbem interiorem PAB et Q exteriorem QE. Sit QK mediocris distantia corporum P et Q et corporis P versus Q attractio in mediocri illa distantia exponatur per eandem distantiam. In duplicata ratione QK ad QP capiatur QL ad QK et erit QL attractio corporis P versus Q in distantia quavis QP. Junge PS eique parallelam age LM occurrentem QS in M et attractio QL resolvetur (per Legum Coroll. 2) in attractiones QM, LM. Et sic urgebitur corpus P vi triplici: una tendente ad S, et oriunda a mutua attractione corporum S et P. Hac vi sola corpus P, circum corpus S sive immotum sive hac attractione agitatum, describere deberet et areas radio PS temporibus proportionales et Ellipsin habentem umbilicum in centro corporis S. Patet hoc per Prob. V et Corollaria Theor XIII. Vis altera est attractionis LM, quæ quoniam tendit a P ad S, superaddita vi priori coincidet cum ipsa et sic faciet areas etiamnum temporibus proportionales describi per Cor. 3 Theor. XIII: at quoniam non est quadrato distantiæ PS reciprocè proportionalis, componet ea cum vi priore vim ab hac proportione aberrantem, idque eo magis quo major est proportio hujus vis ad vim priorem cæteris paribus. Proinde cum (per Prop. X et Corol 2. Prop XXVIII) vis qua Ellipsis circa umbilicum S describitur tendere debeat ad umbilicum illum et esse quadrato distantiæ PS reciprocè proportionalis, vis illa

Fig. 40.

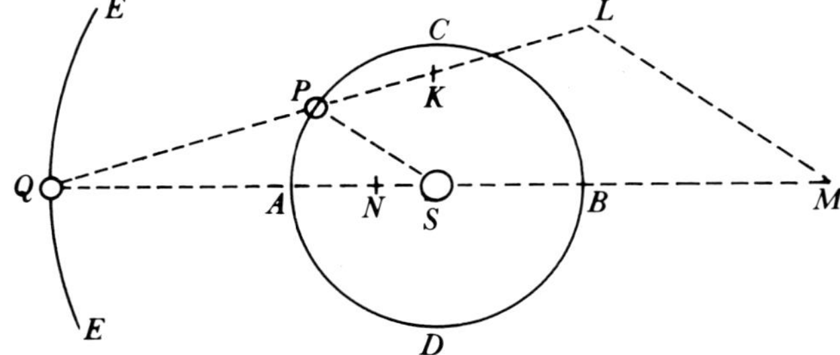

Fig. 40

43

[Fig. 40]

composita aberrando ab hac proportione faciet orbem PAB aberrare a forma Ellipseos umbilicum habentis in S, idque eo magis quo major est aberratio ab hac proportione atque adeo quo major est proportio vis secundæ LM ad vim primam cæteris paribus. Jam verò vis tertia QM trahendo corpus P secundum lineam ipsi QS parallelam, componet cum viribus prioribus vim quæ non amplius dirigitur a P ad S quæque ab hac determinatione tanto magis aberrat quanto major est proportio hujus tertiæ vis ad vires priores, cæteris paribus: et proinde quæ faciet corpus P ~~non amplius areas~~ [areas non amplius] radio PS, temporibus proportionales describere, atque aberrationem ab hac proportionalitate tanto majorem esse quanto major est proportio vis hujus tertiæ ad vires cæteras. Orbis verò PAB aberrationem a forma Elliptica præfata, hæc vis tertia duplici de causa adaugebit, tum quòd non dirigitur a P [ad] ~~ipsum~~ S, tum etiam quod non sit proportionalis quadrato a distantiæ PS. Quibus intellectis manifestum est quod areæ temporibus tum maximè fiunt proportionales ubi vis tertia manentibus viribus cæteris fit minima et quod Orbis PAB tum maximè accedit ad præfatam formam Ellipticam ubi vis tam secunda quam tertia sed præcipuè vis tertia fit minima, vi prima manente.

Exponatur corporis S ad Q attractio per lineam QN; et, si attractiones QM, QN æquales essent, hæ trahendo corpora S et P æqualiter (pro ponderibus eorū) et secundum lineas parallelas, nil mutarent situm eorum ad invicem ~~sed~~ (per Legum Corol. 6.) eadem forent corporum illorum motus inter se ac si hæ attractiones tollerentur. Et pari ratione si attractio QN minor esset attractione QM, tolleret ipsa attractionis QM partem QN, et maneret pars sola MN qua temporum et arearum proportionalitas et ~~forma~~ orbitæ [forma] illa Elliptica perturbaretur. Et similiter si attractio QN major esset attractione M, oriretur ex differentia sola MN perturbatio proportionalitatis et Orbitæ. Sic per attractionem QN reducitur semper attractio tertia

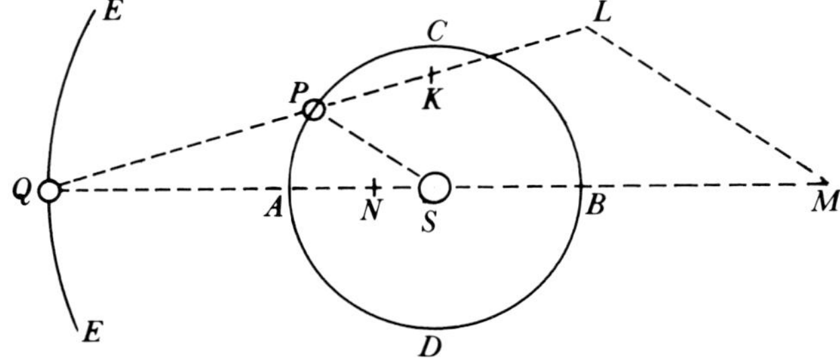

Fig. 40

superior QM ad attractionem MN, attractione prima 44
et secunda manentibus prorsus immutatis: et proinde 10
areæ ac tempora ad proportionalitatem et orbita PAB ad formam præfatam Ellipticam tum maxime accedunt ubi attractio MN vel nulla est vel quam fieri possit [Fig. 40] minima, hoc est ubi corporum P et S (pro ponderibus suis) attractiones ad corpus Q quantum fieri potest accedunt ad æqualitatem; id est ubi attractio QN non est nulla neque minor minima attractionum omnium QM, sed inter attractionum omnium QM maximam et minimam quasi mediocris; hoc est non multo major neque multo minor attractione QK. Q.E.D.

Coroll. Unde facile colligitur quod si corpora plura minora P, Q, R, &c circa maximum S volvantur: motus corporis intimi P minime perturbabitur attractionibus exteriorum ubi corpus maximum S pro ratione ponderum et distantiarum pariter a cæteris attrahitur et agitatur atque cæteri a se mutuo.

Prop. XXXVI Theor: XVIII.

Positis iisdem attractionibus dico quod corpus exterius Q circa interiorum P, S commune gravitatis centrum C, radiis ad centrum illud ductis, describit areas temporibus magis proportionales et orbem ad formam Ellipseos umbilicum in centro eodem habentis magis accedentem quam circa corpus intimum et maximum S radiis ad ipsum ductis describere potest.

Nam corporis Q attractiones ~~versus~~ [in] S et P componunt attractionem absolutam quæ magis dirigitur ~~versus~~ [in] corporum S et P commune gravitatis centrum C quam ~~versus~~ [in] corpus maximum S, quæque quadrato distantiæ QC magis est proportionalis reciproce quam quadrato distantiæ QS, ut rem perpendenti facile constabit.

Prop: XXXVII. Theor: XIX

Positis iisdem attractionibus dico quod corpus exterius Q circa interiorum P et S commune gravitatis centrum C radiis ad centrum illud ductis describit areas temporibus magis proportionales et orbem ad formam Ellipseos umbilicum in centro eodem habentis magis accedentem si corpus

intimum et maximum his attractionibus perinde atque 4
cætera agitetur, quam si id vel non attractum quiescat, 11
vel multo magis aut multo minus attractum, aut multo
magis aut multo minus agitetur.

Demonstratur eodem ferè modo cum Prop XXXV sed argumento prolixiore quod ideo prætereo.

Schol.

Et hinc si corpora plura minora volvantur circa maximum, colligere licet quod orbitæ descriptæ propius accedent ad Ellipticas, et arearum descriptiones fient magis æquabiles si corpora omnia se mutuo æqualiter pro ponderibus & distantijs suis attrahunt agitantque et orbitæ cujusque umbilicus collocetur in communi centro gravitatis corporum omnium interiorum (nimirum umbilicus orbitæ primæ et intimæ in centro gravitatis corporis maximi et intimi, ille orbitæ secundæ in communi centro gravitatis corporum duorum intimorum, iste tertiæ in communi centro gravitatis trium intimorum et sic deinceps,) quam si corpus intimum quiescat et statuatur communis umbilicus orbitarum omnium.

Prop: XXXVIII Theor. XX

Si corpora plura se mutuo trahant et [omnium in duplo uno ~~quocunque~~] ~~paribus distantijs~~, attractiones ~~omnium~~ [in illud unum, paribus distantijs] semper ~~in quodlibet~~ sint ut pondera attractorum atque vires attractivæ cæteris paribus ut attractiones: dico quod vires attractivæ singulorum sunt ut ipsorum pondera.

Ponantur corpora quotcunque A, B, C &c sintque [paribus distantijs] attractiones
ipsorum B, C &c in A ut pondera B, C, et ipsorum A, C &c in
B ut pondera A, C, et virtutes attractivæ eorundem A, B, C, e-
runt ut pondera A, B, C. Nam quoniam attractiones ipsorum
B & C in A sunt ut B & C, atque adeo ut A × B et A × C atque
ipsorum A et C in B ut A et C, atque adeo ut B × A et B × C,
et attractiones ipsorum A in B et B in A per Legem tertiam æ-
quantur et proinde sunt ut A × B et B × A erunt attractiones
ipsorum C in A et C in B ut A × C et B × C hoc est ut A
et B. Sed vires attractivæ ipsorum A et B sunt ut attractiones
C in A et C in B [paribus distantijs] et proinde hæ sunt etiam ut A et B. Et
simili argumento vires attractivæ omnium A, B, C &c sunt ut
ipsa A, B, C. Quod erat demonstrandum

Schol.

His Propositionibus manuducimur ad Speculationem ~~proportionis~~ [analogiam] inter vires centripetas et corpora centralia ad quæ vires illæ dirigi

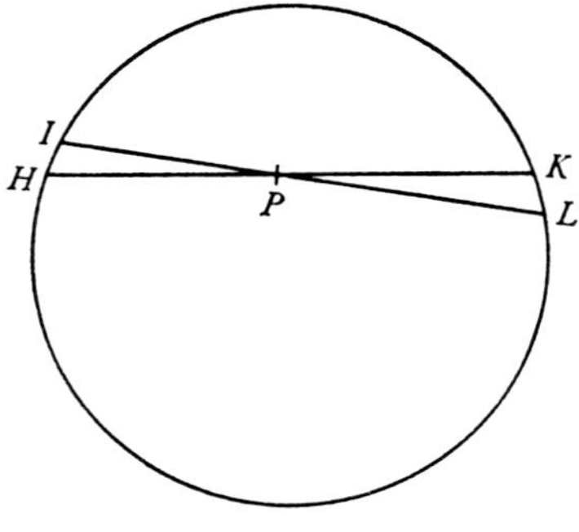

Fig. 41

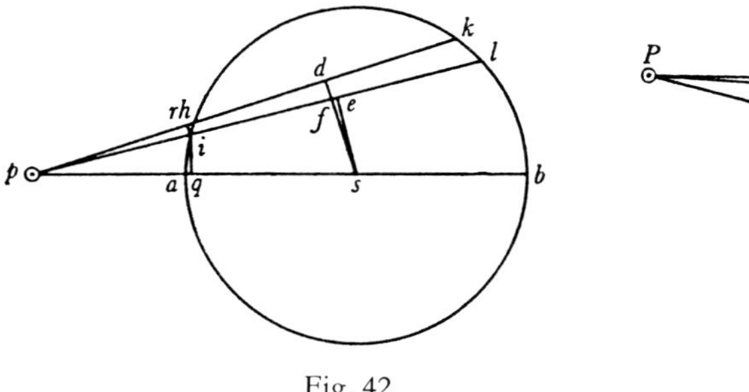

Fig. 42

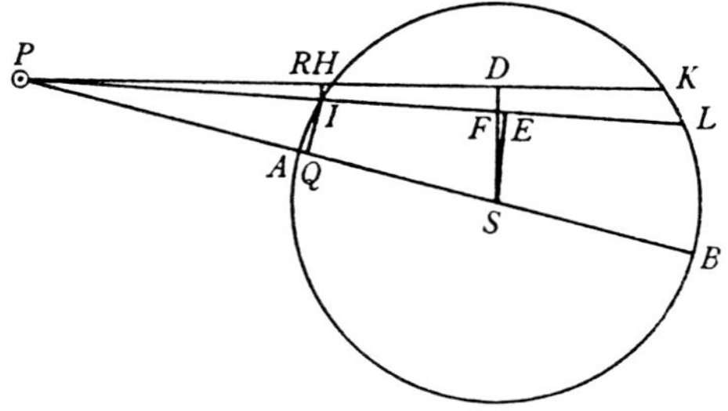

Fig. 43

solent. Rationi enim consentaneum est vires quæ ad corpora diriguntur pendere ab eorundem natura et quantitate, ut fit in magneticis. Et quoties hujusmodi casus incidunt, æstimandæ erunt corporum attractiones assignando singulis eorum particulis vires proprias, et colligendo summas virium. Videamus igitur quibus viribus corpora sphærica ex particulis attractivis constantia debeant in se mutuo agere, et quales motus inde consequantur:

Prop. XXXIX Theor. XXI.

Si ad sphæricæ superficiei puncta singula tendant vires æquales centripetæ decrescentes in duplicata ratione distantiarum a punctis dico quod corpusculum intra superficiem constitutum his viribus nullam in partem attrahitur.

Sit HIKL superficies illa sphærica et P corpusculum intus constitutum. Per P agantur ad hanc superficiem lineæ duæ HK, IL arcus quam minimos HI, KL intercipientes. Et ob[a] similia triangula HPI, LPK, arcus illi erunt distantijs HP, LP proportionales, et superficiei sphæricæ particulæ quævis ad HI et KL rectis per punctum P transeuntibus undique terminatæ, erunt in duplicata illa ratione. Ergo vires harum particularum in corpus P exercitæ sunt inter se æquales. Sunt enim ut particulæ directe et quadrata distantiarum inverse, et hæ duæ rationes componunt rationem æqualitatis. Attractiones igitur in contrarias partes æqualiter factæ se mutuo destruunt. Et simili argumento attractiones omnes per totam sphæricam superficiem contrarijs attractionibus destruuntur. Proinde corpus P nullam in partem his attractionibus impellitur. Q.E.D.

Fig 41

a Cor. 3 Lem. VII.

Prop. XL Theor. XXII.

Iisdem positis dico quod corpusculum extra sphæricam superficiem constitutum attrahitur ad centrum sphæræ vi reciproce proportionali quadrato distantiæ suæ ab eodem centro.

Sint AHKB, ahkb æquales duæ superficies sphæricæ centris S, s diametris AB, ab descriptæ, et P, p corpuscula sita extrinsecus in diametris illis productis. Agantur a corpusculis lineæ PHK, PIL, phk, pil auferentes de circulis maximis AHB, ahb, æquales arcus quam minimos HK, hk & HL, hl. Et ad eas demittantur perpendicula SD, sd, SE, se, IR, ir, quorum SD, sd secent PL, pl in F et f. Demittantur etiam ad

Fig 42 & 43

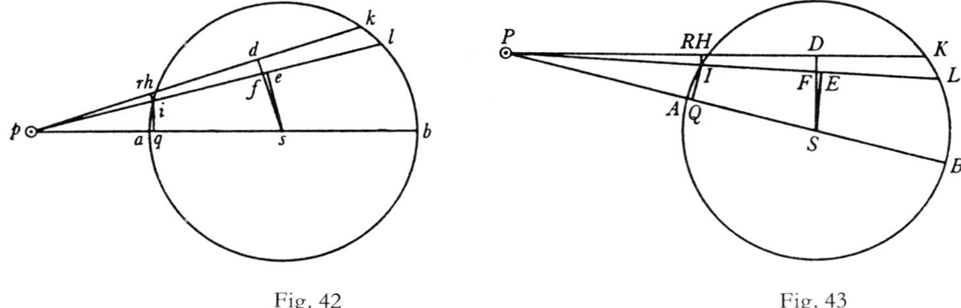

Fig. 42

Fig. 43

diametros perpendicula IR, iq, et ob æquales DS, ds, et ES, es, et angulos evanescentes DPE, dpe lineæ PE, PF et pe, pf et lineolæ DF, df pro æqualibus habeantur: ~~hæ~~ quippe quarum ratio ultima, angulis illis DPE, dpe, simul evanescentibus, est æqualitatis. His ita constitutis, erit PI ad PF ut RI ad DF. et pf ad pi ut DF vel df ad ri, et ex æquo PI × pf ad PF × pi ut RI ad ri, hoc est[a] ut arcus IH ad arcum ih. Rursus PI ad PS ut IQ ad SE et ps ad pi ut SE vel se ad iq et ex æquo PI × ps ad PS × pi ut IQ ad iq. Et conjunctis rationibus PI^q × pf × ps ad $pi^{quad.}$ × PF × PS ut IH × IQ ad ih × iq, hoc est ut superficies circularis quam arcus IH convolutione semicirculi AKB circa diametrum AB describet ad superficiem circularem quam arcus ih convolutione semicirculi akb circa diametrum ab describet. Et vires quibus hæ superficies attrahunt corpuscula P et p secundum lineas ~~obliquas~~ ad se tendentes sunt (per Hypothesin) ut ipsæ superficies applicatæ ad quadrata distantiarum suarum a corporibus hoc est ut pf × ps ad PF × PS. Suntque hæ vires ad ipsarum partes obliquas ~~vires quæ ex~~ quæ (facta ~~virium resolutione~~ per Legum Corollarium 2 resolutione virium) ~~ipsæ per Legum Corol. 2 componuntur et~~ secundum lineas PS, ps ad centra tendunt, ut PI ad PQ et pi ad pq id est ut PS ad PF et ps ad pf. Unde ex æquo fit attractio corpusculi P ~~versus~~ in S ad attractionem corpusculi p ~~versus~~ in s, ut $\frac{PF \times pf.\, ps}{PS}$ ad $\frac{pf \times PF \times PS}{ps}$ hoc est ut $ps^{quad.}$ ad $PS^{quad.}$ Et simili argumento vires quibus superficies convolutione arcuum KL, kl descriptæ trahunt corpuscula, erunt ut $ps^{quad.}$ ad $PS^{quad.}$, inque eadem ratione erunt vires superficierum omnium circularium in quas utraque superficies sphærica, capiendo semper sd = SD et se = SE, distingui potest. Et per compositionem, vires totarum superficierum sphæricarum in corpuscula exercitæ erunt in eadem ratione. Q.E.D.

a Cor. 3 Lem. VII.

[Fig. 42 & 43]

Prop XLI. Theor. XXIII.

Si ad sphæræ cujusvis puncta singula tendant vires æquales centripetæ decrescentes in duplicata ratione distantiarum a punctis, ac datur ratio diametri sphæræ ad distantiam corpusculi a centro ejus; dico quod vis illa qua corpusculum attrahitur proportionalis erit semidiametro sphæræ.

Nam concipe corpuscula duo seorsim a sphæris duabus attrahi et distantias a centris proportionales esse diametris, sphæras autem resolvi in particulas similes et similiter positas ad corpuscula, & attractiones corpusculi unius factas in singulas particulas

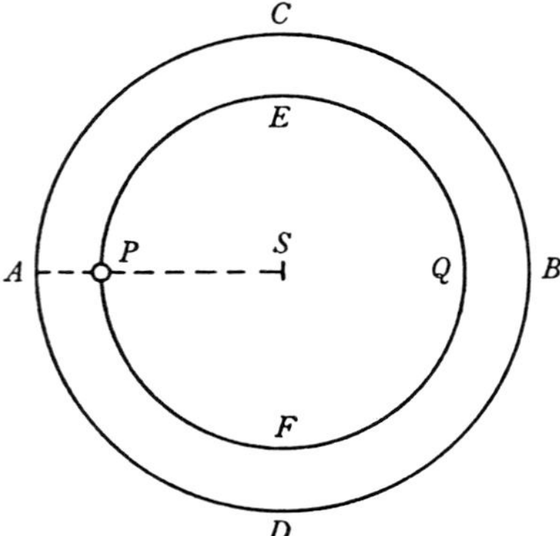

Fig. 44

48

sphæræ unius erunt ad attractiones alterius in analogis totidem particulas sphæræ alterius in ratione composita ex ratione particularum directè et ratione duplicata distantiarum inversè. Sed particulæ sunt ut sphæræ hoc est in ratione triplicata diametrorum et distantiæ sunt ut diametri et ratio prior directè una cum ratione posteriore bis inversè est ratio diametri ad diametrum. Q.E.D.

Corol. 1. Hinc si corpuscula in circulis circa sphæras ex materia æqualiter attractiva constantes volvantur sintque distantiæ a centris sphærarum proportionales earundem diametris tempora periodica erunt æqualia.

Corol. 2. Et vice versa si tempora periodica sunt æqualia distantiæ erunt proportionales diametris. Constant hæc duo per Coroll. 3 Theor. IV.

Prop. XLII. Theor. XXIV.

Si ad sphæræ alicujus data puncta singula tendant æquales vires centripetæ decrescentes in duplicata ratione distantiarum a punctis: dico quod corpusculum intra sphæram constitutum attrahitur vi proportionali distantiæ suæ ab ipsius centro.

In sphæra ACBD centro S descripta locetur corpusculum P, et centro eodem S intervallo SP concipe sphæram interiorem PEQF describi. Manifestum est per Theor. XXI. quod sphæricæ superficies concentricæ ex quibus sphærarum differentia AEBF componitur, attractionibus per attractiones contrarias destructis nil agunt in corpus P. Restat sola attractio sphæræ interioris PEQF. Et per Theor. XXIII hæc est ut distantia PS. Q.E.D. Fig. 44

Schol.

Superficies ex quibus solida componuntur, hic non sunt pure mathematicæ sed orbes adeo tenues ut eorum crassitudo instar nihili sit, nimirum orbes evanescentes ex quibus sphæra ultimò constat ubi orbium illorum numerus augetur et crassitudo minuitur in infinitum juxta methodum sub initio in Lemmatis generalibus expositam. Similiter per puncta ex quibus lineæ superficies et solida componi dicuntur, intelligendæ sunt particulæ æquales magnitudinis contemnendæ

Prop. XLIII Theor. XXV.

Iisdem positis, dico quod corpusculum extra sphæram constitutum attrahitur vi reciprocè proportionali quadrato

PART 2c

FOUR PAGES MORE FROM THE REVISED STATE
(Autumn? 1685)

[Add. 3970.3, ff. 428*bis*r + Add. 3970.9. ff. 615r–617r]

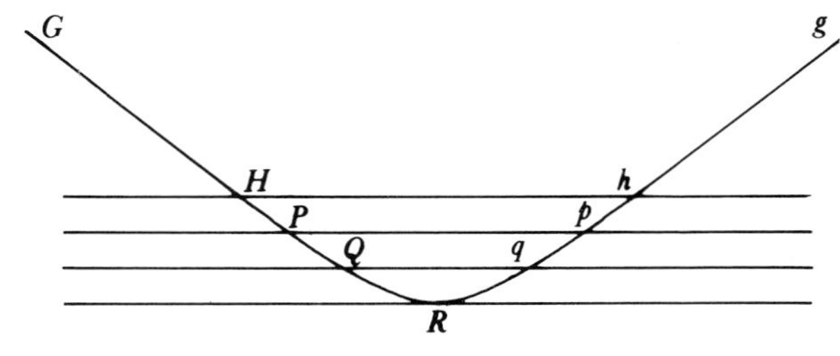

Fig. 105

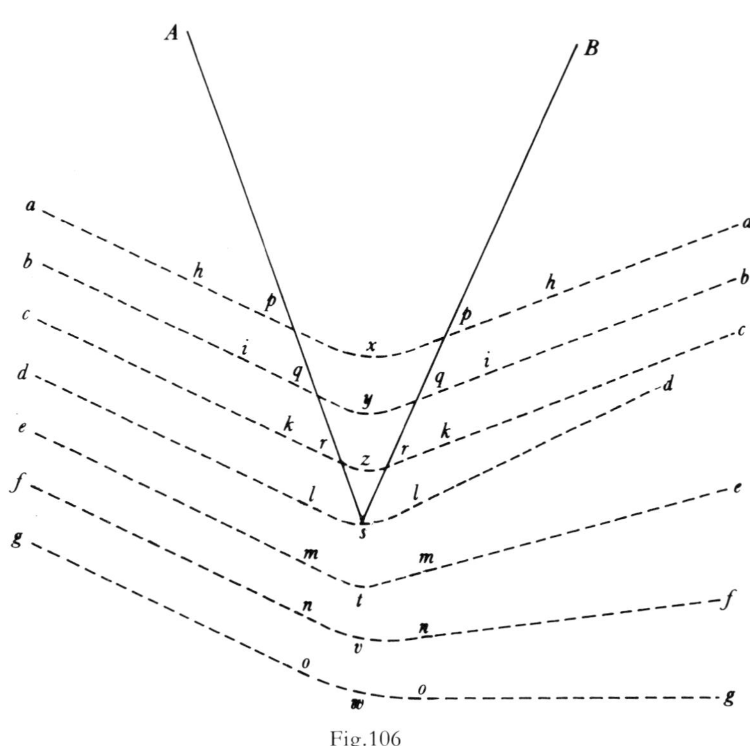

Fig.106

428 bis

et quod corp. e non potest ultra pergere versus planum Ee. Sed nec potest idem pergere in linea emergentiæ kd propterea quod perpetuo attrahitur vel impellitur versus medium incidentiæ. Revertetur itaque inter plana Cc, Dd describendo arcum Parabolæ QRq cujus vertex principalis (juxta demonstrata Galilæi) est in R, secabit planum Cc in eodem angulo in q ac prius in Q, dein pergendo in arcubus parabolicis qp, ph &c arcubus prioribus QP, PH similibus et æqualibus, secabit reliqua plana in iisdem angulis in p, h &c ac prius in P, H &c emergetque tandem eadem obliquitate in h qua incidit in H. Concipe jam planorum Aa, Bb, Cc, Dd, Ee intervalla in infinitum minui et numerum augeri &c, ut actio attractionis vel impulsus secundum legem quamcunque assignatam continua reddatur et angulus emergentiæ semper angulo incidentiæ æqualis existens, eidem etiamnum manebit æqualis. Q.E.D.

[Fig. 105]

Schol.

Harum attractionum haud multum dissimiles sunt lucis reflexiones et refractiones factæ secundum datam secantium rationem, ut invenit Snellius, et per consequens secundum datam sinuum rationem ut postmodum exposuit Cartesius. Namque lucem successive propagari et spatio quasi decem minutorum primorum a sole ad terram venire, jam constat per phænomena satellitum Jovis observationibus diversorum astronomorum confirmata. Radii autem in aere existentes (uti dudum Grimaldus luce per foramen in tenebrosum cubiculum admissa ~~immissa, expertus est~~ invenit et ipse quoque expertus sum) in transitu suo prope corporum vel opacorum vel transparentium angulos ~~acutos~~ (quales sunt nummorum ex auro, argento, ære cusorum termini rectanguli circulares, et cultrorum, lapidum aut fractorum vitrorum acies) incurvantur circum corpora quasi attracti in eadem, et ex his radiis qui in transitu illo propius accedunt ad corpora, incurvantur magis quasi magis attracti, ~~ut ipse~~ ut ipse etiam ~~diligenter~~ observavi. In figura designat s aciem cultri vel cunei cujusvis AsB, et gowog, fnunf, emtme, dlsld sunt radii arcubus owo, nvn, mtm, lsl versus cultrum incurvati, idque magis vel minus pro distantia eorum a cultro. Cum autem talis incurvatio radiorum fiat in aere extra cultrum, debebunt etiam radii qui incidunt in cultrum, prius incurvari in aere quam cultrum attingunt. Et par est ratio incidentium in vitrum. Fit igitur refractio non in ~~puncto~~ unico puncto incidentiæ, sed paulatim per continuam incurvationem radiorum factam partim in aere antequam attingunt vitrum, partim (ni fallor) in vitro postquam illud ingressi sunt: uti in radiis ckzc, biyb, ahxa incidentibus ad r, q, p et inter k et z, i et y, h et x incurvatis delineatum est. ~~Refractio igitur quæ incipit in aere non fit per resistentiam vitri, et quæ perseverat in vitro non fit per resistentiam aeris sed attractione.~~ Igitur ob analogiam quæ est inter propagationem radiorum lucis et progressum corporum, visum est Propositiones sequentes in usus opticos subjungere; interea de natura radiorum (utrum sint corpora necne) nihil omnino disputans, sed trajectorias corporum trajectoriis radiorum persimiles solummodo determinans.

[Fig. 106]

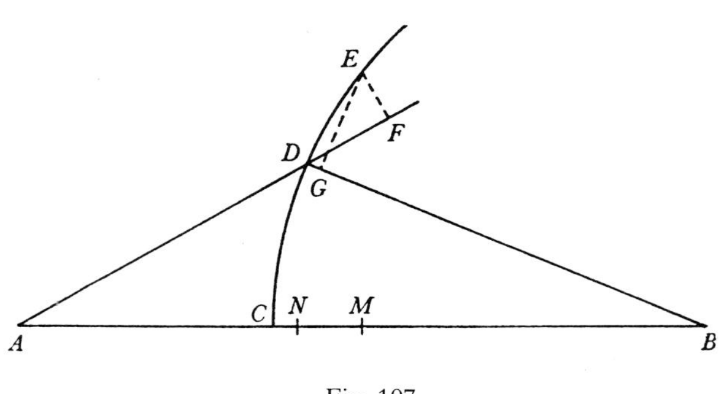

Fig. 107

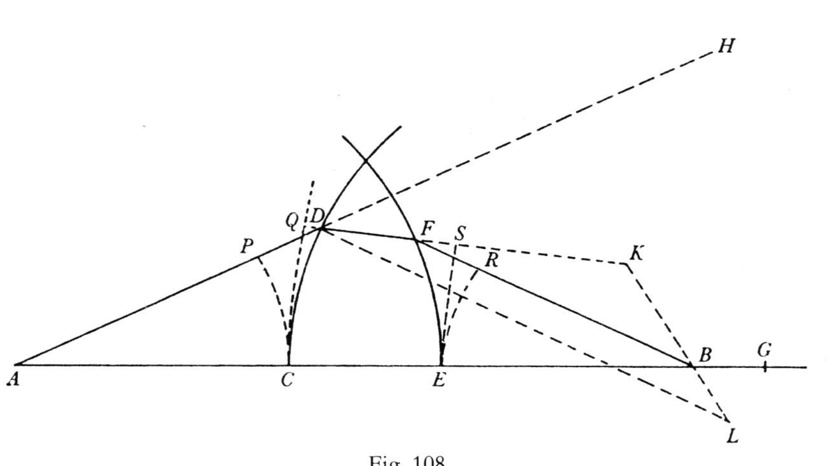

Fig. 108

exposita similior est. Si radii in medio quovis resistentiam sentirent hi (sive motus sint sive mota corpuscula) perpetuo retardarentur et redderentur debiliores, omnino contra experientiam. Utrum vero reflexio et refractio fiant per attractiones disputet qui volet. Malim Propositiones una et altera de motu, inventionem figurarum usibus Opticis inservientium docere; naturam de natura lucis nihil definiens sed analogiam quandam inter propagationem lucis et motum corporum lucis provisiles determinans.

Prop. XCVII Prob. XLVII

Posito quod sinus incidentiae in superficiem aliquam sit ad sinum emergentiae in data ratione, quodque incurvatio viae corporum juxta superficiem illam fiat in spatio brevissimo quod ut punctum considerari possit; determinare superficiem quae corpuscula omnia de loco dato successive manantia convergere faciat ad alium locum datum.

Sit A locus de quo corpuscula divergunt, B locus in quem convergere debent, CDE curva linea quae circa axem AB revoluta describat superficiem quaesitam, D, E curvae illius puncta duo quaevis, et EF, EG perpendicula in corporis vias AD, DB demissa. Accedat punctum D ad punctum E, et lineae DF qua AD augetur ad lineam DG qua DB diminuitur ratio ultima erit eadem quae sinus incidentiae ad sinum emergentiae. Datur ergo ratio incrementi lineae AD ad decrementum lineae DB et propterea si in axe AB sumatur ubivis punctum C per quod curva CDE transire debet, et capiatur ipsius AC incrementum CM, ad ipsius BC decrementum CN in data illa ratione, centrisque A, B et intervallis AM, BN describantur circuli duo se mutuo secantes in D: punctum illud D tanget curvam quaesitam CDE, eandemque ubivis tangendo determinabit. Q. E. I.

Corol. 1. Faciendo autem ut punctum A vel B nunc abeat in infinitum nunc migret ad alteras partes puncti C, habebuntur figurae illae omnes quas Cartesius in Optica et Geometria ad refractiones exposuit. Quarum inventionem cum Cartesius maximi fecerit et studiosissime celaverit visum fuit his paucis exponere.

[Fig. 107]

Corol. 2. Si corpus in superficiem quamvis CD secundum lineam rectam AD lege quavis ductam incidens, emergat secundum aliam quamvis rectam DK, et a puncto C duci intelligantur lineae curvae CP, CQ ipsis AD, DK semper a

[Fig. 108]

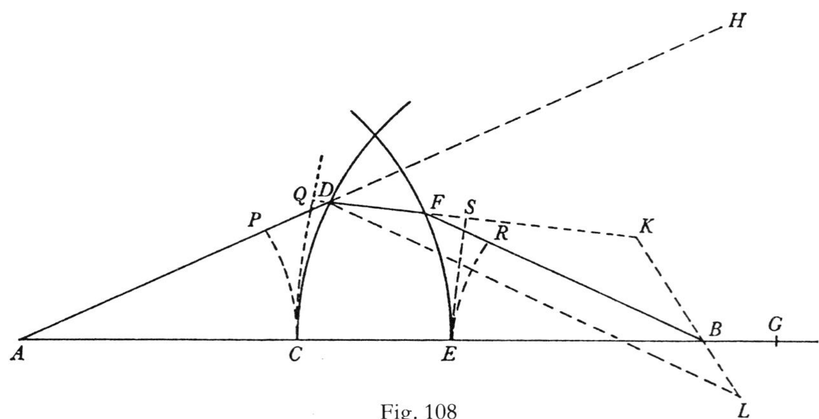

Fig. 108

perpendiculares, erunt incrementa linearum PD, QD atq adeo lineæ ipsæ PD, QD incrementis ipsis genitæ, ut sinus incidentiæ et emergentiæ ad invicem: et contra.

Prop. XCVIII Prob. XLVIII.

Iisdem positis et circa axem AB descripta superficie quacunq attractiva CD regulari vel irregulari, per quam corpora de loco dato A exeuntia transire debent; invenire superficiem secundam attractivam EF quæ corpora illa ad locum datum B convergere faciet.

[Fig. 108]

Juncta recta AB secet superficiem primam in C et secundam in E, puncto D utcunq assumpto. Et posito sinu incidentiæ in superficiem primam ad sinum emergentiæ ex eadem, et sinu emergentiæ ex superficie secunda ad sinum incidentiæ in eandem ut quantitas aliqua data M ad aliam datam N; produc tum AB ad G ut sit BG ad CE ut M–N ad N, tum AD ad H ut sit AH æqualis AG, tum etiam DF ad K ut sit DK ad DH ut N ad M. Junge KB et centro D intervallo DH describe circulum occurrentem KB productæ in L; ipsiq DL parallelam age BF; et punctum F tanget lineam EF, quæ circa axem AB revoluta describet superficiem quæsitam. Q.E.F.

Nam concipe lineas CP, CQ ipsis AD, DF respective et lineas ER, ES ipsis FB, FD ubiq perpendiculares esse, et erit (per Corol. 2 Prop XCVII) PD ad QD ut M ad N adeoq ut DL ad DK vel FB ad FK, et divisim ut DL–FB seu HP–PD–FB ad FD seu FQ–QD, et composite ut HP–FB ad FQ id est (ob æquales HP et CG, QS et CE) ut CE+BG–FR ad CE–FS. Verum (ob proportionales BG ad CE et M–N ad N) est etiam CE+BG ad CE ut M ad N. adeoq divisim FR ad FS ut M ad N, et propterea per Corol. 2 Prop. XCVII superficies EF cogit corpus in se secundum lineam DF incidens pergere in linea FR ad locum B. Q.E.D.

Schol.

Eadem methodo pergere liceret ad superficies tres vel plures. Ad usus autem opticos maxime accommodatæ sunt figuræ sphæricæ. Si Perspicillorum vitra objectiva ex vitris duobus sphærice figuratis et aquam inter se claudentibus conflentur, fieri potest ut a refractionibus aquæ errores refractionum quæ fiunt in vitrorum superficiebus

ratis accurate corrigantur

extremis, Tales autem vitra Objectiva vitris Ellipticis et Hyperbolicis præferenda sunt non solum quod facilius et accuratius formari possint, sed etiam quod penicillos radiorum extra axem vitri sitos accuratius refringant. Verum tamen diversa diversorum radiorum refrangibilitas impedimento est quo minus Optica per figuras vel Sphæricas vel alias quascunque perfici possit. Errores inde oriundi sunt (in Telescopiis) longe majores, quam qui ex figuris minus aptis oriri solent: et vitio vertendum est siquis ignorata errorum causa principali Vitri corrigi possint errores illinc oriundi, labor omnis in cæteris corrigendis imperite collocabitur.

PART 3

NEWTON'S 'DEMONSTRATION' (SENT TO LOCKE IN MARCH 1690) THAT 'THE PLANETS BY THEIR GRAVITY TOWARDS THE SUN MAY MOVE IN ELLIPSES'

(Originally August 1684?)

[Add. 3965.1, ff. 1r–3v]

Hypoth. 1. Bodies move uniformly in straight lines unless so far as they are retarded by the resistence of ye Medium or disturbed by some other force.

Hyp. 2. The alteration of motion is ever proportional to ye force by wch it is altered.

Hyp. 3. Motions imprest in two different lines, if those lines be taken in proportion to the motions & completed into a parallelogram, compose a motion whereby the diagonal of ye Parallelogram shall be described in the same time in wch ye sides thereof would have been described by those compounding motions apart. The motions AB & AC compound the motion AD.

Prop. 1.

If a body move in vacuo & be continually attracted toward an immoveable center, it shall constantly move in one & the same plane, & in that plane describe equal areas in equall times.

Let A be ye center towards wch ye body is attracted, & suppose ye attraction acts not continually but by discontinued impressions made at equal intervalls of time wch intervalls we will consider as physical moments. Let BC be ye right line in wch it begins to move from B & wch it describes with uniform motion in the first physical moment before ye attraction make its first impression upon it. At C let it be attracted towards ye center A by one impuls or impression of force, & let CD be ye line in wch it shall move after that impuls. Produce BC to d so that Cd be equall to BC & draw dD parallel to CA & the point D in wch it cuts CD shall be ye place of ye body at the end of ye second moment. And because the bases BC Cd of the triangles ABC, ACd are equal those two triangles shall be equal. Also because the triangles ACd, ACD stand upon the same base AC & between two parallels they shall be equall. And therefore the triangle ACD described in the second moment shall be equal to ye triangle ABC described in the first moment. And by the same reason if the body at ye end of the 2d, 3d, 4th, 5t & following moments be attracted by single impulses in D,

D, E, F, G &c describing the line DE in ye 3^d moment, EF in the 4th, FG in ye 5^t &c: the triangle AED shall be equall to the triangle ADC & all the following triangles AFE, AGF &c to the preceding ones & to one another. And by consequence the areas compounded of these equall triangles (as ABE, AEG, ABG &c) are to one another as the ~~lines~~ times in wch they are described. Suppose now that the moments of time be diminished in length & encreased in number in infinitum, so y^t the impulses or impressions of ye attraction may become continuall & that ye line BCDEFG by ye infinite number & infinite littleness of its sides BC, CD, DE &c may become a curve one: & the body by the continual attraction shall describe areas of this Curve ABE, AEG, ABG &c proportionall to the times in wch they are described. W. W. to be Dem.

Prop. 2.

If a body be attracted towards either focus of an Ellipsis & the quantity of the attraction be such as suffices to make ye body revolve in the circumference of the Ellipsis: the attraction at ye two ends of the Ellipsis shall be reciprocally as the squares of the body in those ends from that focus.

Let AECD be the Ellipsis, A, C its two ends or vertices, F that focus towards wch the body is attracted, & AFE, CFD areas wch the body with a ray drawn from that focus to its center, describes at both ends in equal times: & those areas by the foregoing Proposition must be equal because proportionall to the times: that is the rectangles $\frac{1}{2}AF \times AE$ & $\frac{1}{2}FC \times DC$ must be equal supposing the arches AE & CD to be so very short that they may be taken for right lines & therefore AE is to CD as FC to FA. Suppose now that AM & CN are tangents to the Ellipsis at its two ends A & C & that EM & DN are perpendiculars let fall from the points E & D upon those tangents: & because the Ellipsis is alike crooked at both ends those perpendiculars EM & DN will be to one another as the squares of the arches AE & CD, & therefore EM is to DN as FC^q to FA^q. Now in the times that the body by means of the attraction moves in the arches AE &

& CD from A to E & from C to D it would without attraction move in the tangents from A to M & from C to N. Tis by ye force of the attractions that the bodies are drawn out of the tangents from M to E & from N to D & therefore the attractions are as those distances ME & ND, that is the attraction at the end of the Ellipsis A is to the attraction at ye other end of ye Ellipsis C as ME to ND & by consequence as FCq to FAq. W. w. to be dem.

Lemma. 1.

If a right line touch an Ellipsis in any point thereof & parallel to that tangent be drawn another right line from the center of the Ellipsis wch shall intersect a third right line drawn from ye touch point through either focus of the Ellipsis: the segment of the last named right line lying between ye point of intersection & ye point of contact shall be equal to half ye long axis of ye Ellipsis.

Let APBQ be the Ellipsis; AB its long axis; C its center; F, f its foci; P the point of contact; PR the tangent; CD the line parallel to the tangent, & PD the segment of the line FP. I say that this segment shall be equal to AC.

For joyn Pf & draw fE parallel to CD & because Ff is bisected in C, FE shall be bisected in D & therefore 2PD shall be equal to the summ of PF & PE that is to the summ of PF & Pf, that is to AB & therefore PD shall be equal to AC. W.W. to be Dem.

Lemma. 2.

Every line drawn through either Focus of any Ellipsis & terminated at both ends by the Ellipsis is to that diameter of the Ellipsis wch is parallel to this line as the same Diameter is to the long Axis of the Ellipsis.

Let APBQ be ye Ellipsis, AB its long Axis, F, f its foci, C its center, PQ ye line drawn through its focus F, & VCS its diameter parallel to PQ & PQ will be to VS as VS to AB.

For draw fp parallel to QFP & cutting the Ellipsis in p. Joyn Pp cutting VS in T & draw PR wch shall touch the Ellipsis

Ellipsis in P & cut the diameter VS produced in R & CT will be to CS as CS to CR, as has been shewed by all those who treat of y^e Conic sections. But CT is y^e semisumm of FP & fp that is of FP & FQ & therefore 2CT is equal to PQ. Also 2CS is equal to VS & (by y^e foregoing Lemma) 2CR is equal to AB. Wherefore PQ is to VS as VS to AB. W.W. to be Dem.

Coral. $AB \times PQ = VSq = 4\,CSq$.

Lem. 3.

If from either focus of any Ellipsis unto any point in the perimeter of the Ellipsis be drawn a right line & another right line doth touch y^e Ellipsis in that point & the angle of contact be subtended by any third right line drawn parallel to the first line: the rectangle wch that subtense conteins wth the same subtense produced to the other side of the Ellipsis is to the rectangle wch the long Axis of the Ellipsis conteins wth ye first line produced to the other side of the Ellipsis as the square of the distance between the subtense & the first line is to the square of the short Axis of the Ellipsis.

Let AKBL be the Ellipsis, AB its long Axis, KL its short Axis, C its center, F, f its foci, P ye point of the perimeter, PF ye first line PQ that line produced to the other side of the Ellipsis PX the tangent, XY ye subtense produced to ye other side of the Ellipsis & YZ the distance between this subtense & the first line. I say that the rectangle YXI is to the rectangle AB × PQ as YZq to KLq.

ffor let VS be the diameter of the Ellipsis parallel to the first line PF & GH another diameter parallel to ye tangent PX, & the rectangle YXI will be to the square of the tangent PXq as the rectangle SCV to ye rectangle GCH that is as SVq to GHq. This a property of the Ellipsis demonstrated by all that write of the conic sections. And they have also demonstrated that all the Parallelograms circumscribed about an Ellipsis are equall. Whence the rectangle 2PE × GH is equal to ye rectangle AB × KL & consequently GH is to KL as AB that is (by Lem. 1) 2PD to 2PE & in the same proportion is PX to YZ. Whence ~~GH~~ PX is to GH as YZ to KL & PXq to GHq as YZq to KLq. But PXq ~~was to GHq~~ YXI

YXI was to PXq as SVq that is (by Cor. Lem. 2) AB × PQ to GHq, whence invertedly YXI is to AB × PQ as PXq to GHq & by consequence as YZq to KLq. W. w. to be Dem. 3

Prop. III.

If a body be attracted towards either focus of any Ellipsis & by that attraction be made to revolve in the Perimeter of ye Ellipsis: the attraction shall be reciprocally as the square of the distance of the body from that focus of the Ellipsis.

Let P be the place of the body in the Ellipsis at any moment of time & PX the tangent in wch the body would move uniformly were it not attracted & X ye place in that tangent at wch it would arrive in any given part of time & Y the place in the perimeter of the Ellipsis at wch the body doth arrive in the same time by means of the attraction. Let us suppose the time to be divided into equal parts & that those parts are very little ones so yt they may be considered as physical moments & yt ye attraction acts not continually but by intervalls once in the beginning of every physical moment & let ye first action be upon ye body in P, the next upon it in Y & so on perpetually, so yt ye body may move from P to Y in the chord of ye arch PY & from Y to its next place in ye Ellipsis in the chord of ye next arch & so on for ever. And because the attraction in P is made towards F & diverts the body from ye tangent PX into ye chord PY so that in the end of the first physical moment it be not found in the place X where it would have been without ye attraction but in Y being by ye force of ye attraction in P translated from X to Y: the line XY generated by the force of ye attraction in P must be proportional to that force & parallel to its direction that is parallel to PF. Produce XY & PF till they cut the Ellipsis in I & Q. Joyn FY & upon FP let fall the perpendicular YZ & let AB be the long Axis & KL ye short Axis of ye Ellipsis. And by the third Lemma YXI will be to AB × PQ as YZq to KLq & by consequence YX will be equall to

$$\frac{AB \times PQ \times YZq}{XI \times KLq}$$

And in like manner if py be the chord of another Arch py wch the revolving body describes in a physical moment of time & px be the tangent of the Ellipsis at p & xy the sublense of

the

the angle of contact drawn parallel to pF, & if pF & xy produced cut y^e Ellipsis in q & i & from y upon pF be let fall the perpendicular yz: the subtense yx shall be equal to $\frac{AB \times pq \times yz^{quad.}}{xi \times KL^{quad.}}$ And therefore YX shall be to yx as $\frac{AB \times PQ \times YZ^q}{XI \times KL^q}$ to $\frac{AB \times pq \times yz^{quad.}}{xi \times KL^q}$, that is as $\frac{PQ}{XI}YZ^q$ to $\frac{pq}{xi}yz^{quad.}$

And because the lines PY py are by the revolving body described in equal times, the areas of the triangles PYF pyF must be equal by the first Proposition; & therefore the rectangles PF × YZ & pF × yz are equal, & by consequence YZ is to yz as pF to PF. Whence $\frac{PQ}{XI}YZ^q$ is to $\frac{pq}{xi}yz^{quad}$ as $\frac{PQ}{XI}pF^{quad}$ to $\frac{pq}{xi}PF^{quad.}$ And therefore YX is to yx as $\frac{PQ}{XI}pF^q$ to $\frac{pq}{xi}PF^{quad}$.

And as we told you that XY was the line generated in a physical moment of time by y^e force of the attraction in P, so for the same reason is xy the line generated in the same quantity of time by the force of the attraction in p. And therefore the attraction in P is to the attraction in p as the line XY to the line xy, that is as $\frac{PQ}{XI}pF^{quad.}$ to $\frac{pq}{xi}PF^{qua}$.

Suppose now that the equal times in wch the revolving body describes the lines PQ & py become infinitly little, so that the attraction may become continual & the body by this attraction revolve in the perimeter of the Ellipsis: & the lines PQ, XI as also pq, xi becoming coincident & by consequence equal, the quantities $\frac{PQ}{XI}pF^{quad}$ & $\frac{pq}{xi}PF^{quad}$ will become pF^{qua} & PF^{quad}. And therefore the attraction in P will be to the attraction in p as pF^q to PF^q, that is reciprocally as the squares of the distances of the revolving bodies from the focus of the Ellipsis. W. W. to be Dem.